▶设计过程中的草图表达

修建性详细规划设计过程中的草图表达

方程 张少峰 著

东南大学出版社
·南京·

内容提要

本书以案例的形式详细地介绍了修建性详细规划各个阶段草图表达的目标、过程和方法。在理论陈述部分，本书将手绘草图所进行的工作划分为三个部分：规划设计分析、规划设计表达与规划设计创新，并结合计算机制图及“大数据”分析背景介绍了当前规划草图的表达重点及表达创新。本书还结合修建性详细规划的四大规划阶段，即设计前期阶段、初步构思阶段、方案完善阶段与方案表达阶段，详细介绍了手绘构思的过程以及如何结合计算机技术进行更好的规划创新。本书重点对居住区、商业区、度假区、大学校园、历史文化保护区、滨水区等实践案例的阶段性草图进行了分析，通过大量的完整案例，向读者阐述各个阶段草图表达的重点与方法，帮助初学者及规划设计师在计算机及“大数据”时代更好地完成手、脑、计算机的协同创作。

图书在版编目（CIP）数据

修建性详细规划设计过程中的草图表达 / 方程，张少峰著 .
南京：东南大学出版社，2019.12
ISBN 978-7-5641-8171-0

Ⅰ．①修…　Ⅱ．①方…　②张…　Ⅲ．①建筑设计－修建－详细规划－绘画技术　Ⅳ．① TU204

中国版本图书馆 CIP 数据核字（2018）第 282443 号

修建性详细规划设计过程中的草图表达
Xiujianxing Xiangxi Guihua Sheji Guocheng Zhong De Caotu Biaoda

著　　者：方　程　张少峰
出版发行：东南大学出版社
社　　址：南京市四牌楼 2 号　邮编：210096
网　　址：http://www.seupress.com
出 版 人：江建中
印　　刷：徐州绪权印刷有限公司
排　　版：南京布克文化发展有限公司
开　　本：787 mm × 1092 mm　1/16　　印张：11.25　字数：300 千字
版 印 次：2019 年 12 月第 1 版　2019 年 12 月第 1 次印刷
书　　号：ISBN 978-7-5641-8171-0
定　　价：128.00 元
经　　销：全国各地新华书店
发行热线：025-83790519

本社图书若有印装质量问题，请直接与营销部联系。电话（传真）：025-83791830

前　言

本书的姊妹篇《建筑设计过程中的草图表达》于2014年1月出版，历经5年多的时间，《修建性详细规划设计过程中的草图表达》终于付梓印刷。5年前，计算机制图软件的发展和使用已经相当成熟和普遍，但是，大部分设计师在方案构思阶段仍旧具有较为强烈的对于纸、笔的依赖感，用手构思还是一种被广大设计师和学习者普遍使用和认可的方法与能力。然而，在本书初稿完成时，基于“大数据”分析的规划设计方法将城市规划这门古老而历久弥新的专业推向了新的技术道路，同时，各种电子手绘硬件如平板电脑、触控笔以及软件的出现使得纸、笔似乎面临着成为古董被封存于历史的趋势。因此，本书的成文过程始终伴随着快速的技术进步以及对这种技术进步的思考，也无法回避一个重要问题，即在各类技术飞速发展的当下，手绘构思还有存在的必要么？它的核心作用到底是什么？

本书的第一章“重新认识规划设计草图”试图基于历史过程中的草图表达以及当下修建性详细规划的主要方法特征回答“手绘的作用到底是什么”这个问题。一方面，强大的计算机技术分析和制图手段使得手绘构思在规划设计过程中的作用似乎越来越小，另一方面，以“思维导图”为代表的一系列理论又在指导没有绘图技巧的非专业人士用手、用图思考，这是矛盾的吗？显然不是。笔者在书中提出，手绘草图的核心是“回归大脑创新本质”，这是当前的技术挑战无法突破的领域，也始终是手绘草图的核心作用。

本书的第二章“修建性详细规划设计过程中的草图表达”分四个过程阐述了手绘草图表达的要点和重点，分别是设计前期阶段、初步构思阶段、方案完善阶段、方案表达阶段。其中，手绘草图表达在设计前期阶段和初步构思阶段可以发挥的作用最大。结合当下设计师的工作习惯，本书还介绍了“思维导图”式的手绘草图目标及其绘制方法。

本书的第三章以案例草图的方式介绍了企业会所、温泉度假酒店、山地民宿、检察官学校、高校校园、村落更新改造、居住小区、旅游区等类型的规划设计构思过程及草图表达的重点和方法，希望读者能够在或杂乱或精细的图纸中体会手脑构思的方法与魅力！

目 录

第一章　重新认识规划设计草图

第一节　历史过程中的城市规划设计经典草图

- 城市规划发展历程中的经典手绘图纸

理想模式探索

规划构想描绘

规划管理实践

城市规划是一个古老而历久弥新的专业，自城市诞生起，人类就有了自发或自主对生活、生产空间进行安排的活动。在古代社会，无论是中国还是西方都留下了人类对城市进行构想的经典图示，它们可以说是手绘规划草图的鼻祖。它们线条清晰，内容丰富，而且都有自成体系的表达方法与规律。直至今天，后人也可以从那些线条中读出绘图者想要表达的深层次思想，进而感受到穿透了纸张与历史长河的图纸魅力。

从对理想模式的效仿到对城市功能的理性思考，再到基于心理体验与感知的对城市公共空间的分析，乃至基于大数据方法的对复杂城市信息的研究，城市规划技术在不断地更新与完善。但是，究其根本，作为一门以空间规划为对象的学科，各个时代的技术发展并没有改变城市规划师用手脑协调的方式进行创作与创新的本质。早期，城市规划师的城市规划理想全部是通过手绘的形式流传于世的。例如在公元前1世纪，古罗马建筑师兼工程师维特鲁威就绘制了一个可以控制八面来风的八边形的理想城市图形，成为经典的早期理想城市范式。

自现代城市规划诞生以来，许多著名的城市规划师就开始用出版论著的形式发表及践行自己的城市规划理论，如霍华德的“田园城市”理论，勒·柯布西耶的“明日城市”和“光辉城市”理论，沙里宁的有机疏散理论，等等。与这些用文字阐述的理论同时公之于世并产生巨大影响的还有大量的手绘图纸。那些长篇累牍的规划构想从某种意义上讲都是这些经典图纸的注释，无论是用图示表达的未来城市模型还是绘制细致的规划总平面图，都精准地反映出了这些设计师划时代的创造性思想。

如于1898年出版的《明日的田园城市》一书，霍华德在书中系统地阐述了建设“田园城市”的构想。书中呈现了多幅简洁清晰的插图，包括“三磁铁图”（图1-1）、“田园城市图”（图1-2）、“田园城市——分区和中心图”（图1-3）等，它们使用的绘图语言非常简明，但却表达了丰富的规划设计理论和内涵；这些图纸涵盖了多种手绘规划图纸类型，它们与霍华德撰写的文字一样，共同奠定了现代城市规划的基础。试想，如果没有这些经典的手绘图纸，这本著作的魅力及理论价值必将大打折扣，进而也会影响到之后田园城市思想的传播与实践。这本书被称为是20世纪城市规划历史中最有影响和最重要的书，它也直接促成了现代城市规划专业的创立。

对《明日的田园城市》一书中的手绘图纸进行分析，可以发现，

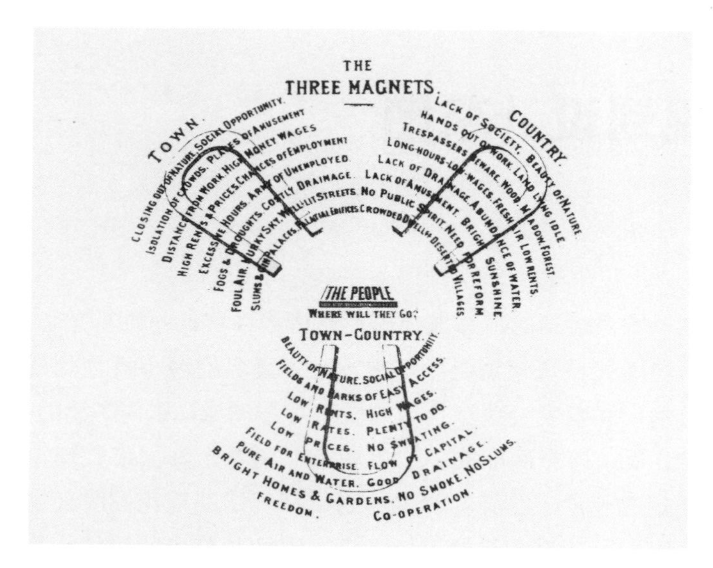

图 1-1　三磁铁图

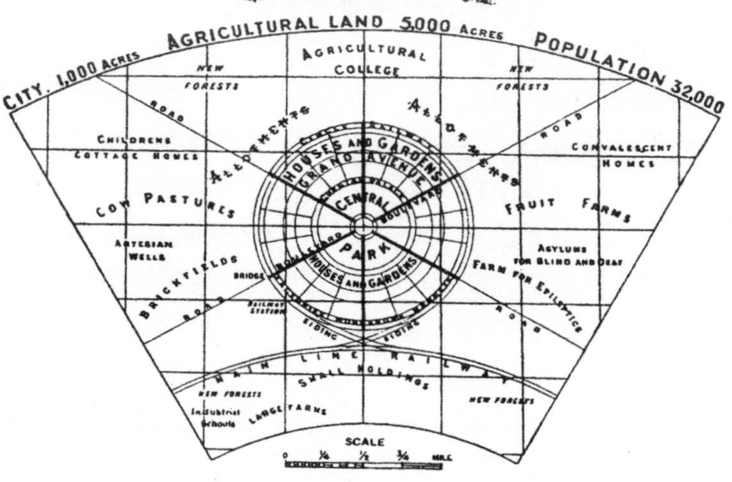

图 1-2　田园城市图

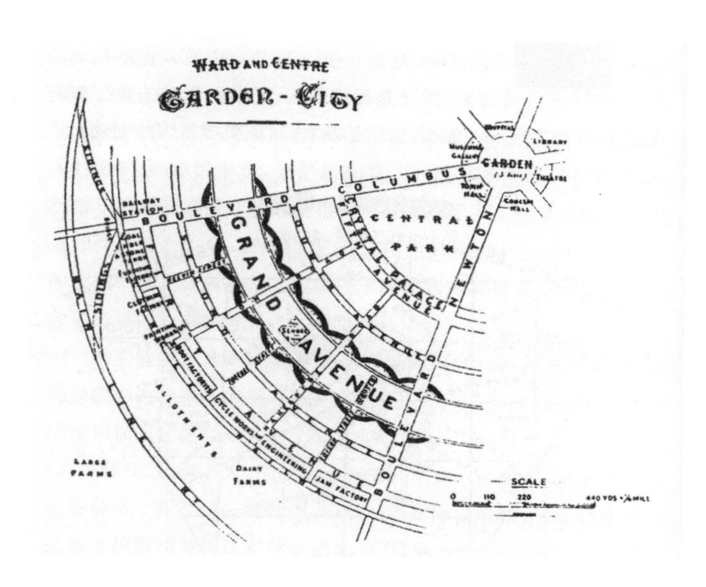

图 1-3　田园城市——分区和中心图

在现代城市规划的发轫期，手绘规划图纸就呈现出多样的类型。“三磁铁图”（图 1–1）是一幅规划概念解析图，用示意图形和文字的形式共同表达了作者对当时城市问题的反思以及对理想城市的探索性思考。首先，这张图纸借用了完形原理，使读者能够清晰地感受到三角形的三个端点。其次，作者用文字说明了三个端点的含义，它们分别是城市、乡村和乡村式的城市。最后，作者将三个马蹄形磁铁绘制于三个端点，用这样形象生动的图示表达理想的规划应当汲取城市和乡村的特点，并融合成一种兼具城市和乡村优点的新的生活方式。三角形的中心是一个类似于平板的图案，上面写着“人民，何去何从？”，提出了作者最为关注的价值核心，辅以周边图案和文字的综合作用，也很容易使读者产生对新的城市模式的联想与共鸣（表 1–1）。

《明日的田园城市》的作者霍华德曾是职员、速记员、记者，如果说“三磁铁图”仅仅是用简单的图示语言剖析了霍华德发现问题及提出策略的构想，那么在“田园城市图”（图 1–2）、“田园城市——分

表 1–1　“三磁铁图”的表达要素、表达内容、规划内涵分析

表达要素	表达内容	规划内涵
磁铁形图案 1	城市及城市的特征	规划范式 1
磁铁形图案 2	乡村及乡村的特征	规划范式 2
磁铁形图案 3	乡村式城市的特征	优化的联合范式
立方体	人民	价值核心
三角形	三种规划模式	三种重要的范式

表 1–2　“田园城市图”的表达要素、表达内容、规划内涵分析

表达要素	表达内容	规划内涵
小圆环	若干个田园城市（3 万人）	若干个田园城市围绕中心城市
中心圆环	中心城市（5.8 万人）	中心城市
文字描述	城市之间布置农业用地	位置位于环状交通与放射状交通之间
文字描述	中央布置公园	位置位于环状交通与放射状交通之间
直线	六条主干道从中心向外辐射	形成交通网
环线	环形的林荫大道	形成交通网
文字描述	城市外围地区建设工厂、仓库	远离中心城市

区和中心图”（图 1–3）中，霍华德已经更进一步，尝试将对理想规划模式的探索同城市空间形态的构想结合起来，基于概念总图的形式绘制了上述三张图纸。“田园城市图”（图 1–2）有清晰的图名、比例尺，在图纸上标注有规划用地面积、规划人口规模等规划指标，并采用网格的形式对规划尺度进行了控制和表达（表 1–2）。就形态而言，其有明确的核心、圈层、方格网、轴线、弧线等要素，分别表达了城市中心、环状道路、放射状直线道路、铁路、功能性用地等概念。作者用文字标注了功能区块的名称，再辅以上述图示语言，形成了田园城市的经典空间原型。

还有一张需要提及的图纸是在“田园城市图”基础上绘制的“田园城市——分区和中心图”（图 1–3），这张图是一张局部放大图，画出了清晰的双线道路网以及被道路网分隔的街区、花园与绿化带。与前几张图纸上用单线示意的道路不同，这张图纸以宽度不同的线条表达了等级不一的道路体系，由于道路边界明确，所以被道路分隔的地块也都形态清晰。作者给每个地块都赋予了特定的功能，在图纸上可以读到这些功能区块的位置、尺度、形态以及相互关系和可能产生的相互作用，因此，这些图纸也就成了可操作性很强的实践指导。在这张图上，仅仅是基于地块的位置和尺度就可以很快地辨别出田园城市理论对于城市广场以及绿地等开放空间的重视，通过公共设施营造丰富城市活动的目标，以及对工业及仓储用地的特殊安排（表 1–3）。

不仅仅是表达规划理想，历史过程中的规划设计手绘图纸在规划实施过程中也发挥了巨大的作用。例如，在 19 世纪中叶的美国，联

表 1–3 “田园城市——分区和中心图”的表达要素、表达内容、规划内涵分析

表达要素	表达内容	规划内涵
中心圆环	花园广场	城市中心是公共开放空间
放射直线	道路	连接城市中心，分隔地块
由放射状道路分隔的扇形地块均等	博物馆、医院、图书馆、剧院、音乐厅、市政府	环绕中心广场的标志性建筑群
由放射状道路分隔的扇形地块较大	中央公园	区分城市中心与居住区宽敞的游憩用地，居民共享
连续的弧线	环绕中央公园的水晶宫	冬季花园，市场的环形使得居民易于接近
由放射状道路分隔的扇形地块近似	住宅区	环绕城市中心
由放射状道路分隔的环形地块狭长	绿带	住宅区之间以林荫道隔离
矩形	学校	位于绿带上，环境优美
由放射状道路分隔的扇形地块狭长	工厂及仓库	远离城市中心与居住区
环形双线	铁路运输	远离城市中心并靠近工厂及仓库
文字表示	农业用地	环绕城市功能区

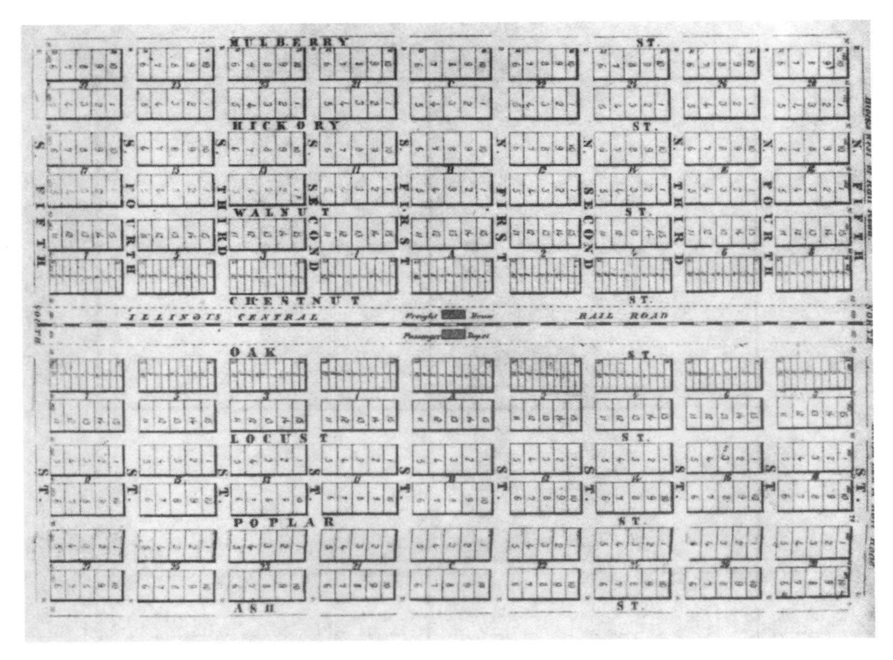

图 1-4　19 世纪中叶美国铁路公司土地拍卖使用的规划图纸

邦政府把大量的土地划归铁路公司使用，铁路公司为了快速地拍卖土地，创造了可以复制的规划形式。图 1-4 就被反复使用了 33 次，因此，在伊利诺伊州的中心地带也根据这张规划图修建了 33 个相似的独立城镇。虽然这些图纸所呈现的规划构思单调乏味，但是可以看出，它们已经具备了规划快速落地所需的精度和要素。

在美国康奈尔大学图书馆还珍藏了许多类似的著名规划设计草图手稿，从这些草图中可以看到，在经典案例的指引下，后继者呈现出了多样化的方案。其中，基于英国花园城市理念的兰德博恩规划设计草图（图 1-5）就是一个著名案例。从图 1-5 可以看到，1928 年兰德博恩的规划设计中，那个手绘规划总图已经表达出了更多的规划细节。

图 1-5　基于英国花园城市理念的兰德博恩规划设计草图

建筑、庭院、绿化都精准明确；道路呈枝状分布，入户道路也都表达得十分清晰。图纸严整且极具条理化，近端式道路的排列方式压缩了道路面积，增加了公共空间用地。

之后，佩里基于兰德博恩的范例为纽约地区的街道系统设计了一系列的规划设计准则，从留存下来的规划设计图纸上看，这些规划准则的图示语言都清晰易读。从上述图纸可以看出，在城镇化快速推进的时代，如果规划图纸单调粗糙，则后期实施的规划方案也简单粗略；反之，当规划图纸表达精细时，则实施方案也考虑完善且内容丰富。

另外，正如不同城市具有迥然各异的历史与特征，那些历史过程中留存的经典规划图纸不仅表达了不同的规划设计理念，还弥漫着设计师浓浓的个人特质。如勒•柯布西耶用图纸描绘的“光明城市”方案，就充满了拥挤的现代城市中心所特有的高密度和紧张感。疏密迥异的城市中心及其边缘区、棋盘状路网、横穿城市中心的轴线以及45度交叉的干道，严谨的几何形式构图被这位现代主义大师表达得淋漓尽致。

不同于当下忙碌于各个规划项目、针对特定项目进行构思与图纸绘制的设计师，处在城市发展转型与变革期的设计大师们会根据他们那个时代的城市及社会问题用图纸的方式大胆地提出宣言式的革新规划思想。因此，它们的图纸也就呈现出多样的目的性与丰富的类型。可以看到，在计算机出现之前的很长一段时间里，对城市理想模式的构想、城市用地分析、城市规划设计、城市规划管理等都是用手绘图纸的形式实现的。

当然，在不同的时代，规划师借助的工具也是不同的。上述案例都是现代主义城市规划发端早期的经典图纸，在那个时代，计算机制图还没有出现，所以，后续的规划设计师也得以在这些图纸上看到早期规划图纸表达的多样形式以及手绘表达特殊的生命力。它们也成为日后规划分析及规划图纸绘制的经典范本。

第二节　“大数据”时代的规划设计草图表达

- **“大数据”时代的规划设计特征**

  数字化分析

  数字化表达

  回归大脑创新本质

正如身处社会进步及技术发展中的其他行业一样，城市规划也始终在经历着技术带给它的转型与变革，而计算机时代的到来又大大地加速了这种变革出现的频率及加深和拓展对整个行业影响的深度和广度。20世纪90年代，计算机绘图软件开始广泛应用于规划设计领域，在很大程度上改变了规划设计师用手表达的方法与习惯，也将他们从繁重的手绘表达中解放出来。从AutoCAD的运用，到3DMAX、SU、Rhino、VFR等三维建模与渲染软件的推广，再到虚拟现实技术的出现，计算机带给规划行业的革新从未停止。这些计算机软件既有规划制图表达类，也有规划分析类，但是在大数据时代到来前，计算机对规划内容的辅助分析还局限于特定的小范围领域，最终的综合分析、规划决策及规划创新还有赖于规划设计师在大脑中进行，所以手绘草图还是会被视为在规划设计过程中推敲方案的一种手段，但是在设计表达上的作用已经日渐式微。

技术的发展及其对规划行业的影响远远没有就此止步。2012年2月，《纽约时报》的一篇专栏指出，“大数据”时代已经降临，在商业、经济及其他领域中，决策将日益基于数据和分析做出，而并非基于经验和直觉。“大数据（big data）”一词越来越多地在各个领域被提及，人们用它来描述和定义信息爆炸时代产生的海量数据，并用其命名相关的技术发展与创新。正如《大数据时代》的作者所认为的那样，“‘大数据’开启了一次重大的时代转型。就像望远镜让我们能够感受宇宙，显微镜让我们能够观测生物一样，‘大数据’正在改变我们的生活以及理解世界的方式，成为新发明和新服务的源泉，而更多的改变正蓄势待发……”对于身处“大数据”时代浪潮中的城市规划专业而言，“大数据”的出现使得当代规划领域的技术应用超越了计算机在表达与表现方面的作用，开始将触角更广泛和深入地扩展至规划分析、规划决策、规划管理等诸多领域。有学者以城市设计为例，总结了“大数据”时代城市设计的特征及其在规划领域的应用，认为“近20年来，在‘数字地球’、‘智慧城市’、移动互联网乃至人工智能日益发展的背景下，城市设计的理念、方法和技术获得了全新的发展，数字技术正在深刻改变城市设计的专业认识、作业程序和实操方法”。

如果说计算机时代的到来改变的只是规划设计的表达方式，替代了规划设计师用手表达的工作内容，那么“大数据”时代的到来则似乎要取代人脑的分析和决策功能。不同于以往那些主要承担规划设计表达作用的制图软件所产生的局部效应，“一个新的转变正在进行，那就是电脑存储和分析数据的方法取代电脑硬件成了价值的源泉”。同样，有学者认为“大数据”时代规划设计的三种特征可以表现为：多重尺度的设计对象，数字量化的设计方法，人机互动的设计过程。从创新价值上看，“大数据”方法的创新，其一为数字化分析，其二为数字化表达。可见，“大数据”时代技术上的飞跃似乎已经远远地将手脑协调的传统性方法抛在了历史的角落。

从对历史过程的回顾可以看到，在规划设计的发展过程中，手绘草图的作用主要有两个部分：一是规划分析（图1–6），二是规划表达（图1–7）。那么，在“大数据”时代，是否还需要用手表达？手绘表达最终会变成规划设计师炫技的小能力还是仍旧具有真实的作用？为什么规划设计专业教育还在进行基础的制图训练，是磨炼耐心还是引导思维？在“大数据”时代背景下，手的作用在哪里呢？

熟悉规划设计的过程以及长期在一线工作的规划设计师都会有这样一种体验，那就是在进行规划设计思考时，总会有用笔随手涂画，试图打开思路的时刻（图1–8），也会遇到如下的情境与问题：

“不管画得好与不好，在分析的过程中，总是有那么一些时刻想拿起笔在纸上随意地画出想法……”

“为什么有的时候画得放松，有的时候画得痛苦？”

“为什么有的时候提笔又放下……”

“有的时候觉得手绘慢，有的时候觉得手绘快？”

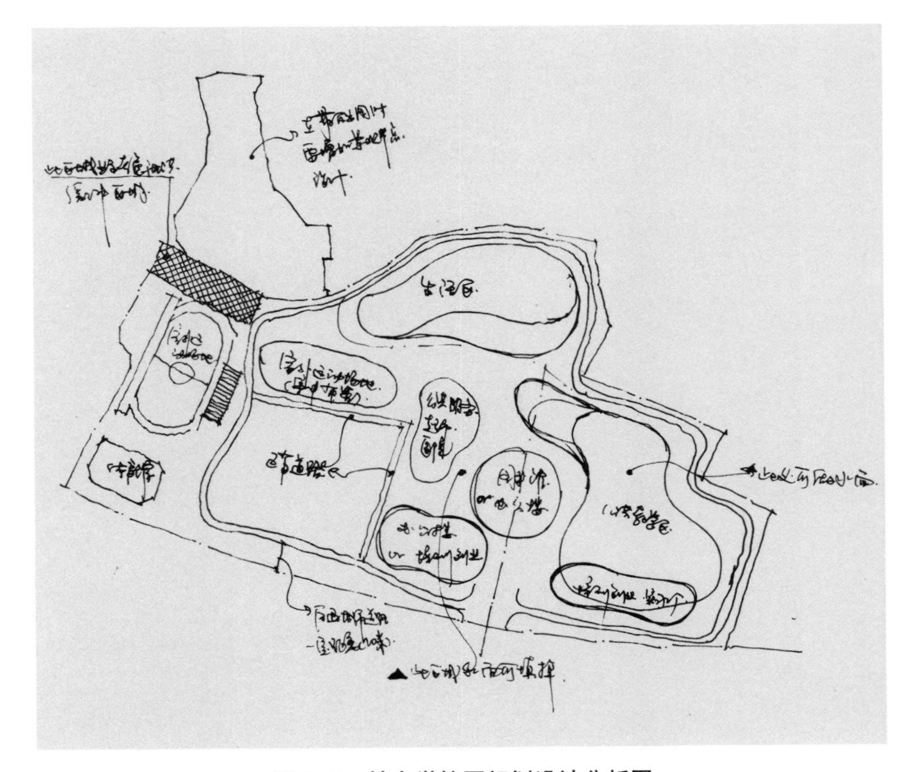

图1–6　某大学校园规划设计分析图

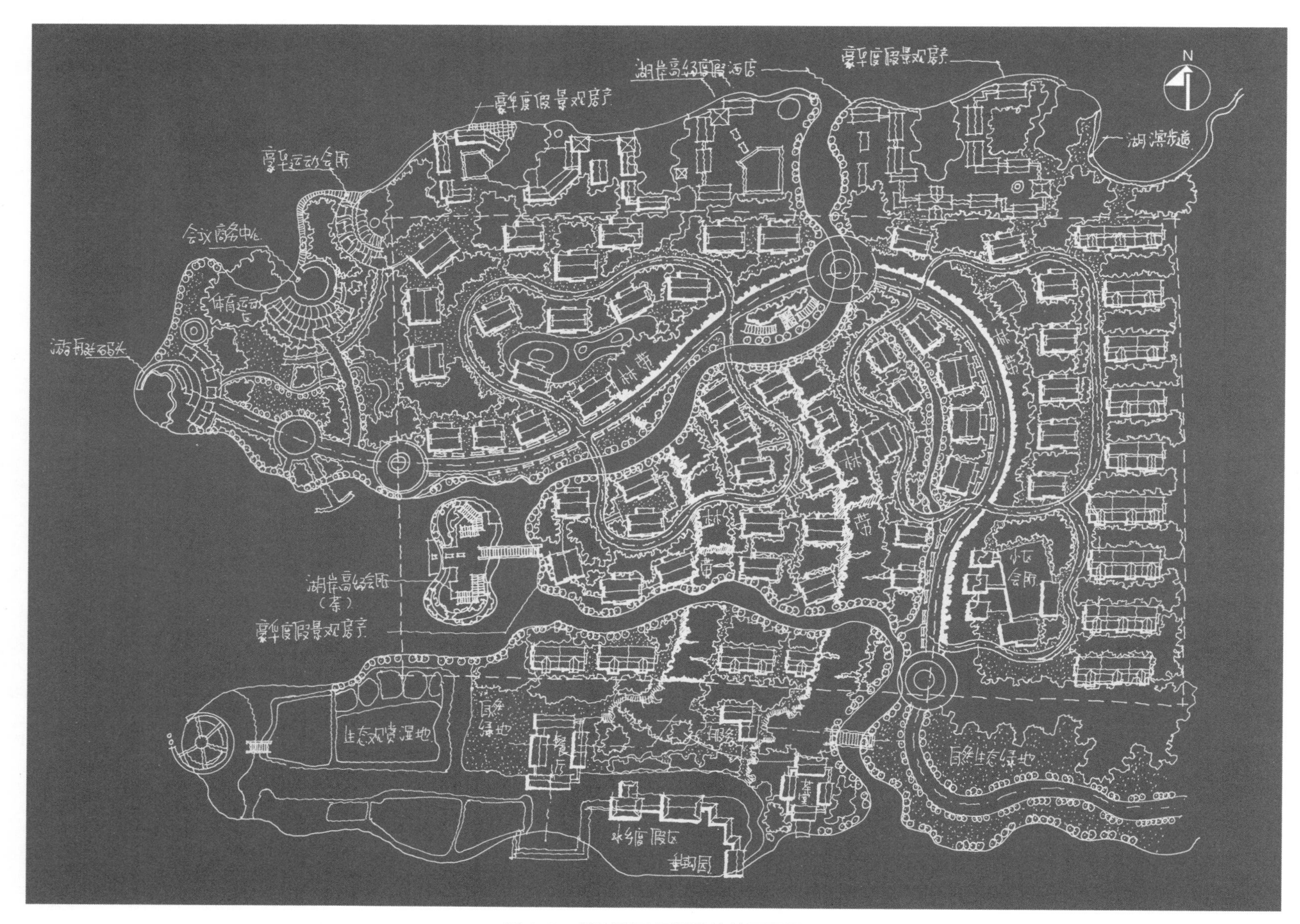

图 1–7　某别墅区规划设计总平面图

图 1–8　某企业会所园区前期构思草图

“为什么可以在那些杂乱如麻的线条中找到想法？”

其实，上面的情境与问题从侧面反映出设计师以手脑结合的方式进行创造性思考的规律。作为大脑思维辅助工具的手及需要用手完成的思考工作即使在“大数据”时代也无法被完全抛弃，只是时代的转换以及技术手段的更替需要从新的角度认识用手思考的作用、价值与意义。

• 从大脑的思维习惯看手绘草图的作用

思维系统 1

思维系统 2

正如上文所陈述，从城市规划的发展历程看，用手表达与用手分析似乎都有被计算机及各种“大数据”分析方法取代的趋势，但是现实的情况是，纵使有大量的计算机辅助表达软件以及数据分析方法，在进行复杂思考及试图理清思路时，大部分设计师还是习惯于拿起笔在纸上涂画。这种涂画的目标显然不再仅仅是为了画出一张令人叹为观止的漂亮的或者精准的图纸，而是自然地选择了这样一种手脑协调的方式来整理思路及进行创作。当然，在这个过程中，如果能够画得放松与画得愉快，自然可以更好地激发创造性思维（图 1–9）；如果思维混乱且无法下笔，自然也就进入了所谓的创作停顿期。

规划设计工具的改变以及所面临问题的复杂性需要规划设计师以及规划教育工作者转换思路，从更本质的源头思考手脑协调进行创作的本质，进而在专业学习及工作中更好地进行创作与创新。

从本质上讲，城市规划设计工作是一项高度复杂的创造性活动，那么下面的一个问题就是，如果计算机可以替代用手完成的表达工作，数据分析可以进行庞杂的分析和信息处理工作，那么最终的规划设计成果到底从何而来，手和大脑在创造性的规划设计过程中又起到怎样的作用呢？如果要理解这个问题，就需要暂时地抛开城市规划专业而

图 1–9　某居住小区规划设计总平面图

将目光转向科学家对于人类大脑思考特征的研究。

在《思考，快与慢》这本书中，美国学者丹尼尔•卡尼曼结合了许多科学家的分析将大脑的思考活动分为两种类型，它们分别由大脑中的两种思考系统控制，这两种系统作者简称为系统 1 和系统 2。系统 1 的运行是无意识且快速的，不怎么费脑力，没有感觉，完全处于自主控制状态。例如，确定两件物品孰远孰近；看到恐怖画面后做出厌恶的表情；回答“2+2=？”;读大型广告牌上的字等。如果具体到规划设计的工作体验，则有可能是直观产生的城市空间感受，如进入狭窄街巷立刻感觉到的局促和紧张；或者是在纸上很轻松地画出一系列矩形，粗略地表达一栋栋建筑物的屋顶等。与系统 1 不同，系统 2 则将注意力转移到需要耗费脑力的大脑活动上来，例如复杂的运算等。系统 2 的运行通常与行为、选择和专注等主观体验相关联。例如，在一间嘈杂、拥挤的屋子里关注某个人的声音；搜寻大脑记忆，判定声音是否表达惊喜；在狭小的空间里停车；检验一个复杂的逻辑论证的有效性等。同样，对应于规划设计的工作体验，则有可能是判断一个拥挤商业空间在各个时段不同人流方向的人流量大小，判断一处山地空间的坡度及适建范围等，而目前，这些工作大部分可以由计算机完成。

同时，丹尼尔•卡尼曼经过研究还认为，创造性活动都是系统 1 和系统 2 相互交叉进行的，缺一不可。换句话说，创造性成果的产生既需要系统 1 的工作，也需要系统 2 的工作。对应于城市规划设计可以发现，目前由计算机的软硬件以及“大数据”分析技术所进行的工作基本属于系统 2 的范畴，它们需要特定的技术手段进行数学运算以及逻辑论证，并投入高度的注意力才能完成。而在获得阶段性以及最终的数据分析结果后所获得的启发进行的联想以及产生的创造性构思则是由系统 1 完成的。不仅如此，丹尼尔•卡尼曼将系统 1 描述成自主而初始的印象和感觉，这种印象和感觉是系统 2 对事物明确判断的主要来源，也是经过深思熟虑后做出抉择的主要依据。系统 1 的自主运作诱发了极其复杂的理念与判断，但只有相对缓慢的系统 2 才能按部就班地构建想法。可见，在城市规划设计中，系统 2 帮助系统 1 获得做出判断所需要的分析条件与结论；那么，用手表达的部分，其实也正是系统 1 运行的辅助手段，可以帮助规划设计师快速地理清思路并且尽快地同他人沟通，但是，这还不足以形成最后的创造性规划成果。

在 1960 年前后，一个名为萨尔诺夫•梅德尼克的年轻心理学家认为他已发现了创新的本质。他认为，创新与出众的记忆力有关（创新是极佳的联想记忆），而且创新必须是在放松的状态下进行的。凡是经历过规划设计创作的设计师都有过类似的经历，在规划设计的初期，始终在交替地体验焦虑、放松、紧张等各种情绪，它们快速地出现或者缓慢地在大脑中蔓延。而当各种设计条件逐步明确，设计判断也渐渐清晰后，紧张感也会慢慢消失，各种精彩的想法会随之涌现。而手的作用正是始终跟随着大脑的这种快节奏变化的思考过程，用草图的形式帮助大脑条分缕析地处理信息，并最终将它们以规范或者示意图示的方式表达出来，形成与他人沟通和交流的信息（图 1–10）。可见，计算机可以进行严谨、有序的数据分析与确定的规划构思表现，但是却无法替代人类大脑的创造性思维过程。正如人类无法改变其自身大脑思考的机能一样，他们也必须重新正视手脑协调进行创造性工作的特性。

从用手脑进行全过程的规划设计工作到将一部分工作分解给计算机，规划设计师的手和笔从未退出过历史舞台。其实，从历史过程中规划设计大师的手绘草图可以看到，手绘草图的类型是非常多样的，它们以灵活的形式贯穿于规划构思、规划分析、规划表达、规划管理的方方面面。而当下，在人机分工的新时期，就更加需要当代规划设计师更广泛地思考手脑协调过程中手绘草图的工作目标。

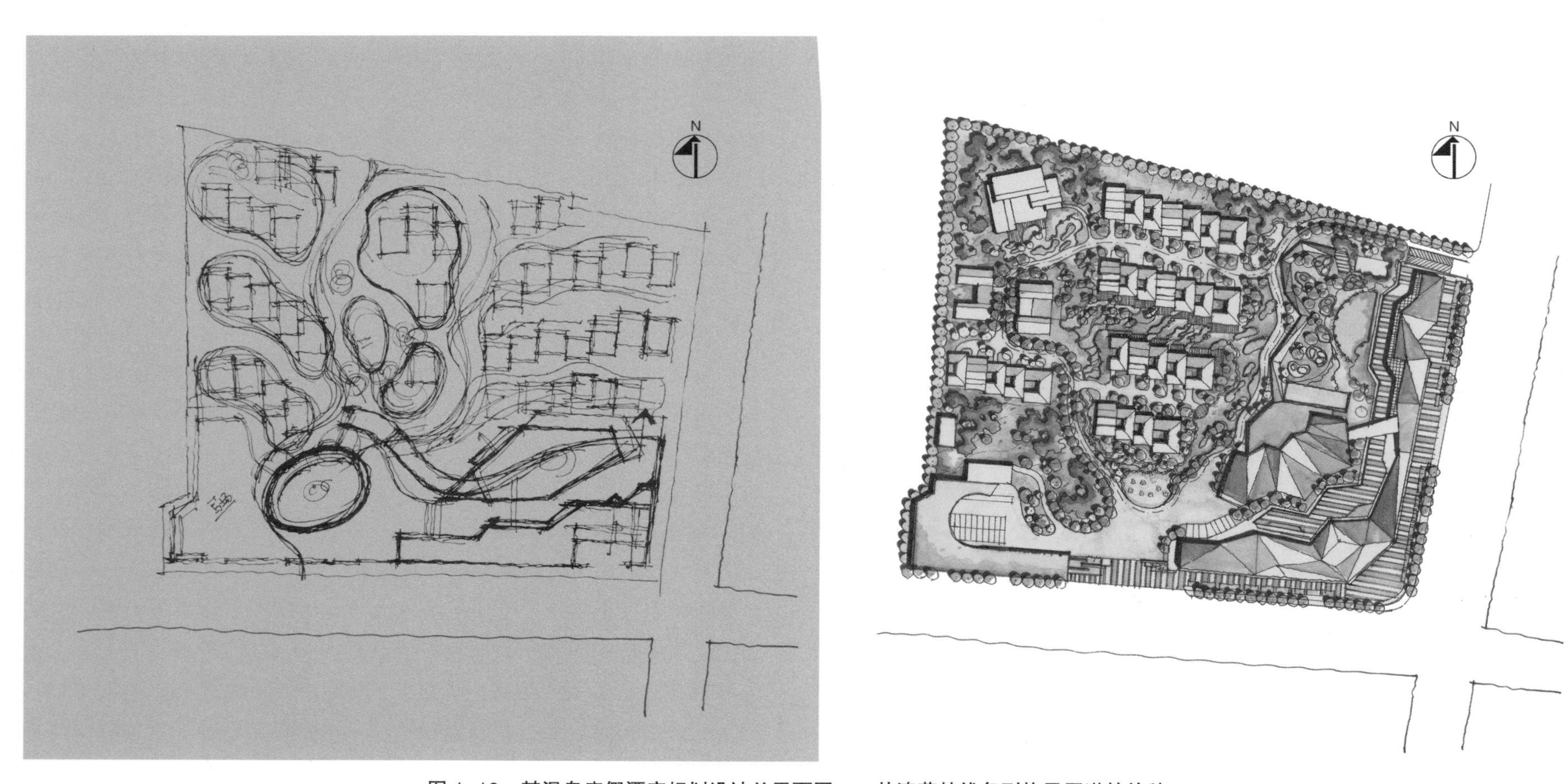

图 1–10　某温泉度假酒店规划设计总平面图——从潦草的线条到构思严谨的终稿

其实，很多规划设计师在进行规划设计专业的初学时期，都经历过手绘草图表达的训练，但是在这些最初的过程中，“画得漂亮”往往成为第一追求目标。画得漂亮，自然能够找到乐趣，但是画得不好，就难以推进。所以，一旦掌握了计算机表达技术或者度过了手绘训练的兴奋期，这样的目标也就失去了价值。可见，在上述手绘学习过程中，这类初学者并没有对手绘创作的价值及与其相对应的表达目标与表达方式进行深层次的思考，而这也是后面章节需要解决的核心问题。

总之，在历史过程中以及“大数据”时代，用手表达始终是规划创作的需要，同时它还依然可以使规划设计师能够持续地锻炼创作素养及享受灵动的工作乐趣。

第三节　规划设计手绘草图表达的作用

- **规划设计分析 + 规划设计创新 = 手绘草图表达**

规划设计分析

规划设计创新

规划设计是一项复杂的工作，从规划设计发展的历史过程及规划工作实践来看，手绘草图所进行的工作主要有三个部分：规划设计分析、规划设计表达与规划设计创新。其中，规划设计表达所涉及的手绘工作被认为是最容易被计算机取代的部分，而手绘草图在规划设计创新中的作用则最容易被忽略。从上文的分析可以看出，计算机绘图软件将规划设计师从繁重的机械制图工作中解放出来，在大部分情况下，设计师再也无须用手、眼及体力消耗来追求制图的精准与一丝不苟。虽然还有大量的设计师喜欢用手绘制精彩的规划设计表现图纸，但是在当前的行业发展背景下，它似乎仅仅是规划成果的锦上添花之笔。因此，这也常常导致处于规划设计学习过程中的学生开始质疑学习手绘的必要性。其实，除去最终的成果表现外，在设计过程中用手绘的方式辅助规划设计分析与进行规划设计创新才是手绘工作以及手绘学习的重点（图 1–11）。当然，在计算机时代，这两项工作也都可以在过程中和计算机的工作一起穿插完成。

- **规划设计分析与思维导图**

安排规划工作的步骤与流程

概括阶段性规划的分析结果

整理规划思路

从历史及当下的实践过程看，规划设计分析的内容非常广泛，比如适建范围分析、空间可达性分析、建设容量分析等，同时，这种分析往往也是同规划设计创作一起进行的，边画、边想、边整理、边判断和边决策的过程正是大部分规划设计师的真实工作写照。那么，当各种计算机软件及“大数据”分析方法取代了原来基于手绘制图的计算、空间感觉和规划经验的专项分析内容后，借助手脑协调的方式安排规划工作步骤与流程、概括阶段性规划分析结果、整理规划思路就成为仍旧需要用手进行的重要工作内容。而这一部分内容有些一直受到规划设计师的重视，如整理规划思路；有些没有被规划设计师纳入规划分析图的范畴，如安排规划工作步骤与流程、概括阶段性规划分析结果等。但是规划设计师会经常不自觉地用文字或者图示的形式将它们绘制，却没有意识到它们也在规划设计创作中占有重要地位（图 1–12）。

熟悉规划设计过程的规划设计师都知道，规划设计工作最初进行的是发散性思维工作，接着需要在整合大量信息基础上逐步对发散性思维进行整理和概念凝练。规划设计的一般性过程包括现状研究、提出问题、分析问题、提出规划概念、提出解决策略以及进行以空间规划为主的规划设计工作，在这个过程中会不停地遇到需要探明的疑问

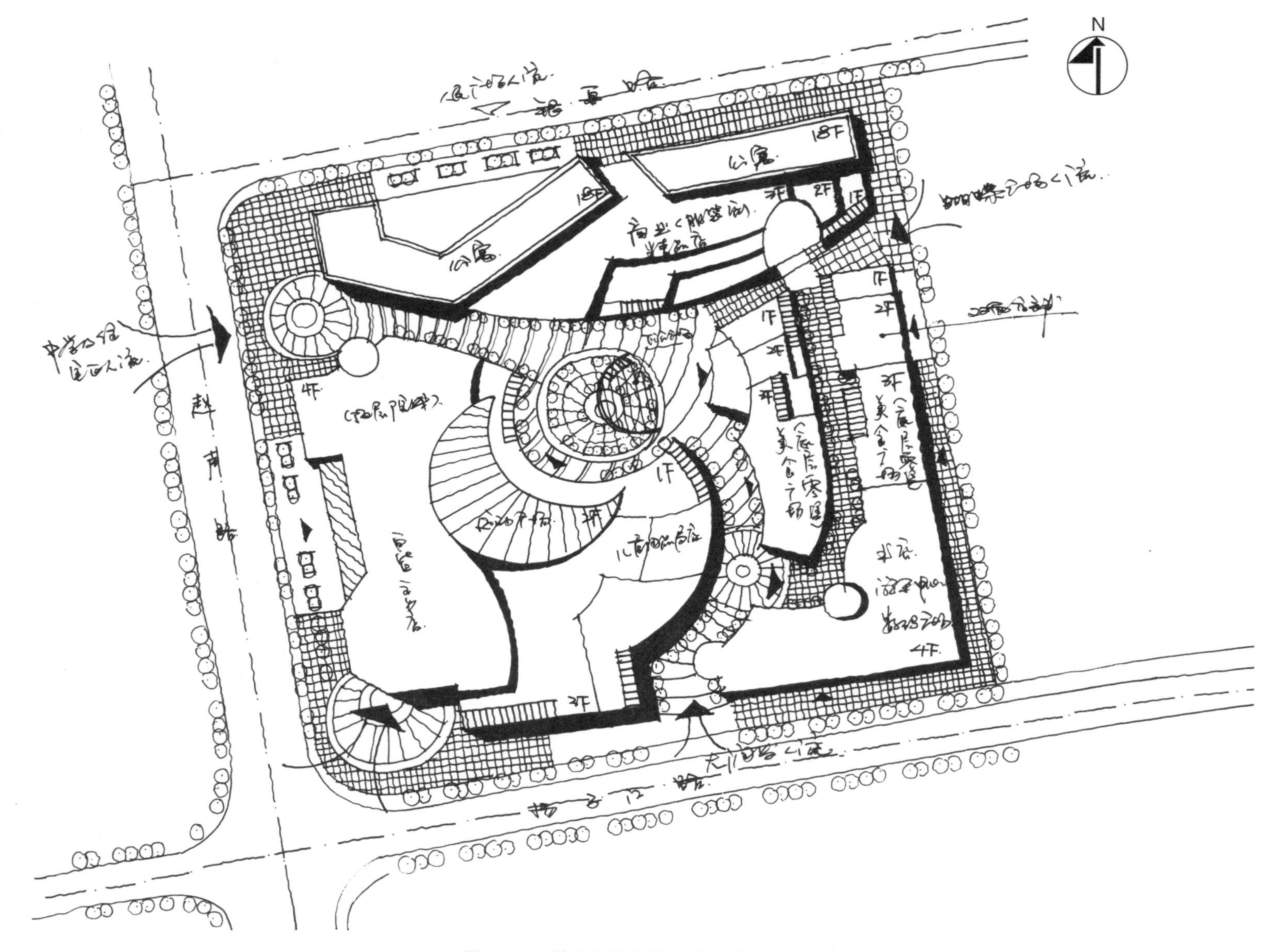

图 1–11　某商业综合体规划设计总平面图

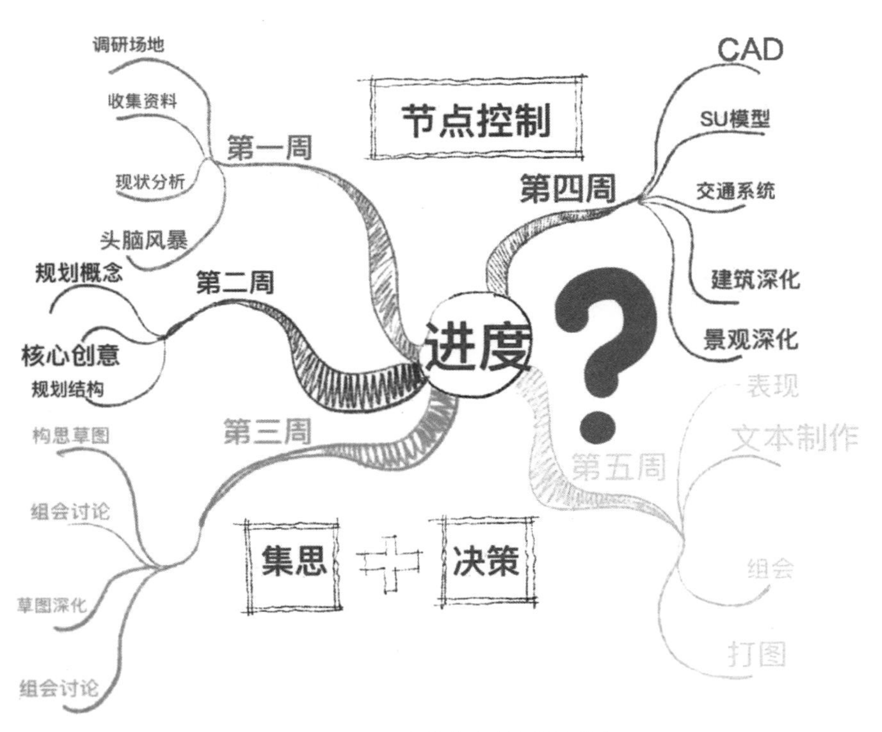

图 1–12　设计进度安排思维导图

并解决关键性的技术节点，也就需要不断地对分支性的问题解决方案进行思考与安排。所以，在整个规划设计过程中，其实都包含了复杂的规划设计思路整理工作（图 1–13）。

另外，无论城市规划技术发生了怎样的改变，但是从城市规划的本质上看，城市规划始终是对未知环境及现有环境进行创新性探索的工作，未知性与不确定性是这项工作的重要特征。虽然现代城市规划学科的发展使得城市规划设计有一致的规划设计规范、相对一致的规划设计流程，但是每个项目的规划设计目标、上位规划条件、场地现状、社会及自然资源状况都是不同的，这就使得从规划设计问题分析开始，

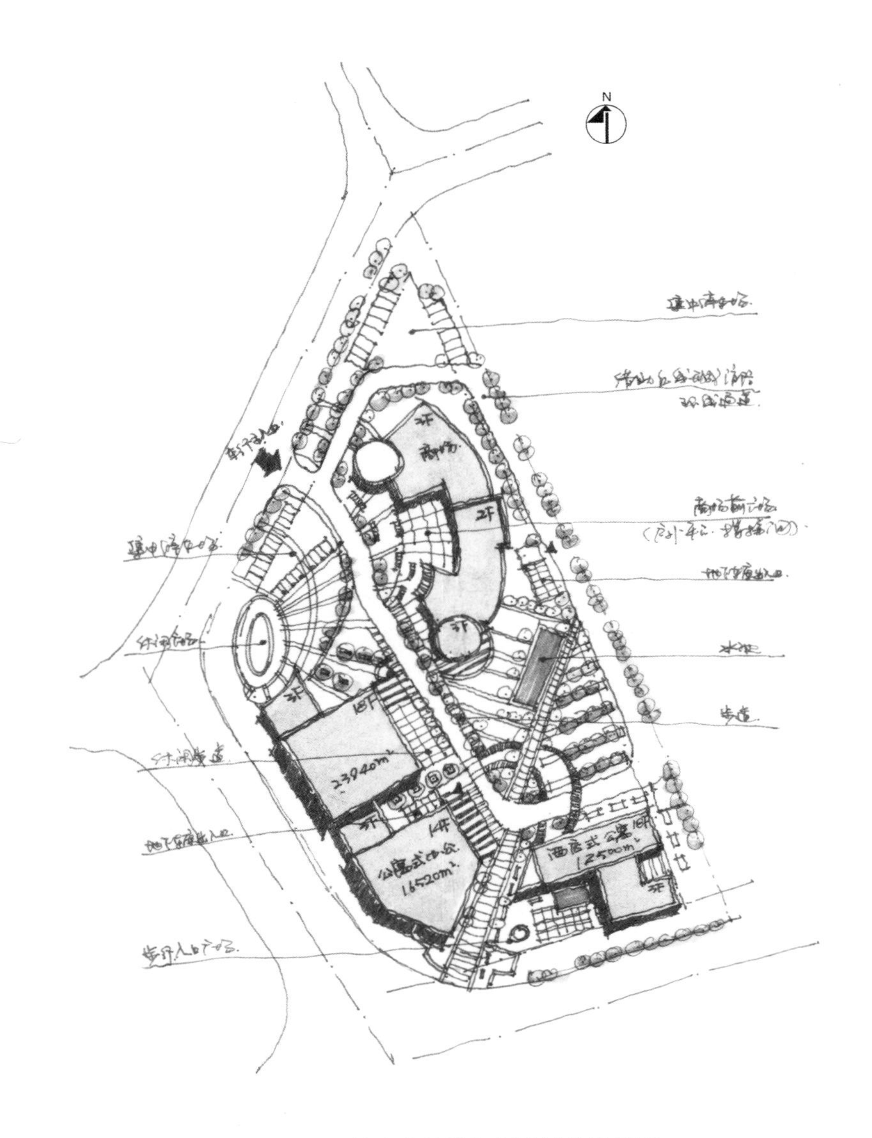

图 1–13　某商办地块规划设计构思草图

每一个规划设计项目在每一个步骤中的走向都千差万别，而规划设计师在设计过程中面对每一次问题时的协调、平衡、决策和妥协都成为决定最终方案的重要分叉点，这也将会导致规划结果的重要差别。可见，在规划设计过程中，模糊性以及从模糊一步步走向确定的过程是规划设计工作的重要特征。而模糊性同时也是创新性活动的一大特征，这也就使得每一次的规划设计都是需要调动脑力进行的头脑风暴式的思维活动。综合来看，上述手绘分析图其实都是帮助大脑进行信息提取、分析与记忆的工具，而这正是思维导图的重要特征，上述这些图纸也都可以被统称为规划设计思维导图。

“思维导图”是由英国著名学者东尼•博赞在 20 世纪 60 年代发明的，自诞生之日起，它就被人们当作“终极思维工具”。在 2009 年的第 14 届国际思维会议上，与会者宣布，21 世纪是大脑的世纪，认为人类“已经从农业、商业、信息和知识的时代走向智力的新时代，而思维导图正是智力的‘终极思维工具’”。与规划设计师逐渐远离手、纸、笔、画的趋势不同，随着思维导图的出现，在其他行业领域的许多专业工作者开始使用手画的形式帮助记忆、整理思路及进行创造性的思维活动。

简单而言，思维导图是“用图表表现发散性思维”的方法，“通过捕捉和表达发散性思维，思维导图将大脑内部的过程进行了外部呈现……本质上，思维导图是在重复和模仿发散性思维，这反过来又放大了大脑的本能，让大脑更加强大有力”。同规划设计过程中的各类分析草图一样，思维导图“是一种可视图表，一种整体思维工具，可应用到所有认知功能领域，尤其是记忆、创造、学习和各种形式的思考”。它被称作是一项提高创造力和生产力的技巧，以及抓住灵感和洞察力的一套革命性的方法。

思维导图的绘制要点包括使用词汇、使用图像以及用图像和词汇结合的方法。仔细观察下面的规划设计解析图和思维导图（图 1–14，图 1–15），可以发现，它们在目标、过程及形式上都有许多共同之处，这些专业分析图实际上就是被具体化及专业化后的思维导图；而在规划分析阶段使用思维导图，也可以使手绘分析草图发挥更大的思维整理及方案创作的功能。

虽然在其他很多原本无须用手绘这种方法进行工作的领域，思维导图已经成为重要的工作手段，但是在城市规划设计领域这还是个崭新的内容，在下面的章节中本书将做进一步的探索和详细的介绍。

• 规划设计空间分析

概括数据分析结果

空间结构分析

空间功能分析

究其根本，城市规划的本质是对空间的思考和创新。空间感包含的内容丰富，在宏观、中观和微观领域都有不同的含义，比如说，宏观领域的空间感包括由对山形水势感知带来的对空间使用方面的判断和决策；中观领域包括对空间结构的感知与判断，如空间轴线、空间网络、空间廊道、空间节点等；微观层面的内容更加具象，如建筑、街道、广场等各种空间细节的变化都会带来空间感受的变化。

不同于传统的单纯凭借个人经验对空间进行感知、判断和决策的方法，当前，多样化的空间分析手段可以为规划设计师在进行空间规划时提供强大的规划设计基础，如街区形态数据分析、建筑形态数据分析、空间意向调查、高程数据、地价数据、天际线分析、景观廊道分析等等，在这样的辅助下，规划设计师对空间的感知和判断更加具有科学性，在进行空间改造和创新时接收到的模糊信息的比例降低，即系统 2 的思考比重降低，因此，他们也更加容易将注意力集中在空间创作上。

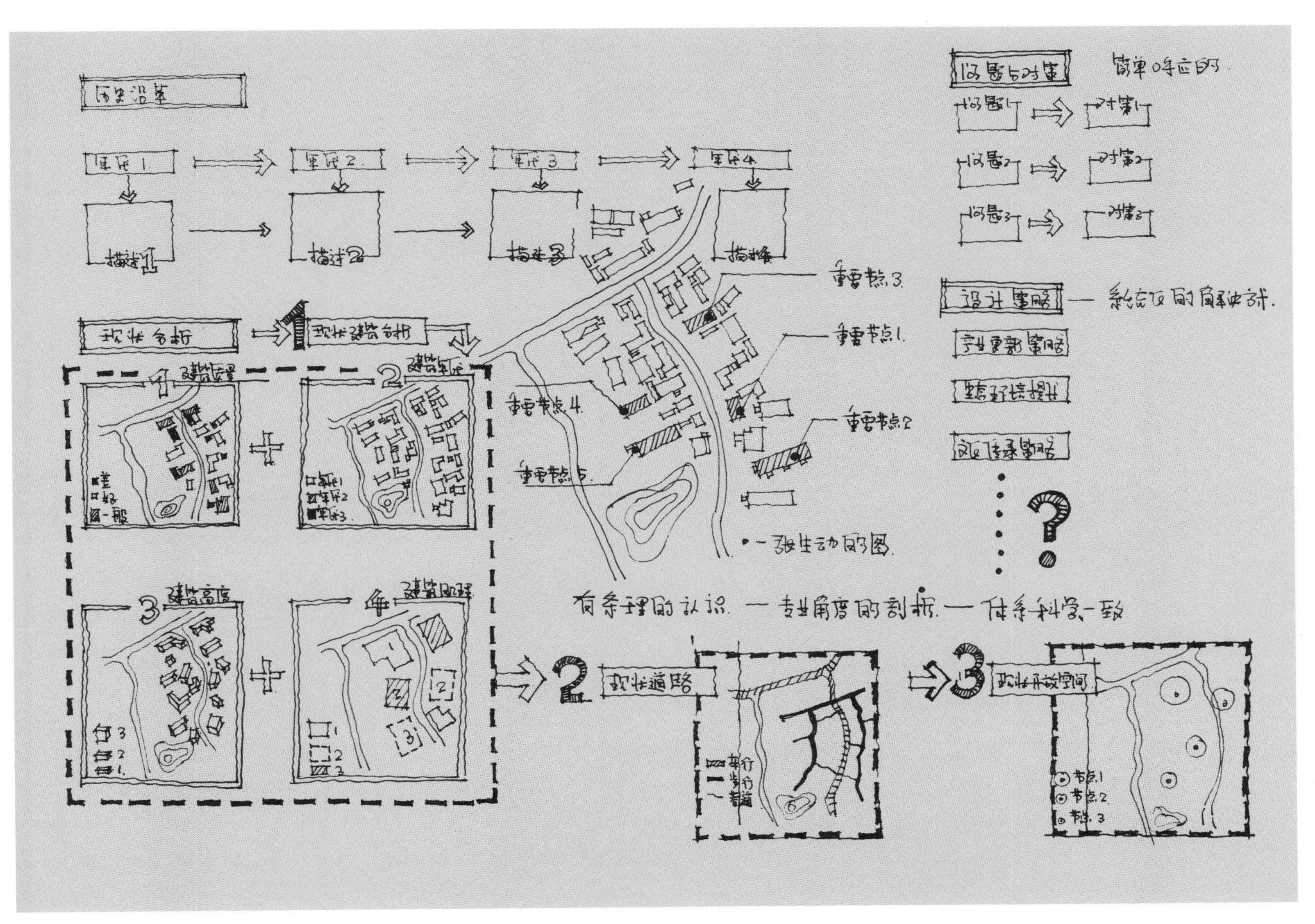

图 1–14　某规划设计前期分析记录

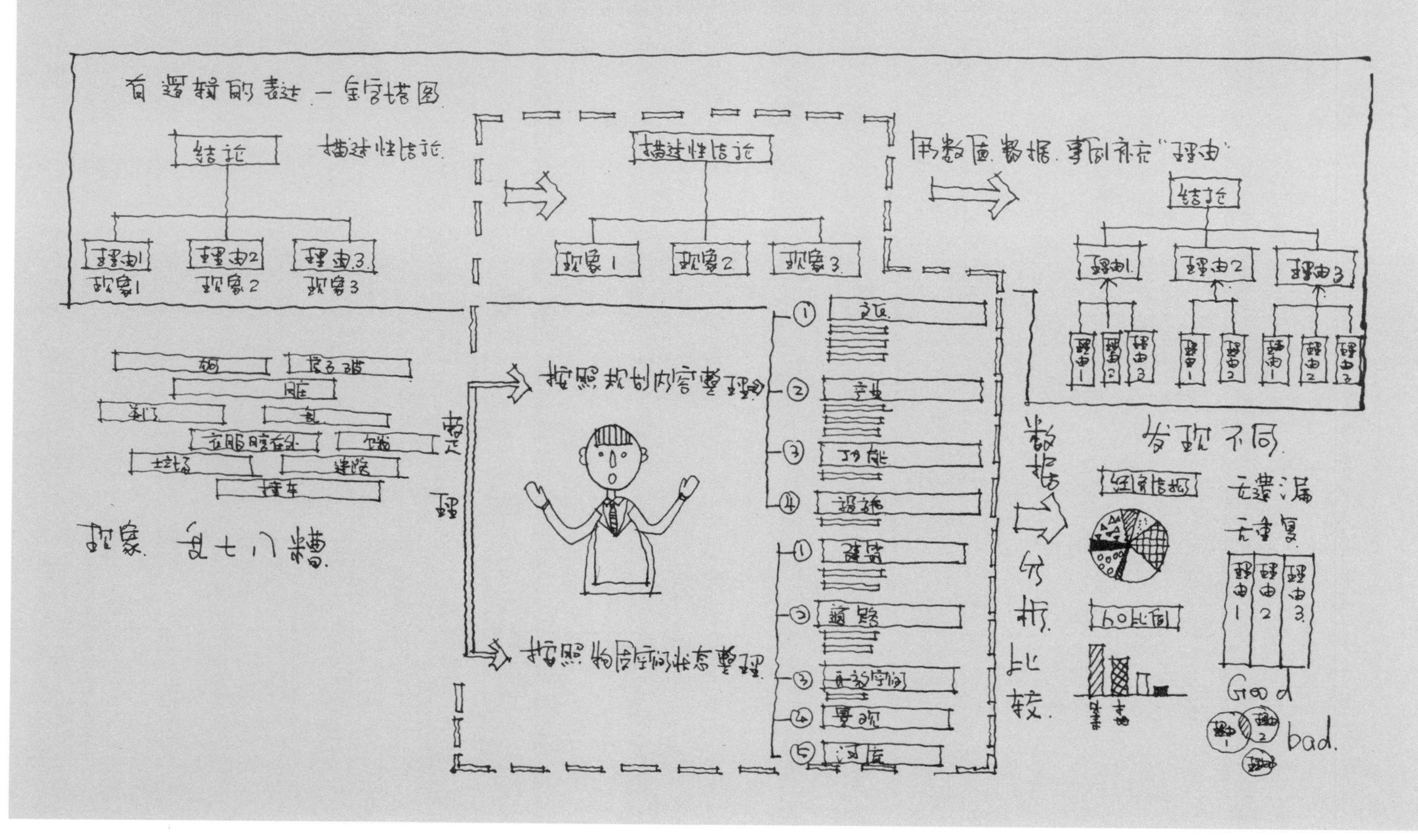

图 1-15　某规划设计构思阶段思维草图

那么，在这样的情况下，手绘空间分析的工作内容就更加集中，即在上述计算机数字化的空间分析基础上辅助大脑进行空间创作。概括而言，手绘草图在规划设计空间分析中的作用主要包括以下四个方面：用手绘草图进行空间结构分析；用手绘草图进行空间功能分析；用手绘草图进行空间意向构想；用手绘草图概括各项空间数据以及数据分析结果。

上述工作也可以说是对数据分析结果的整理、整合及在此基础上对空间进行的综合感知与判断。当然，这种方法对微观尺度的城市规划而言更具有实际应用意义。在微观尺度下，基于身体体验、记忆经验、文化意象、客观数据等的各种综合性思考都可以随着手指在纸上的移动而被激发和放大出来，进而形成规划构思的灵感。

• 规划设计形态探索

基于前期分析的形态构思

理性修正

细节调整

“美好，整体有序，富有特色和文化内涵的城市形态塑造是一个永恒的主题，即使是在当下全球化和信息化时代依然如此”，因此，形态探索也仍旧是手绘草图的重要工作内容。就形态探索而言，计算机绘图同手绘的差异性和优缺点十分明显（表 1–4），在实际工作中，

表 1–4　手绘草图与计算机绘图表达的优势、劣势分析

		手绘草图	计算机绘图
优势与劣势	绘图过程	过程随意，方案阶段无典型的顺序性	需要按照计算机程序的逻辑顺序操作
		不需要技术准备，简单工具准备	需要熟练的技术准备，计算机软件及硬件
		随时随地开始	随意性受到场地及工具限制
		构思阶段速度快	构思阶段速度慢，重复性操作多
		可快速形成完整的图纸	需要较长时间
		情绪发挥很大作用，紧张，快速	按部就班，逐步完成
		重画或大面积修改容易	重画或大面积修改损失大
		局部修改不便	局部修改容易
	绘图内容	精确性由个人绘图能力决定	精确性好
		同一张草图表达的内容有限	同一张图纸可叠加较多内容
		表达内容可随意抽象	表达内容具体
		对场地的分析概念化	对场地的分析客观，技术性强
		能够对技术方案进行初步研究	可对技术方案进行深入研究
		不易储存	易于储存和复制
	经济性	成本较低	成本较高
		工具简单	工具主要为计算机及各类程序

可以将计算机绘图和手绘结合进行，也可以将它们应用于不同的规划设计过程与规划设计步骤。

同样，用手绘进行的形态探索也更加适用于中观和微观领域，在绘制的过程中同时调动记忆和直觉，进而形成形态创意。就形态探索而言，在过程中形成的模糊和杂乱的线条往往更具有启发性，而用手绘的方式更有利于不断地在纸上将模糊的线条剥离并使清晰的形态逐步呈现出来（图 1–16）。

形态探索的步骤可以分为三个阶段：第一个阶段为基于前期分析的形态构思。这一阶段应该以尽量放松的心态调动大脑的形态创造力和想象力，虽然这一阶段的线条可能非常粗略和简练，但是它们往往包括了规划设计师对于前期分析结果所进行的综合提炼（图 1–17）。形态创造的第二个阶段可以用理性修正概括，这一阶段需要在团队工作的基础上将前期的形态调整合理。比如，当涉及道路的线形时，就需要在交通规划专业人员的辅助下对道路进行详细的研究和调整；当涉及对地形的大规模改造时，需要在生态设计专业人员的辅助下探讨形态改造的可行性；当涉及大体量建筑或者单元式建筑时，就需要在建筑设计专业人员的辅助下完善建筑形态……从放松的自由创作，到理性的思考与修正，是使规划设计走向成熟的关键步骤（图 1–18）。第三阶段是细节调整，对于修建性详细规划设计而言，这部分的内容非常庞杂，因此可以按照设计内容或者按照地块来逐一完善。比如道路系统的完善就包括对道路线形、道路宽度、道路坡度和坡向等内容的完善；对于建筑布局的完善就包括建筑平面形态、建筑外部空间、建筑体型等的完善。总而言之，需要将设计构思与设计意向以明确的图示语言表达出来，为其他专业的协作和后续工作打下良好的基础（图 1–19，图 1–20）。

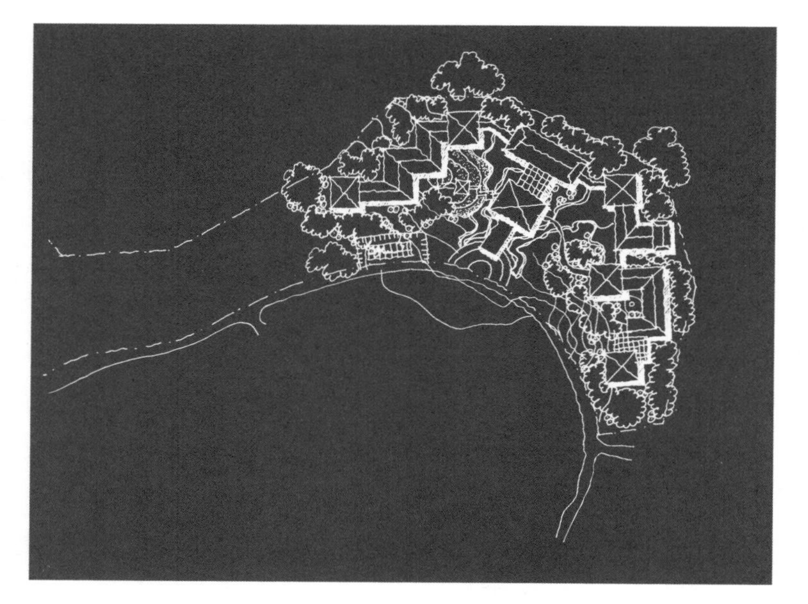

图 1–16　某办公区总平面构思的形成

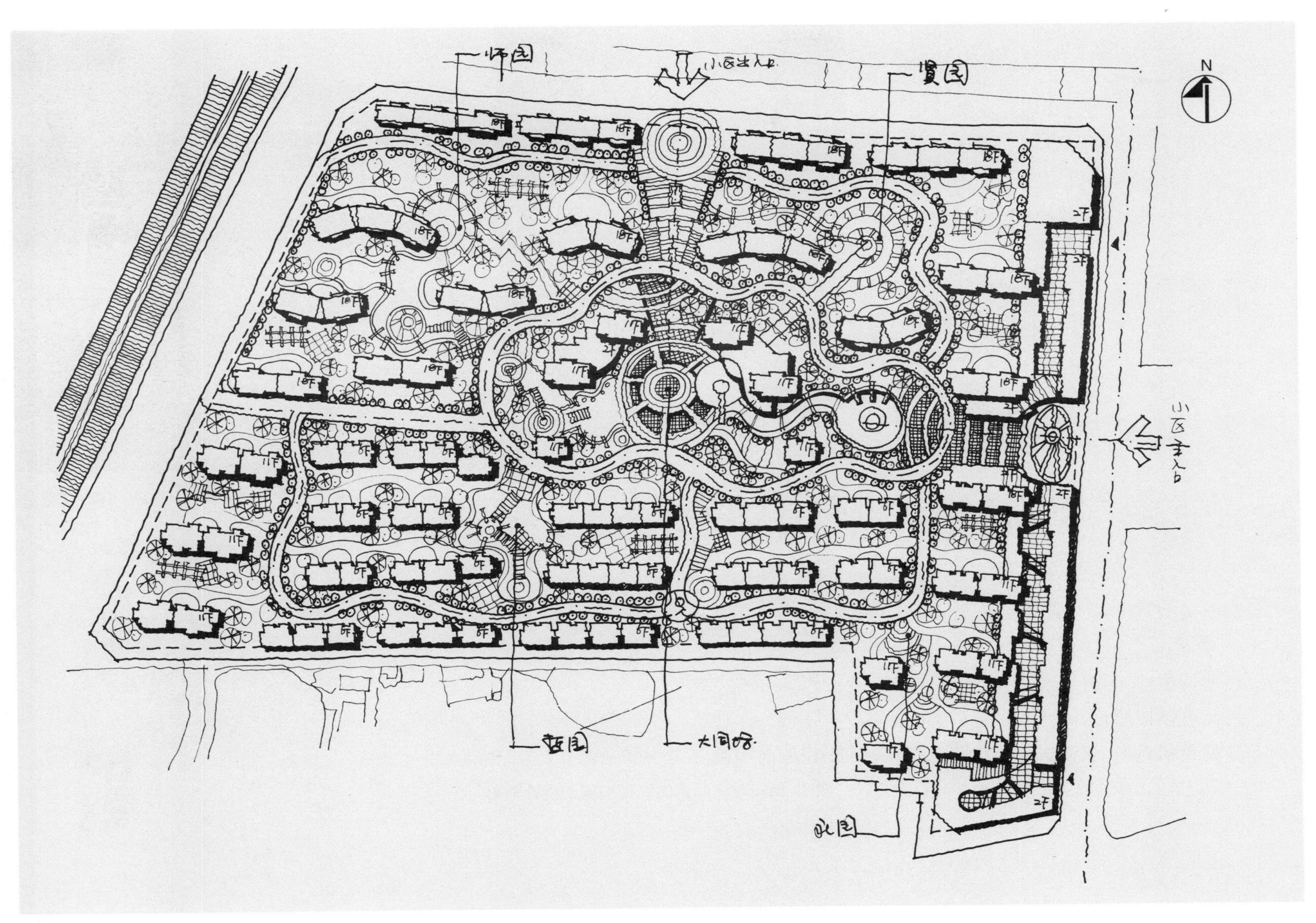

图 1–17　某居住小区规划设计总平面图

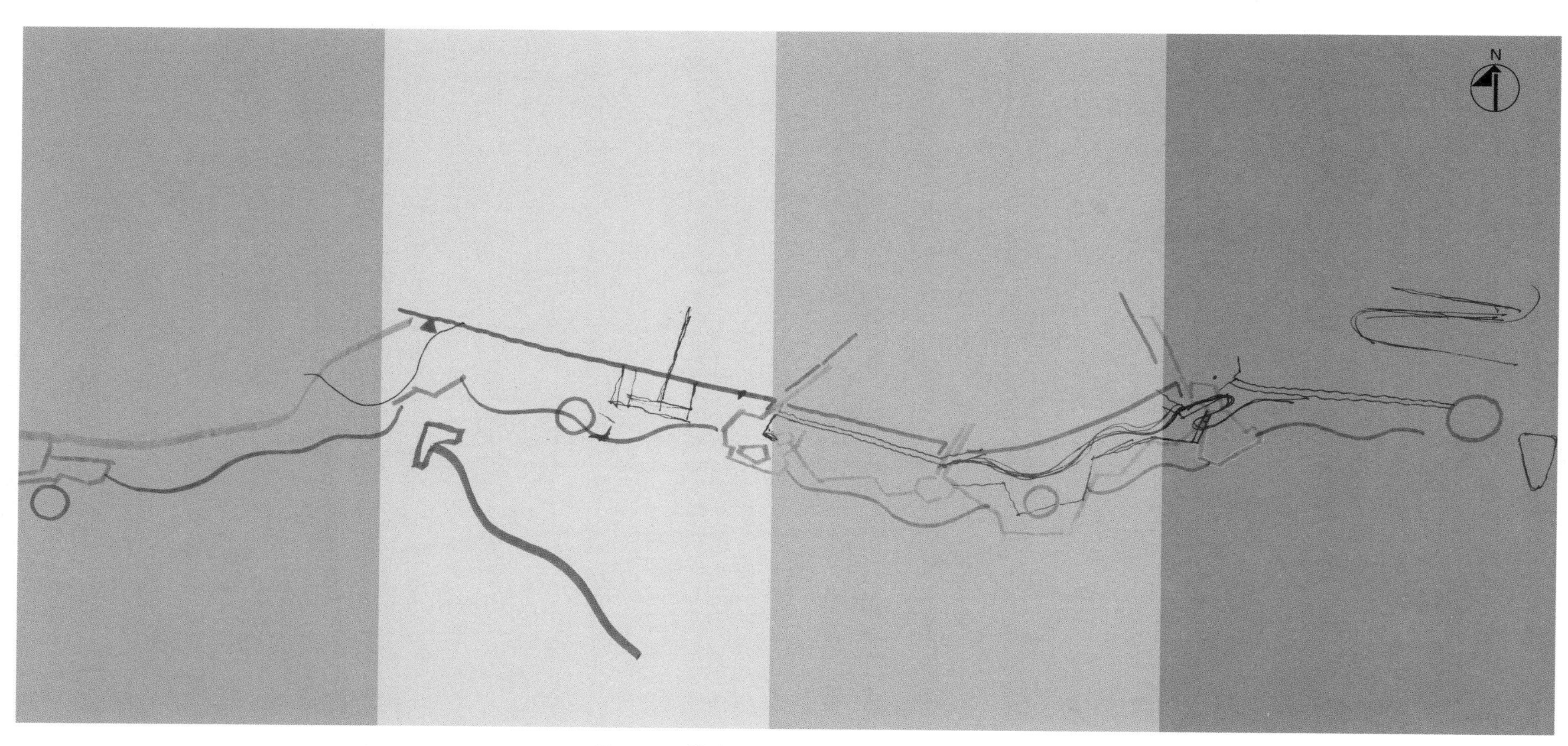

图 1–18　某滨江休闲区结构规划设计草图

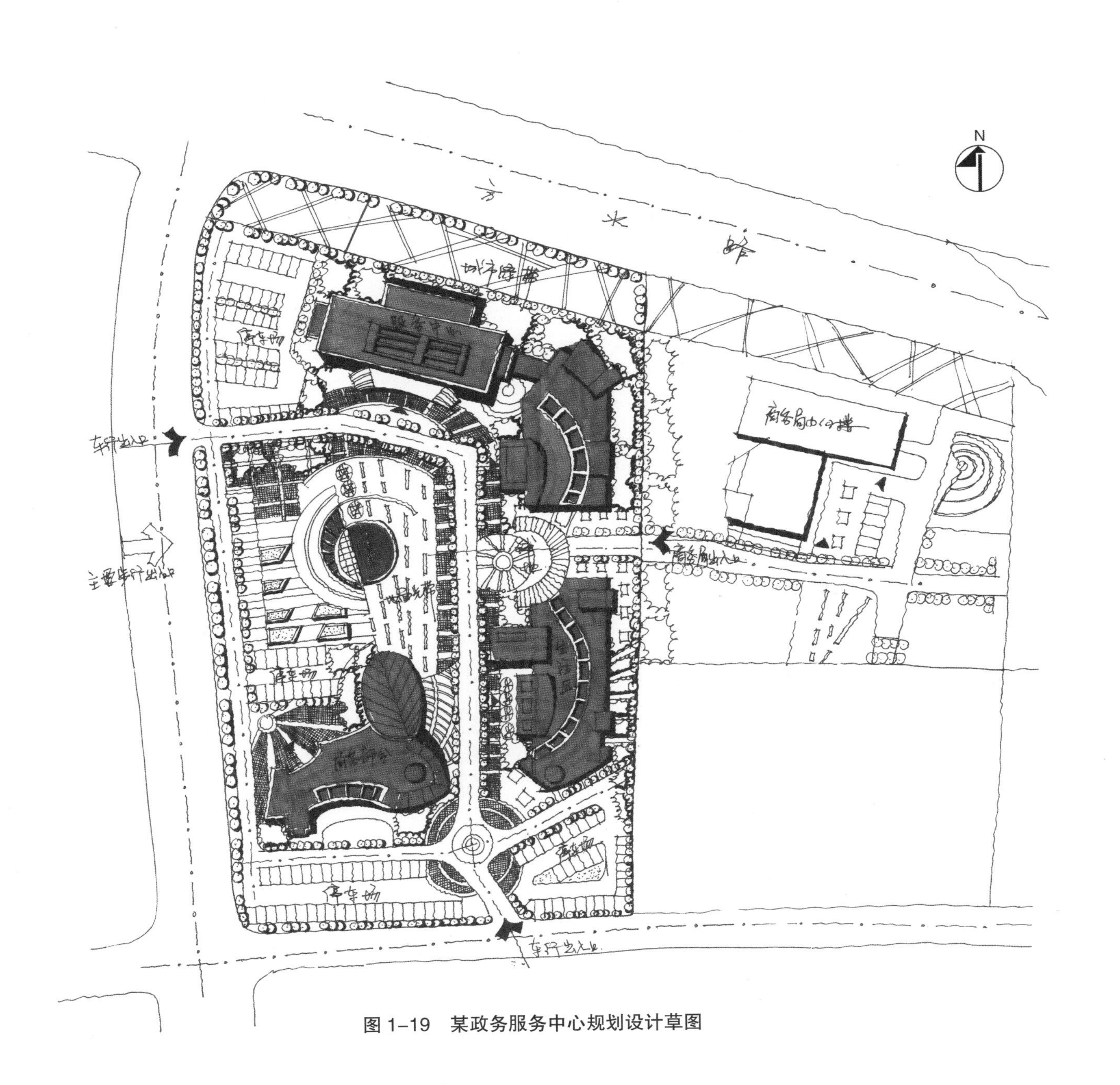

图 1–19　某政务服务中心规划设计草图

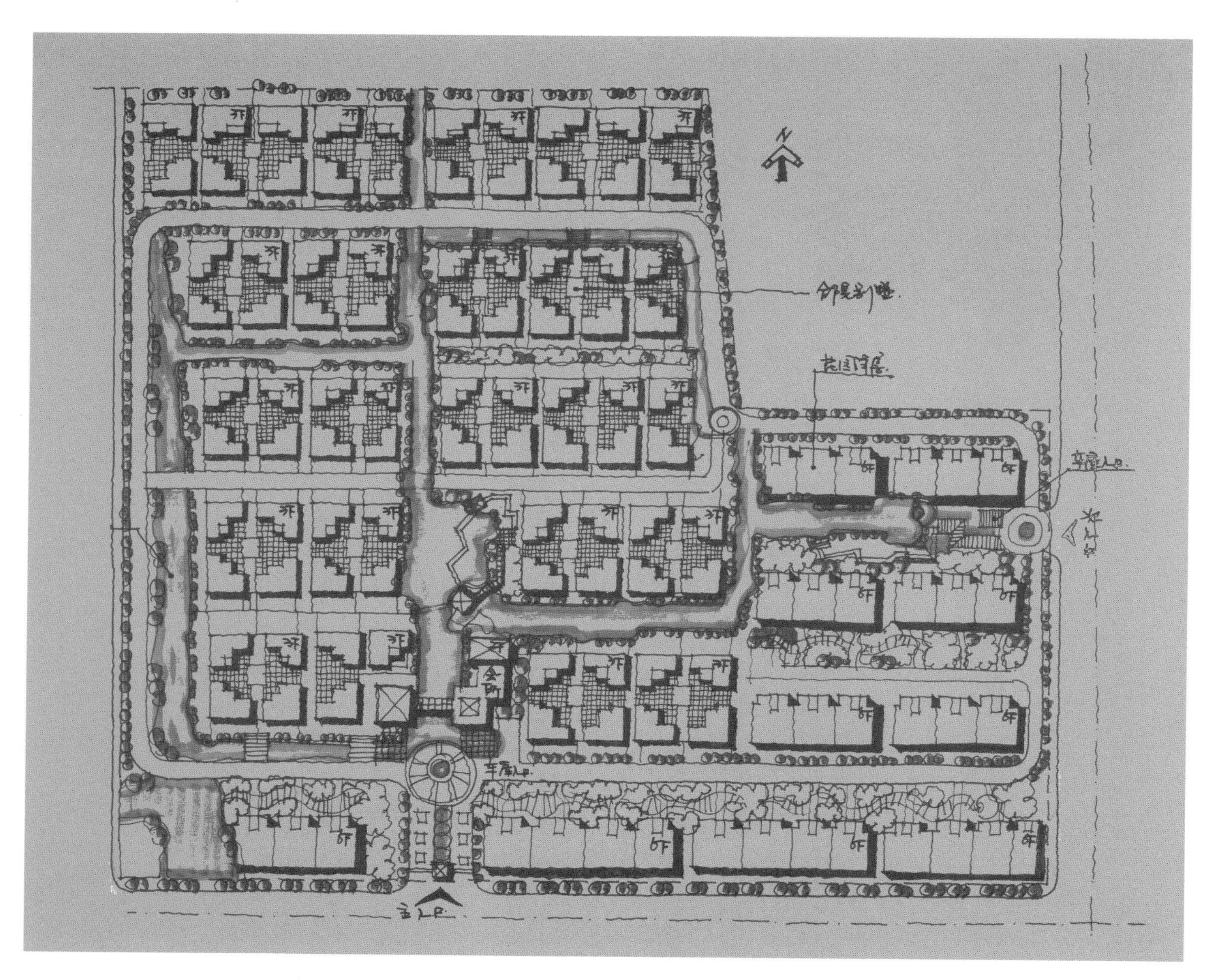

图 1–20　某居住小区规划设计草图

- **手绘草图表达与规划设计创新**

反复的体验

清楚的示范

预知的想法

放松

归根结底，上述过程以及穿插其中的规划设计数据分析的终极目标都是规划设计创新。结合当下科学界对大脑创新思维的相关理论看，在创新性思维发生时，“系统 1 是自主运行，而系统 2 则通常处于不费力的放松状态，运行时只有部分能力参与。系统 1 不断为系统 2 提供印象、直觉、意向和感觉等信息。如果系统 2 接收了这些信息，则会将印象、直觉等转变为信念，将冲动转化为自主行为”。那么，对于规划设计而言，前期的准备与数据分析都是为了将含糊的印象、直觉转变为在特定设计阶段较为肯定的规划决策，推动系统 2 的运行，进而在条件成熟时将系统 1 带入适合于进行创新的状态。下图是脑科学专家研究的创新思维发生时的思维状态与必备条件（图 1–21），放松是创意思维发生的重要因素，放松意味着事情进展顺利，“没有障碍、没有新情况、没必要转移注意力或投入更多的精力”。但是，对于任何的创新活动而言，放松的状态来之不易，对于规划设计而言也是如此。一个简单的认知放松过程与有着多种输入和输出活动的庞大网络相联结。换句话说，如果先期准备不足，在创作时也不可能达到良好的有利于创新性思维萌发的放松状态。

结合城市规划设计过程，图 1–21 可以被发展为图 1–22。在设计前期，城市规划设计师都会对普遍的城市特征以及某些特定的城市区域进行城市认知，形成“反复的体验”。接着，还会进行相关案例研究，寻找一个或者几个“清楚的示范”，这类研究其实就是基于同类化的设计背景与设计问题探讨解决方案的共性特征。上述过程结束后，规划设计师就会进入概念设计阶段，这个阶段是在先期已经完成了部分分析工作后进行的，试探性地提出构想，将“预知的想法”逐步表达出来。对于一个特定的规划设计而言，有时设计过程很长，有时则很短，设计灵感闪现的过程可以说是千差万别的，但是如果遵循了上述的过

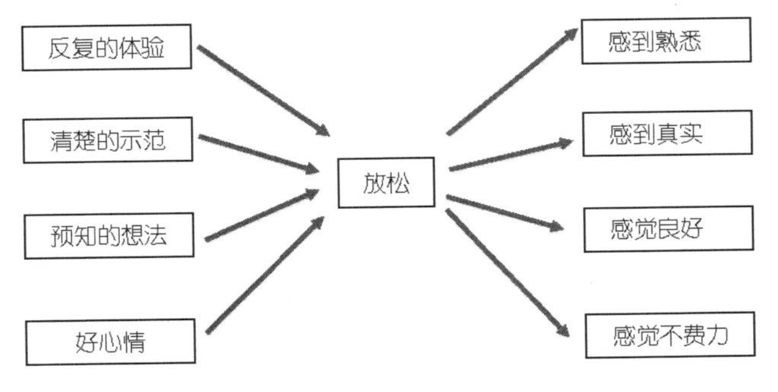

图 1–21　创新思维发生时的思维状态与必备条件

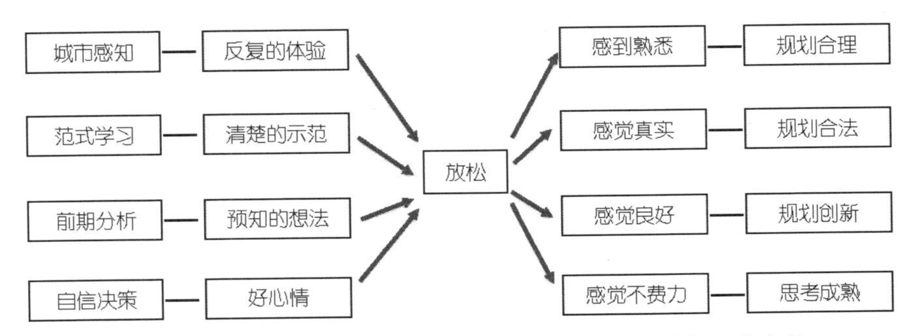

图 1–22　规划设计过程中创新思维发生时的思维状态与必备条件

程，设计师在真正开始动手设计之前就会拥有“好心情”，而这种“好心情”对于规划创新而言就是设计师可以自信自如地解决问题，以及进行规划决策。

图 1–22 的右半部分对“放松的感觉”进行了详细的分解，当一个规划设计师对一个规划“感到熟悉”时，实际上代表了这个方案或者案例的合理性，符合常规、符合习惯、符合逻辑、符合文化、符合历史……而“感觉真实”对于一个规划设计师而言不仅仅是常见和眼熟，更代表了其合法性，当一个规划符合各项法律法规时，这个方案才具有真实的实践价值。“感觉良好”描述了一个规划设计师完成了一个既合理又合法，同时还具有高度创造性的方案设计时的真实心理感受。在规划设计师的执业生涯中，遇到的规划方案可谓是千差万别。但是，如果一个规划设计以创新性为评价目标，那么任何一个方案从开始到完成都会经历从费力到“毫不费力”的过程，而前期所进行的一系列包括案例研究、数据分析等在内的准备工作都属于系统 2 的思维范畴，而这些思考也会帮助规划设计师对一个方案的理解从陌生走向成熟，并最终在大脑中将诸多的分析内容进行高度综合和概括，“放松”地进入系统 1 的思维阶段，引发出随意流淌的创造性想法。

在上述过程中，可以用手绘的方式帮助进行对前期现场调研、案例研究、数据分析、法规学习等内容的整理和记忆工作，用图形的方式强化它们在大脑中的“印象”和“感觉”，最终在纸上将想法描绘出来，为下一步更为精准的计算机制图工作做好铺垫（图 1–23）。

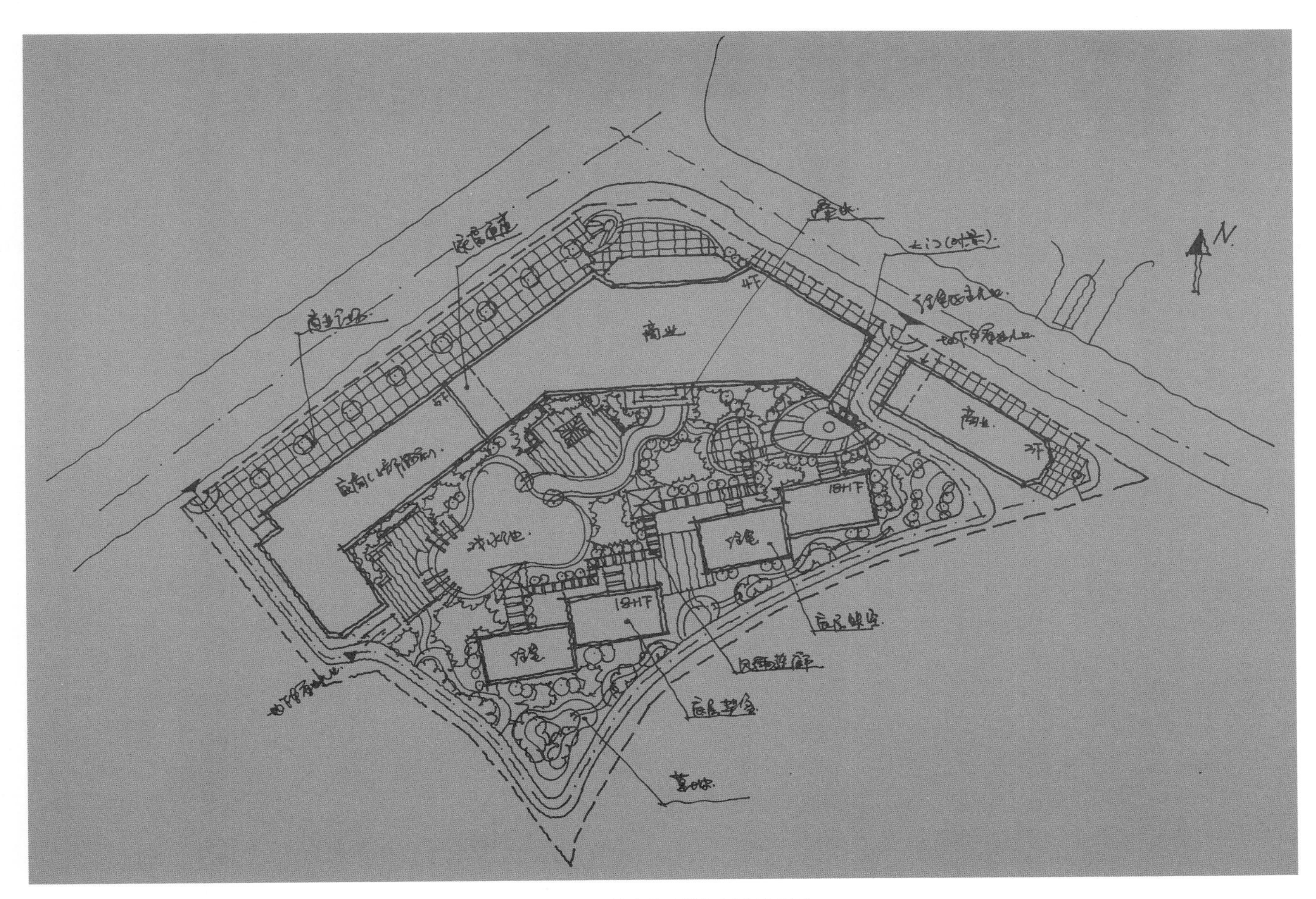

图 1–23　某商住地块规划设计草图

第二章　修建性详细规划设计过程中的草图表达

第一节　修建性详细规划设计的规划内容及规划阶段

• 修建性详细规划设计的编制流程

设计前期阶段

初步构思阶段

方案完善阶段

方案表达阶段

修建性详细规划是城市规划设计的重要阶段，根据 2008 年颁布的《中华人民共和国城乡规划法》的规定："修建性详细规划是以城市总体规划、分区规划和控制性详细规划为依据，制定用以指导各项建筑和工程设施的设计和施工的规划设计。"除传统编制内容外，与建设工程紧密结合的特点也使修建性详细规划的内容有所拓展和变化，如以修规的形式进行地下空间、城市更新规划，或在修规中纳入投融资规划等。修建性详细规划涉及的规划类型十分广泛，本书将以居住区、商业商务区、大学校园以及旅游度假区等为主要案例对手绘草图在修建性详细规划中的作用及表达进行介绍。右表列出了修建性详细规划的主要分项规划内容，其中日照分析、交通影响分析、市政工程管线规划等内容可以由计算机辅助完成，而剩余的规划设计内容则还需要规划设计师灵活借助手绘来辅助大脑进行创造性思考（表 2–1）。

从编制流程看，修建性详细规划编制大致可分为现状建设条件分析、草案编制、成果编制与审查等。本书在此基础上将修建性详细规划的设计阶段分为四个，它们分别是设计前期阶段、初步构思阶段、方案完善阶段与方案表达阶段。设计前期阶段的工作内容主要包括解读任务书、现状资料搜集与整理、场地调研等，在这个过程中需要对

表 2–1　修建性详细规划设计的主要工作内容与手绘和计算机的分工

修建性详细规划设计的规划内容	构思阶段	表达阶段
建设条件分析与综合技术经济论证	计算机	计算机
建筑、道路和绿地等的空间布局和景观规划设计，布置总平面图	手绘 + 计算机	手绘 + 计算机
对住宅、医院、学校和托幼等建筑进行日照分析	计算机	计算机
根据交通影响分析，提出交通组织方案和设计	手绘 + 计算机	计算机
市政工程管线规划设计和管线综合	计算机	计算机
竖向规划设计	手绘 + 计算机	计算机
估算工程量、拆迁量和总造价，分析投资效益	计算机	计算机
建设条件分析与综合技术经济论证	计算机	计算机

规划目标、规划问题进行初步概括，以确定进行现状研究的主要方向。在初步构思阶段需要形成可以指导下一步规划工作的规划概念，并对规划结构、功能分区、交通体系、景观体系等分项规划内容进行研究，形成初步的规划总平面图（图 2–1）。方案完善阶段需要在已经形成的总平面图的基础上对各分项设计内容进行深化，包括建筑形态、道路系统、开放空间体系、停车系统、绿地系统、水系等，以及推敲形态，完善功能，对空间进行艺术化的塑造，在这一阶段，还可以借助三维表达手段对重点的空间进行细致的推敲（图 2–2）。最后一个阶段为方案表达阶段，目前，这一阶段基本上都是由各种计算机辅助设计软件完成的。但是，前期用手绘制的分析图及总平面草图都会帮助这一步骤更快、更顺利地进行，减少因思考不完善带来的不必要的返工。

第二节　前期分析阶段的草图表达

- **设计前期分析与规划设计思维导图**

  杂乱不等于发散

  用思维导图进行记录

  用思维导图帮助记忆

  用思维导图辅助分析

设计前期阶段需要进行的初步分析内容繁多，包括解读任务书、读取地形图和现场调研等。总体而言，此阶段的工作目标是为了明晰设计要求并且形成对场地现状的初步印象，为进一步凝练规划问题打下基础。规划设计师在这一阶段能够获得的基础信息也类型丰富，涵盖文字、专业图纸以及图像。通常，经历过多年项目历练的规划设计师都形成了自己特有的对上述信息进行处理、概括、记录和记忆的方法。但是大多数时候，它们是以杂乱的随手勾画和文字笔记的形式出现的，这样的

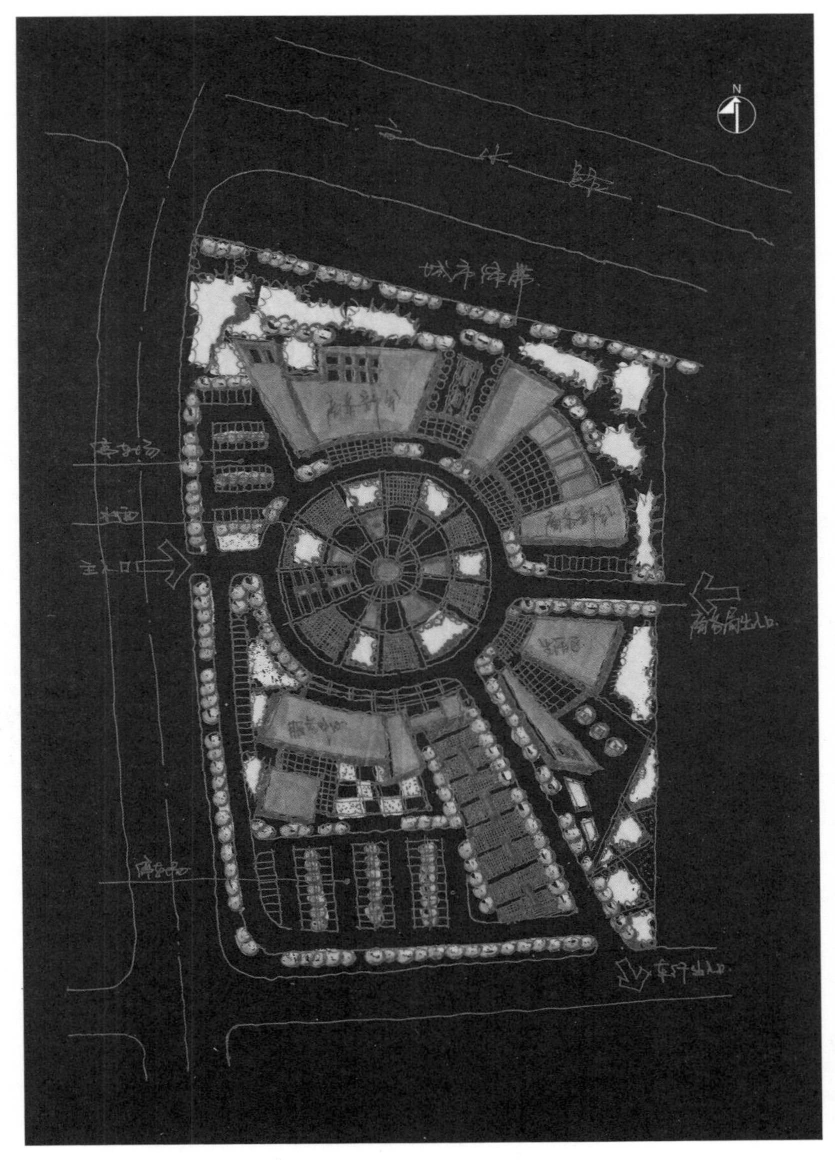

图 2–1　某商务区规划设计草图

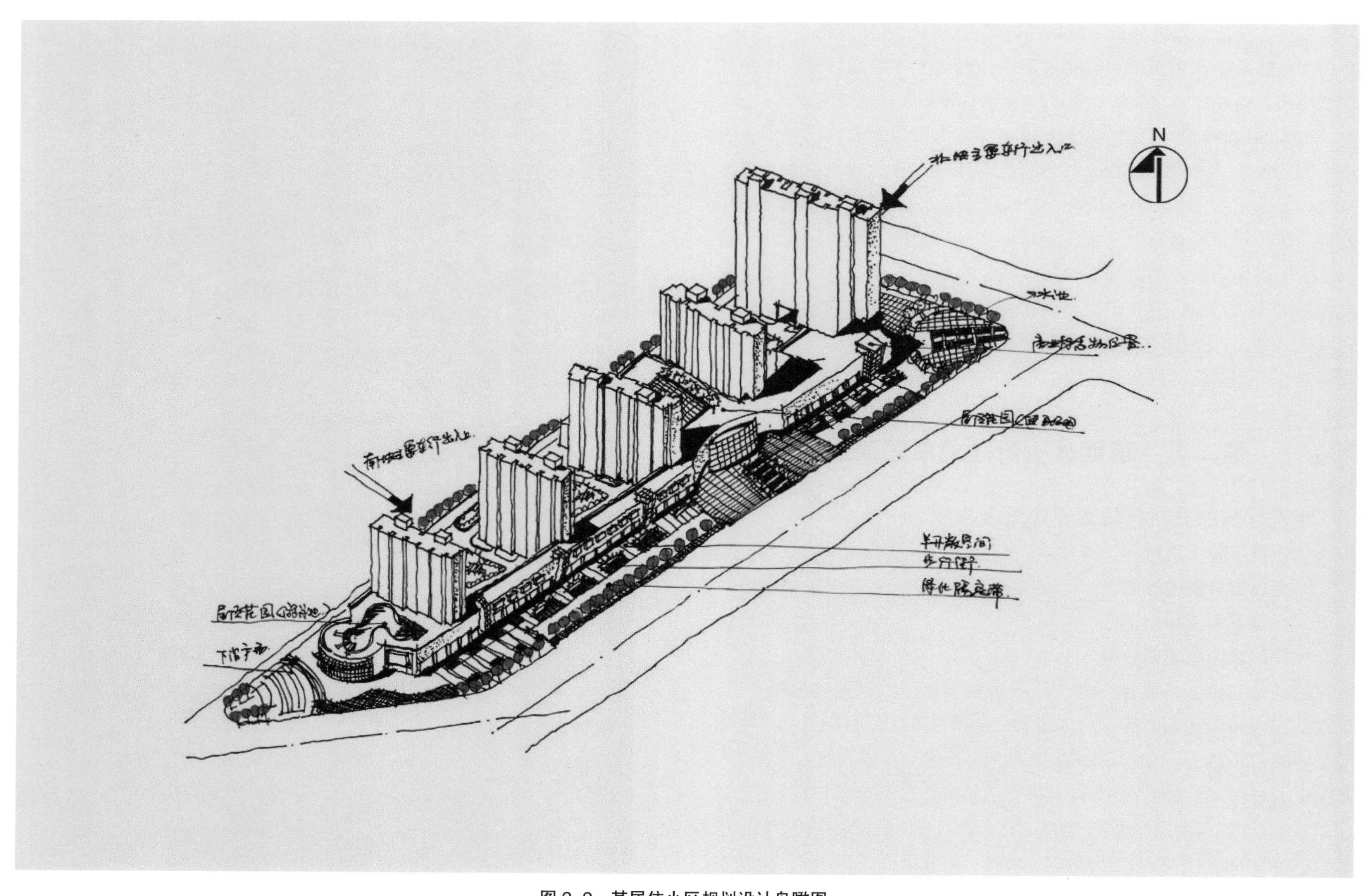

图 2-2　某居住小区规划设计鸟瞰图

方式是没有经过条理化的信息大集合，无法帮助大脑快速地分解信息，对信息进行归类，进而形成清晰且容易记忆的场地印象（图 2–3）。

在这个阶段，对设计任务书以及场地现状进行记录与记忆是进行进一步调研的基础。一份好的设计任务书笔记与场地记录需要具备以下两个特征：其一，需要对任务书及场地信息进行逻辑清晰的概括；其二，需要保持这些图文记录发散性思维的特征，进而有利于激发创新性的方案构思。所以，条理化不代表逐条罗列，发散性的表现形式也不是杂乱无章的，用思维导图完成记录任务书及场地印象的笔记就兼具了逻辑性与发散性的特征。它的优势在于，“只需一瞥，你就能看出什么重要，什么不重要，关键概念之间的联系一目了然”（图 2–4），“向各个方向传播或者移动，或者从一个既定的中心向四周辐射”，可以帮助规划设计师更加快速地回顾并且更加有效地记忆。针对不同的规划设计任务可以绘制出不同的思维导图分析笔记，各具特色的思维导图也能够为阅读者留下清晰明确的印象。

图 2–4 还显示了从思维导图到规划问题分析的过程，在进行任务书与场地记录时，思维导图所进行的分类工作也很好地总结了规划问题，这样就可以建立从现状认知到提出规划问题的直接逻辑关联。

• 规划设计思维导图的绘制目标

借助思维导图理解规划设计任务书

借助思维导图归纳上位规划要点

借助思维导图梳理规划问题

借助思维导图安排工作流程

规划设计师在进行一项新的规划设计时往往是从解读任务书开始的，解读任务书包括了解设计场地情况，熟悉设计要求，然后在此基础上进行场地踏勘，形成对场地的初步认识。在刚刚接触项目的阶段，更为深入的场地分析工作还没有启动，但是这一阶段通过场地踏勘形成的对场地的“第一印象”往往会对后续的设计产生很大的影响，甚至于决定后期设计的走向，将设计师带入解决问题的光明大道或者前路渺茫的死胡同。

在规划设计任务书中，包括概括性描述以及规划要点。对于基地现状、规划设计目标、规划设计内容、规划设计要求等的描述都是用文字进行的，但是，当规划设计师同样用词语或句子的形式进行记录时，往往会出现信息穿插、叠合、分类不清的情况。用思维导图的形式对各类信息进行记录，实际上就是在进行信息的分类处理工作。

修建性详细规划的上位规划为控制性详细规划，上位规划要点包括建设用地范围、建设用地面积、建筑规模，容积率、绿地率、建筑高度、建筑退界要求、建筑退线要求、建筑间距要求、日照要求、配套公共设施要求、停车指标、交通规划及出入口等。这些上位规划条件是规划设计师在创作时必须要遵守的制约要求，它们也影响了规划设计师对规划问题的梳理。在用思维导图理解规划设计任务书以及认知场地的过程中，随时记录规划问题也是重要工作内容。规划问题反映了规划设计师理解规划目标、概括场地特征、抓住主要矛盾的能力。在前期过程中规划设计师提出的规划问题越全面、越尖锐，后期规划方案的合理性及可行性也会越强。类型多样的规划问题往往是伴随着前期分析一同产生的。最初，规划问题往往凌乱细碎，随着规划设计的深入，需要规划设计师不断地对规划问题进行概括，将它们凝练为具有层次性的问题序列。

另外，任何一项规划设计工作都是一个系统工程，不仅需要方案主创，还需要擅长于进行各类专项分析的规划设计师进行团队协作。因此，在前期分析阶段就需要项目负责人对工作内容、工作流程进行安排。有时，一项规模较小的规划设计任务会由一位规划设计师单独

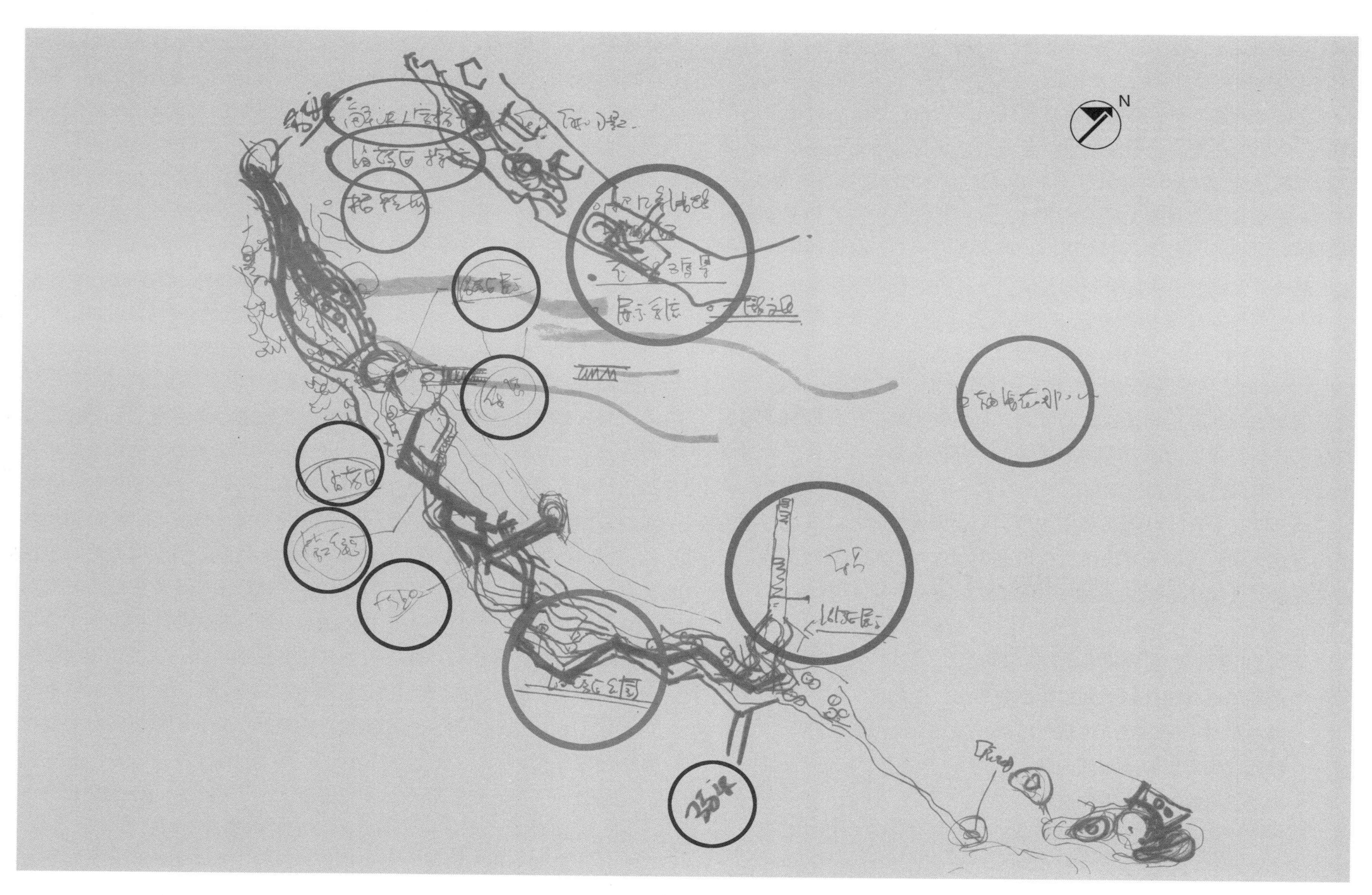

图 2-3　某滨江休闲区场地分析草图

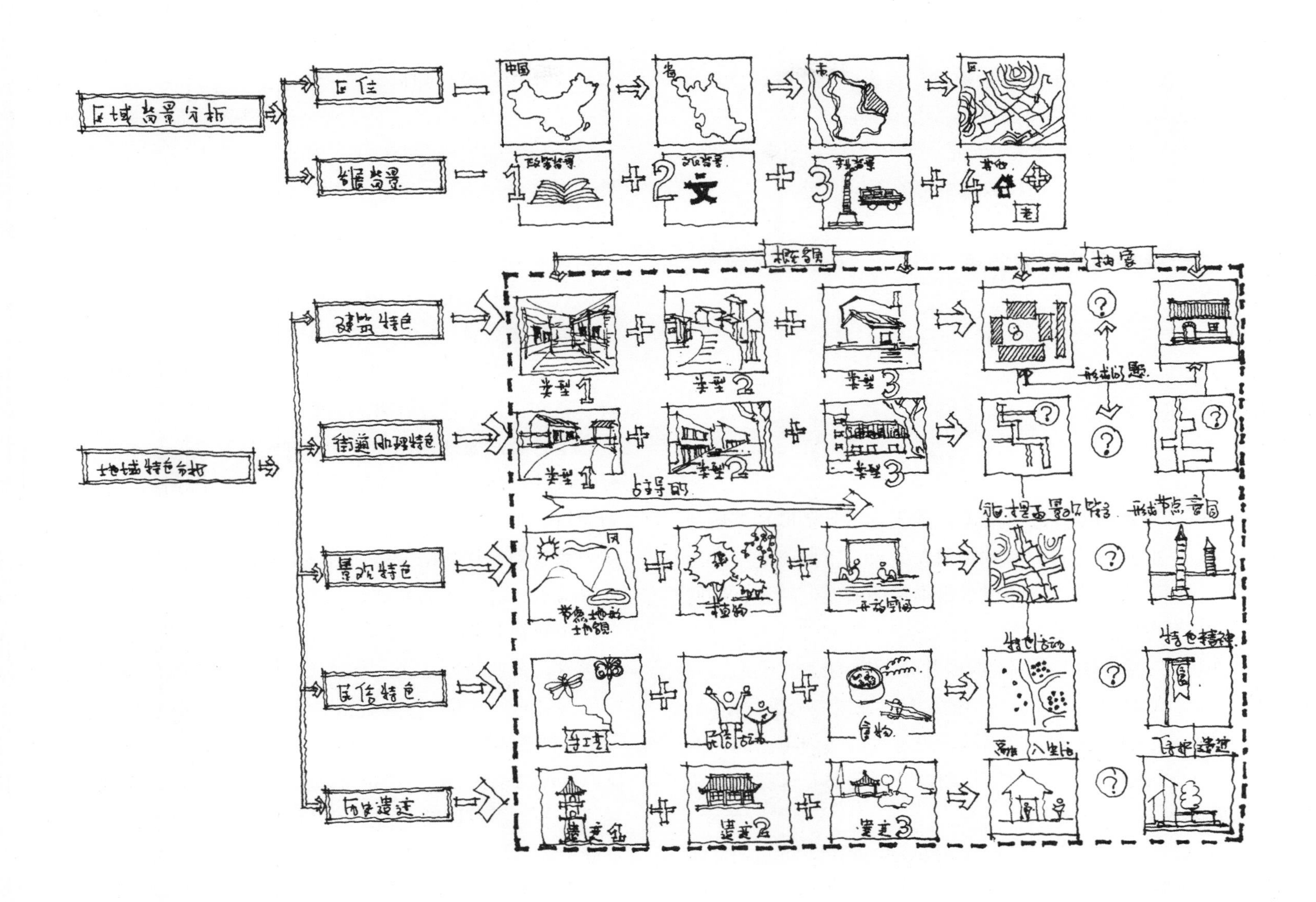

图 2-4　某历史村落场地印象笔记

完成，虽然不需要多人协作，但是对工作流程的主动安排也会有效地提高工作效率。

综上所述，在规划设计的前期分析阶段，真正的创造性活动还没有开始，因此，此阶段的规划草图在本质上还属于笔记范畴；而用思维导图的方式记笔记，可以更好地实现记忆、分析、创造、对话的功能，有利于手脑协调的工作方式，进而释放出全部的大脑能量。

• 规划设计思维导图的表达要点

使用词汇

使用图像

层次和分类

突出重点

运用通感

运动感

绘制一张有用且有效的专业思维导图需要规划设计师既要了解思维导图的绘制要点又要具备扎实的专业知识和经验。下图就是一个用思维导图进行规划构思的案例，它体现了思维导图的绘制特征，同时又具有充实丰富的构思信息（图 2–5）。下文就结合修建性详细规划在前期分析阶段的工作内容基础上介绍此阶段思维导图的绘制要点。

使用词汇。词汇是对表达内容最精炼的概括，在绘制思维导图时，可以直接提取任务书中的关键词，也可以将思考过程中闪现出的词汇随手记录下来，方便规划设计师在读取规划设计任务书及进行场地认知时进行重点理解。

从范例中可以看到，一个词汇会引发连续的词汇联想，词与词之间会一直连锁下去，甚至能够激发产生有趣的规划概念。接着，使用同样的方法，可以将设计任务书中的规划设计目标及其他规划要求表示出来。

使用图像。大部分城市规划设计师在执业之前都经历过严格且漫长的规划设计绘图训练，所以用图形表达已经成为习惯。在许多规划设计文本中，设计师也习惯于用示意图来替代文字，使分析图的表达更加灵活生动。所以，对于规划设计师而言，在思维导图中使用图像是一个巨大的优势。所谓“一图值千字”，不同的图像具有不同的色彩、外形、线条、维度、质地、视觉和节奏，这些都有利于激发规划设计师和读图者的想象力。图 2–6 是在笔记本上进行规划构思的笔记，随手记录下来的看似杂乱的草图最后都成了重要的规划构思指引。这种草图虽然没有比例和尺度，但是图纸形象产生的图形启发力是巨大的。

层次和分类。绘制此阶段思维导图的第三个要点是需要对信息进行层次和类型划分，这一点对于专业性很强的思维导图的绘制尤为重要。通常，规划设计任务书在拟就时就已经用文字的形式对各类信息进行了分类，如规划设计目标、规划设计功能要求等；但是这些描述有时候针对性很强，对规划设计有明确的引导性，有时候也非常模糊，如“提升形象”“完善功能”“国际化定位”等，当面对这些语言时，就需要规划设计师结合前期对现状的调研以及与甲方的沟通对这些规划要求进行进一步的解读、完善、扩充和增补，在这个过程中往往也会产生对规划设计定位的初步构想。如“提升形象”，就包括提升建筑形象、公共空间形象、绿地形象、道路形象，还可以包括天际线和特色夜景的营造等。在绘制思维导图时，需要规划设计师将上述关于“提升形象”的内容分别纳入规划功能、规划结构、开放空间体系、绿地系统以及道路系统中，这样也可以避免从单一的角度思考与解决问题。

另外，还可以结合规划设计的专业要求对设计目标和设计内容进行分类。当然，这一步的工作不仅仅是为了将文字分解，而且还可以随时在思维导图上增加分叉点，记录在思考过程中萌发的新想法上。

突出重点。观察许多规划设计师在设计初期所绘制的图文并茂的

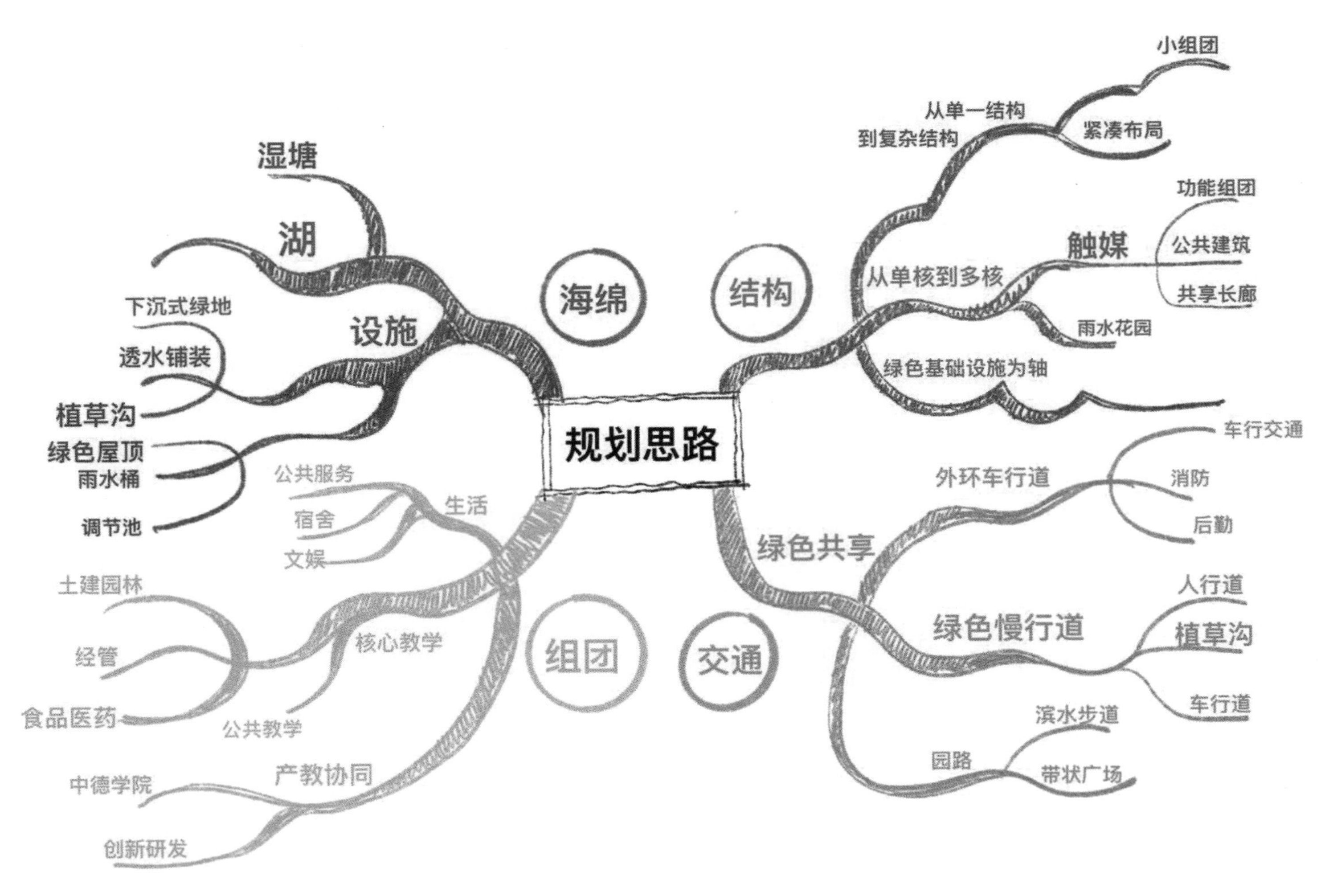

图 2–5　某大学校园规划思维导图

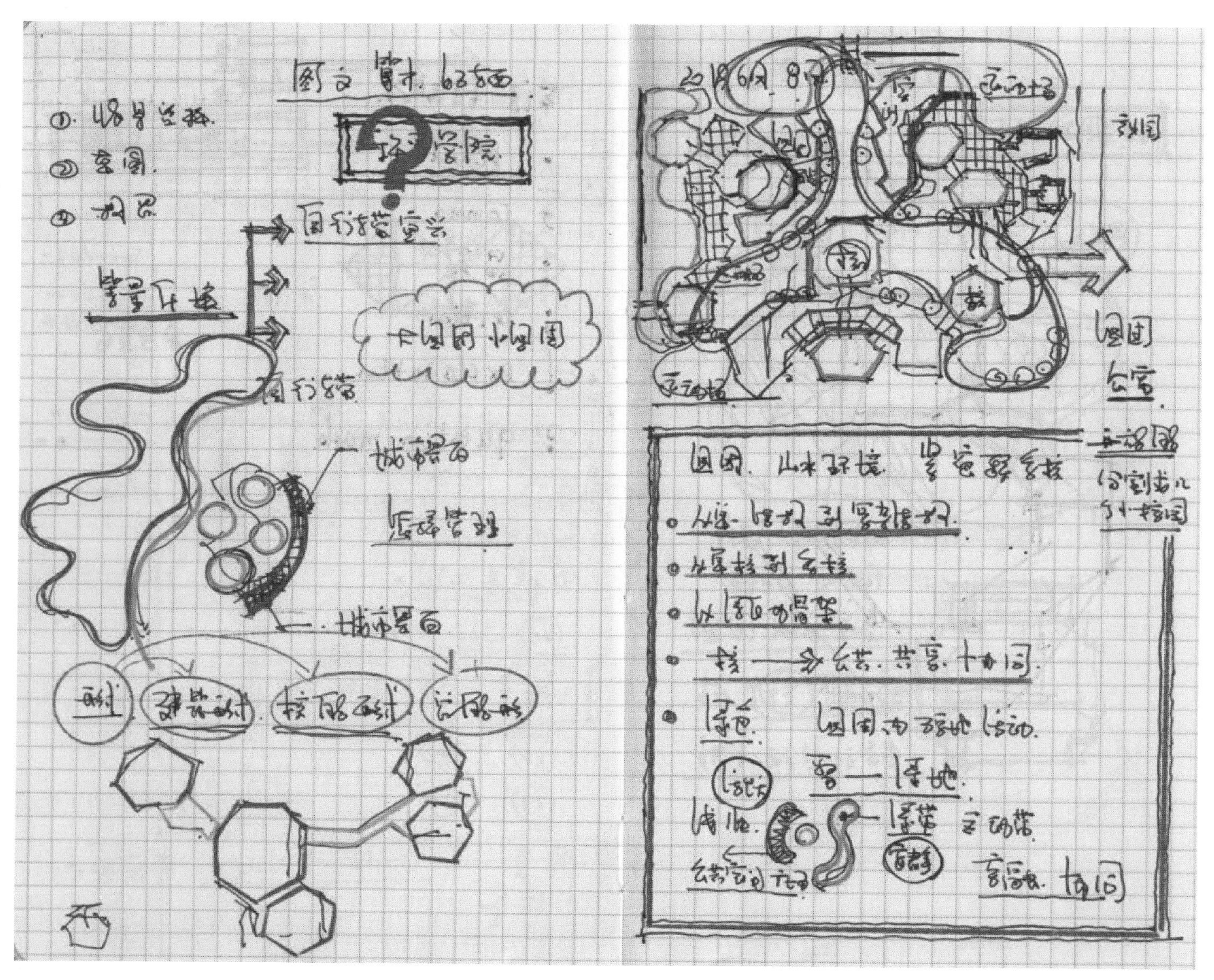

图 2–6　某大学校园规划构思笔记

草图可以发现，它们往往杂乱无章（图 2–7）。其实，在创作初期，草图的杂乱比干净清爽更有价值，因为杂乱的线条和文字是信息量巨大的表征，而在设计初期，信息量大在某种程度上就意味着考虑更加全面，问题更多，面临的挑战也更大！但是，这种杂乱的草图不利于规划设计师快速地整理思路，无法让他们在短时间内辨别主次，也不利于同他人的沟通和交流。而如果将它们以思维导图的形式表达出来，就可以通过图示的表达规律区分信息的强弱，一目了然，也更加符合大脑接收信息的规律。突出重点对于前期分析阶段的规划设计而言也就是抓住重点问题。大脑研究者认为，突出重点是改善记忆和提高创造力的重要因素之一。在思维导图中突出重点的方法包括使用图像，使用色彩，以及将图像和词汇的周围进行特殊化的处理以加深读图者对核心内容的印象。

运用通感。对于规划设计专业而言，最为重要的通感是关于空间感受的。在专业教育初期，教科书强调的是将各种空间感觉用正确的设计术语准确地表达出来，但是当真正地进入设计阶段，生动灵活甚至于有些夸张的词汇和图像更加有利于强化特殊的空间特征。相对于城市总体规划与控制性详细规划，修建性详细规划的设计尺度较小，在这种空间尺度中，规划设计师对空间的节奏、序列、开合、旷奥等的把握以及体验会更加细腻。因此，在场地认知阶段也就更加需要使用通感的方法把场地现状空间特征以及此阶段规划设计师对空间的想象记录下来。

同空间体验相关的通感很多，比如音乐、色彩、情感、触感、运动等，很多最初被感受到的场地体验往往也会在最终的规划设计作品里呈现为令人难忘的精彩空间。

运动感。在思维导图知识体系中，运动感也是非常重要的帮助记忆的手段。可以通过下面一些技巧增加思维导图的运动感，比如强调字体、线条以及图像的大小变化，控制各种内容之间的间隔，强化连接线条的导向性，等等。在场地前期的规划设计分析图中，规划设计师也经常使用具有运动感的符号来强调空间的走向、人流及车流的流向、物理环境变化的方向性等内容。这些具有运动感的符号同样也可以运用到思维导图的绘制中，使用更具专业特点的符号会更加有利于规划设计师产生相似的联想，进而有利于进行专业记忆与专业思考。

当然，作为构思的工具，规划设计过程中的思维导图可以采用更为灵活的形式，最为重要的是大胆地拿起笔，用最为熟悉的方式将大脑中闪现出的灵感有序、有效地记录下来。

• 用草图的方式对现状用地条件进行归类和特征强化

形成电脑分析的思路和重点

在电脑分析的基础上对分析结果进行记录和概括

形成用于初步沟通的规划概念草图

在完成了任务书解读以及初步的场地认知后，就需要开始对现状建设条件进行深入分析。如果说在设计前期所进行的场地认知处于感性认知范畴，那么此阶段的建设条件分析就需要借助科学的方法对场地的各项特征进行数据化的测算与评价，将感性认知引导为理性的分析与判断。常见的建设条件分析包括建设情况分析、地形地貌分析、现状用地分析、现状交通分析、建筑情况分析等。

从表 2–1 可以看到，计算机能够承担的分析工作越来越多，比如场地高程分析，原来是通过手工计算与绘制的方式进行的，现在则可以使用 GIS 等软件快速地形成高程及坡度坡向分析图，规划设计师无须再进行烦琐的手工分析，而是可以在计算机分析图基础上对用地条件进行归纳，并形成对场地利用的初步构思。可见，手绘的工作重点已经由“分析”转换为“辅助分析”。

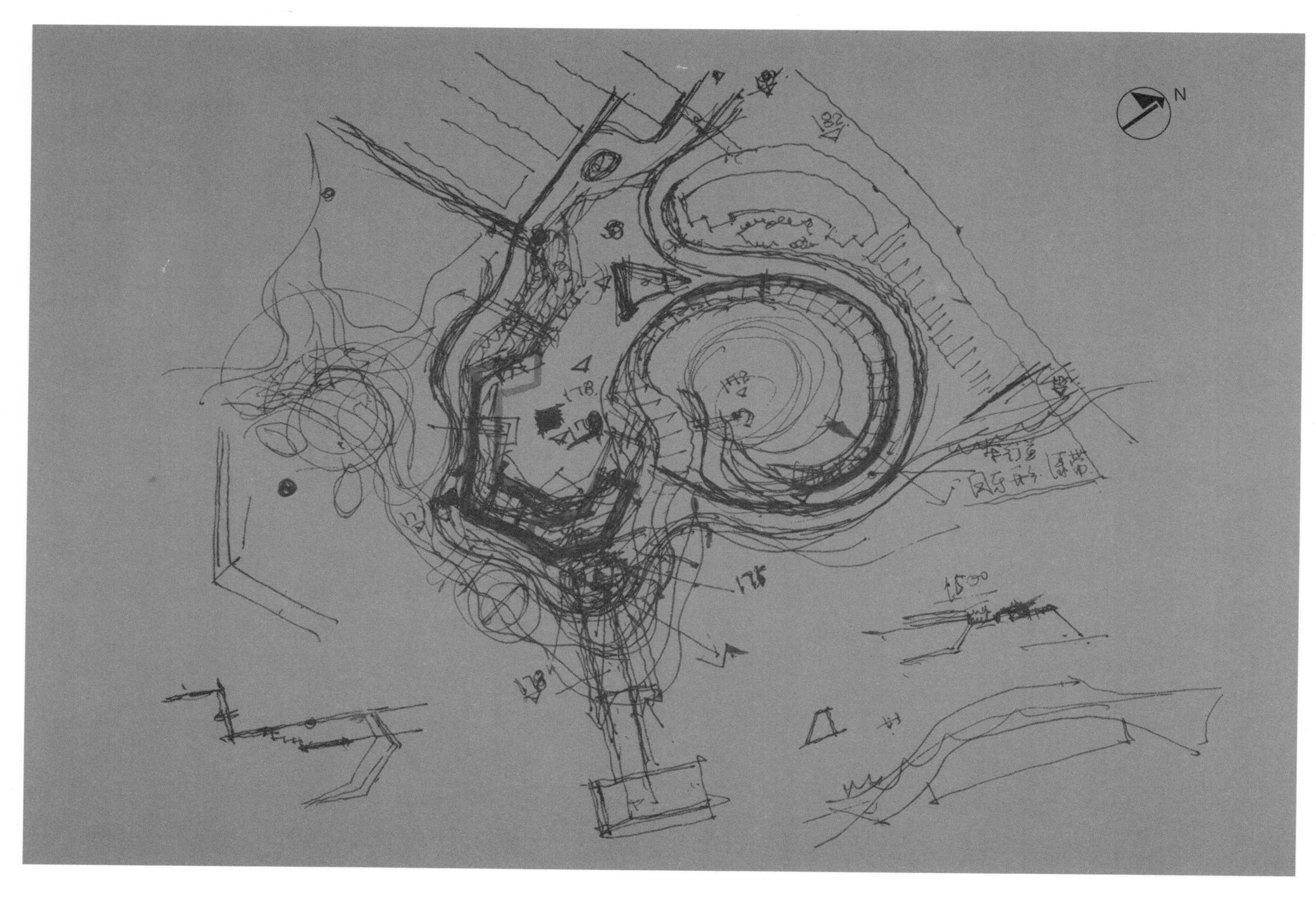

图 2–7 某滨江码头区规划设计草图

针对具体的现状分析内容，计算机以及大数据分析方法能够进行的工作非常多。可以用 GIS 或者空间句法进行空间现状研究，或者使用数字化实体虚拟的方法进行居民意愿调查，以及基于城市开放数据对居民公众偏好度（ Point of Interest）的研究……这些分析内容往往是以单独的专项分析形式出现的，在完成基础的分析工作后，规划设计师就可以借助手绘草图的形式对它们进行提炼与概括，或者用电脑进行规划设计条件的叠合（图 2-8）。用电脑叠合的方法将分析深入的特点是精准，但是在这个过程中，规划设计师不便于将自己对特征、趋势、优劣的想法自由地增加上去，也不利于将思考过程中产生的概念构思快速地勾画出来。因此，在计算机专项分析工作结束后，规划设计师就可以更换一下工作节奏，用手绘的方式进行分析结果的概括以及进行千层饼式的叠合分析（图 2-9）。

每一种项目类型需要进行的分析与概括的重点内容是不一样的，例如，对于居住区修建性详细规划而言，现状分析的主要内容就包括场地内自然资源状况、场地内现状建筑状况、周边道路状况、周边城市功能布局、周边社会经济状况、周边市政接口位置、日照和风等物理环境分析等。对于风景名胜区的规划设计而言，则需要重点关注场地自然资源状况，包括地形地貌、水资源情况、植被情况、动物栖息地以及特色景源布局等。对于历史街区的保护与更新规划而言，则需要对现状研究的重点放在对历史建筑与景观的调研上，更加关注对于历史文化、民俗风貌的体验、总结与保护。上述内容都可以用多样的形式记录在手绘草图上。当然，在进行现状分析的过程中，往往也会形成一些突发的想法，它们或者是对于宏观结构的构思，或者是对于某一个功能区的构思，都可以将它们快速地记录下来。这一阶段的草图记录不要求一定具有规范的形式，因为它们往往是不成熟的，且这时的图纸也大部分是没有明确比例的，因此，只需要用图示语言大胆地、不拘一格地记录即可。

第三节　初步构思阶段的草图表达

• 绘制规划结构构思草图

用粗线条进行概括

重视规划结构的类型

规划结构是对规划内容和规划构思的高度概括，它的表现方式很多样，是一个规划设计的灵魂（图 2–10）。不同类型的规划结构及其表现方式有很大的不同，对项目性质及规划结构类型的熟悉可以更好地把握不同性质规划项目的内涵。例如城市中心区，其规划结构往往强调由轴线形成的开放空间对整个规划的影响；而对于历史保护街区，则不能够将生硬的轴线强加于地块上，而是应该在规划结构上体现对重点历史保护区域的保护以及对相关文化资源的整合。另外，还可以用图示的形式对规划结构的内容进行充实，例如可以强调各个结构之间的关系，可以对规划结构的表现形式进行表达，或者描绘未来空间发展的方向。

• 绘制总平面布局草图

确定功能分区

绘制道路系统

梳理开放空间

勾画规划布局

在进行规划结构的绘制时，往往只需要一张规划地形图作为底图，这个阶段对于底图比例的要求不必十分精准，但是，当进入规划总平面布局阶段，则需要用一张比例明确的地形图作为底图，可以根据项

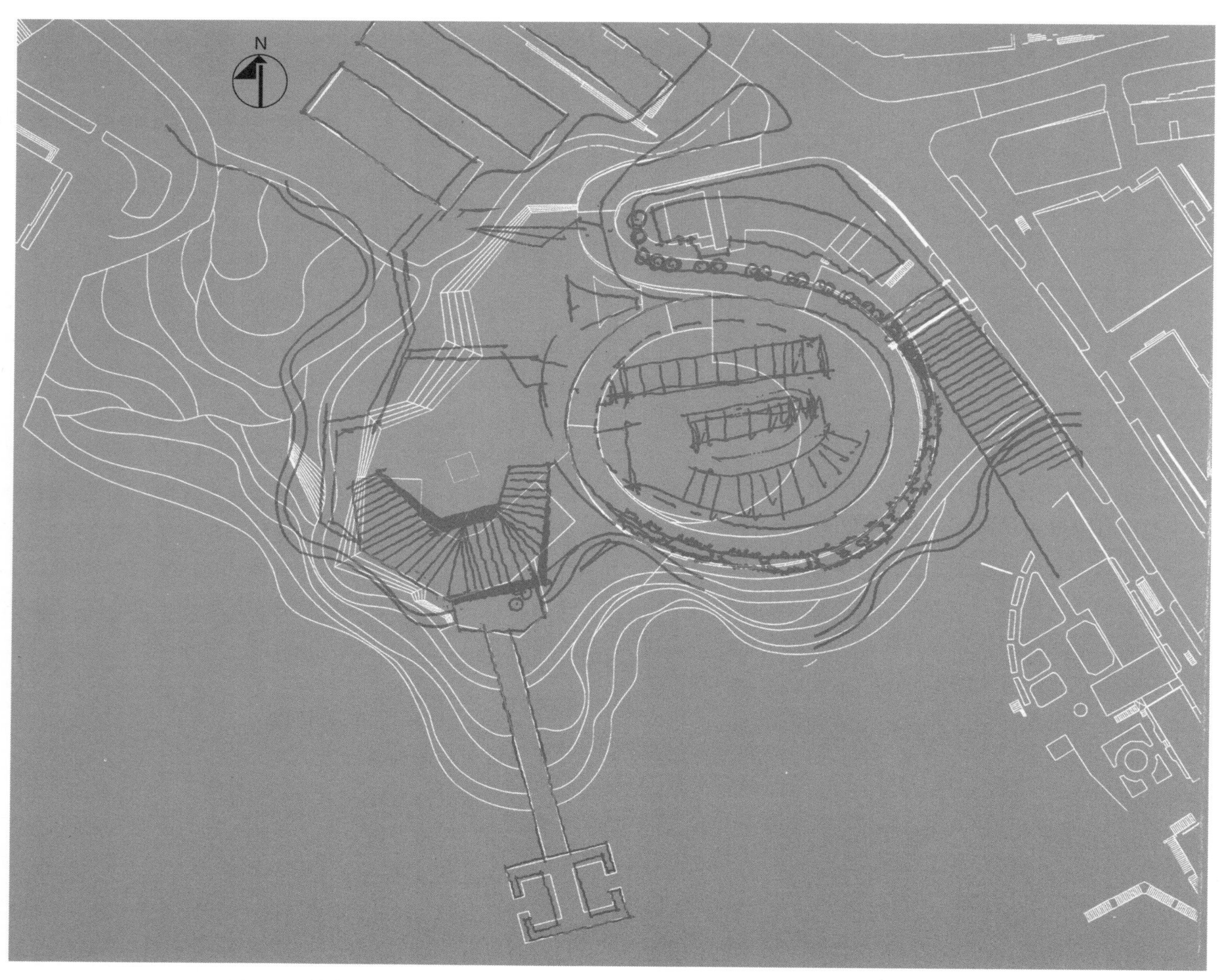

图 2-8　某滨江码头区计算机工作过程图纸——用电脑进行规划设计条件与构思的叠合

图 2-9　某企业会所园区规划设计构思叠合草图

目的规模控制底图的比例，如 1∶500，1∶1 000，1∶2 000 等。在绘制初稿规划布局草图时，没有必要将草图画得过大，可将图幅控制在 A3 至 A2 大小，这样，方便在初步构思阶段快速地提炼规划想法而不必拘泥于过多的细节。可以将规划结构放大画在有比例的底图上，然后再依照规划结构及前期分析进行规划功能区的构思。与规划功能区同时进行的还有道路系统的构思，可以在区分道路等级的基础上进行道路线形的绘制（图 2–11）。

当道路线形明确后也就代表着明确了地块的边界，即可以进入地块布局阶段了。这时，如果项目规模过大，可以分地块进行 1∶1 000 或者 1∶500 的总平面布局绘制，将图纸扩大进行草图绘制。这是将设计推向深入的有效方法。不同的项目进行建筑布局的方法不尽相同，例如，居住区规划设计是以用地的经济性为主要原则的，这时，可以先采用强排的方式在电脑上进行建筑布局，并用日照分析软件控制间距，在完成基本的第一步后，再依照空间、景观、舒适度、微气候等影响要素进行建筑间距和布局方式的调整（图 2–12）。而对于公共区域的规划设计，如商业商务区等，除兼顾用地的经济性外，还需要更加重视公共空间氛围的营造，功能的合理性，对公共活动的承载能力，交通流线的安排等，即需要衡量的要素更多了（图 2–13）。这时，就可以先进行规划结构和规划功能区的研究，在此基础上再进行建筑布局的安排。所以，这个时候，就需要在测算指标的基础上对图底关系进行统一的把握，然后再进行形态推敲（图 2–14）。而对于历史保护区与风景名胜区等需要以保护为主的规划而言，现状的研究就对后面的规划走向非常重要了，首先需要把保护区按照等级划分，再在此基础上进行规划结构和功能分区的安排。

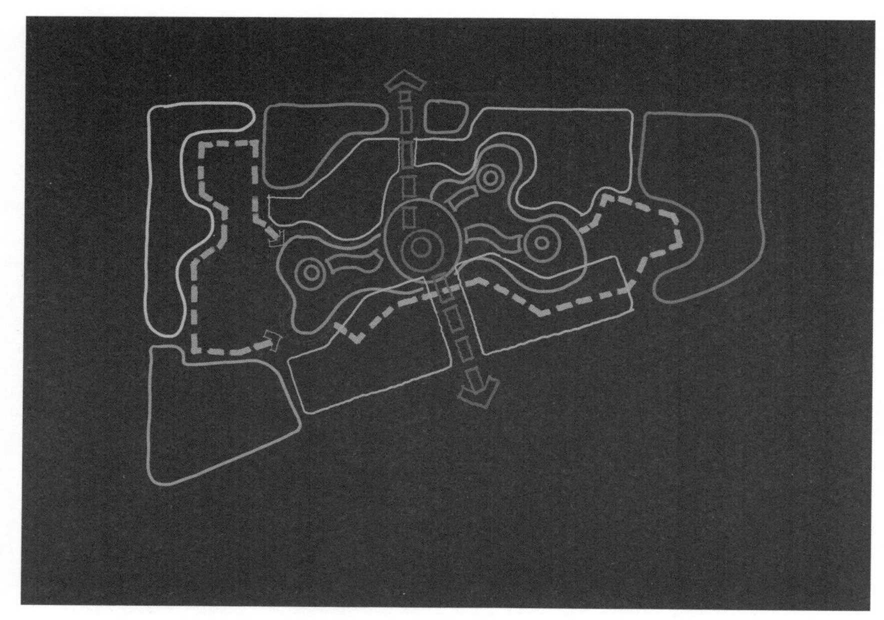

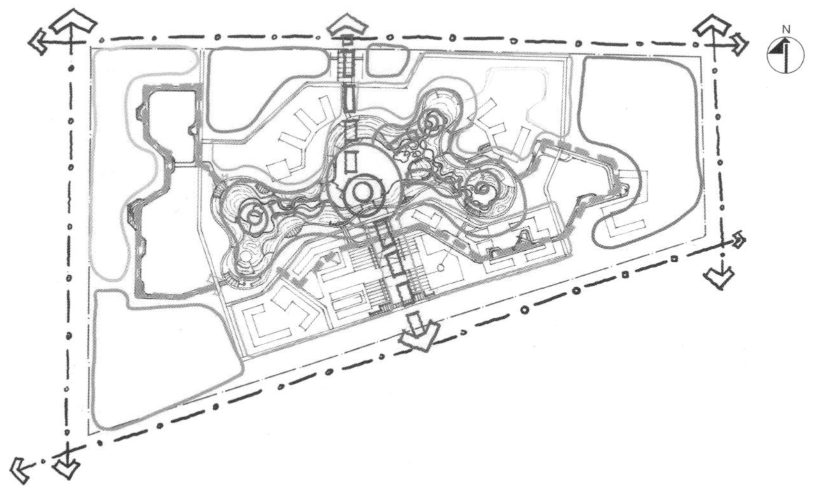

图 2–10　某大学校园规划设计结构草图

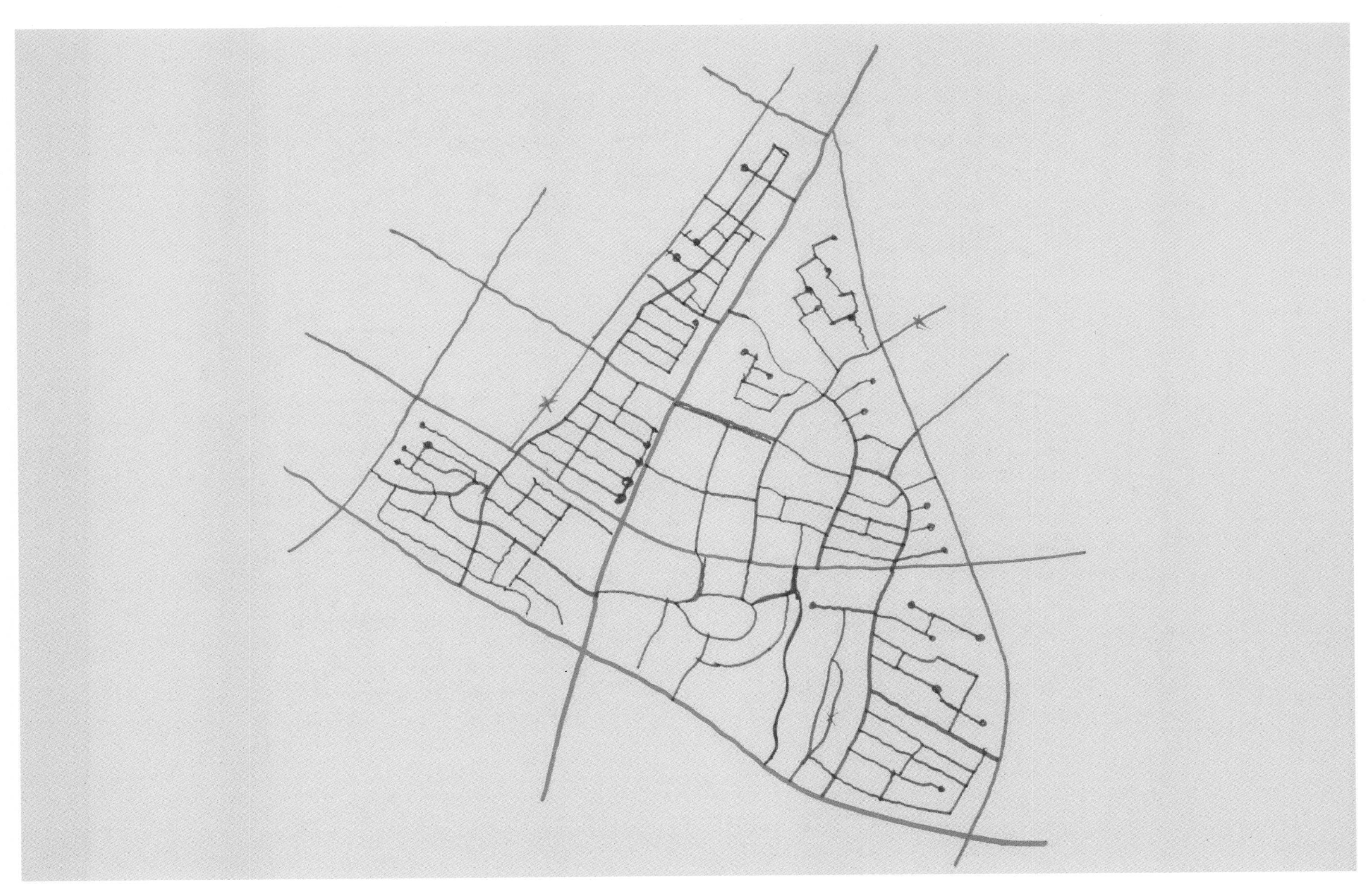

图 2–11　某村落更新改造道路系统规划设计草图

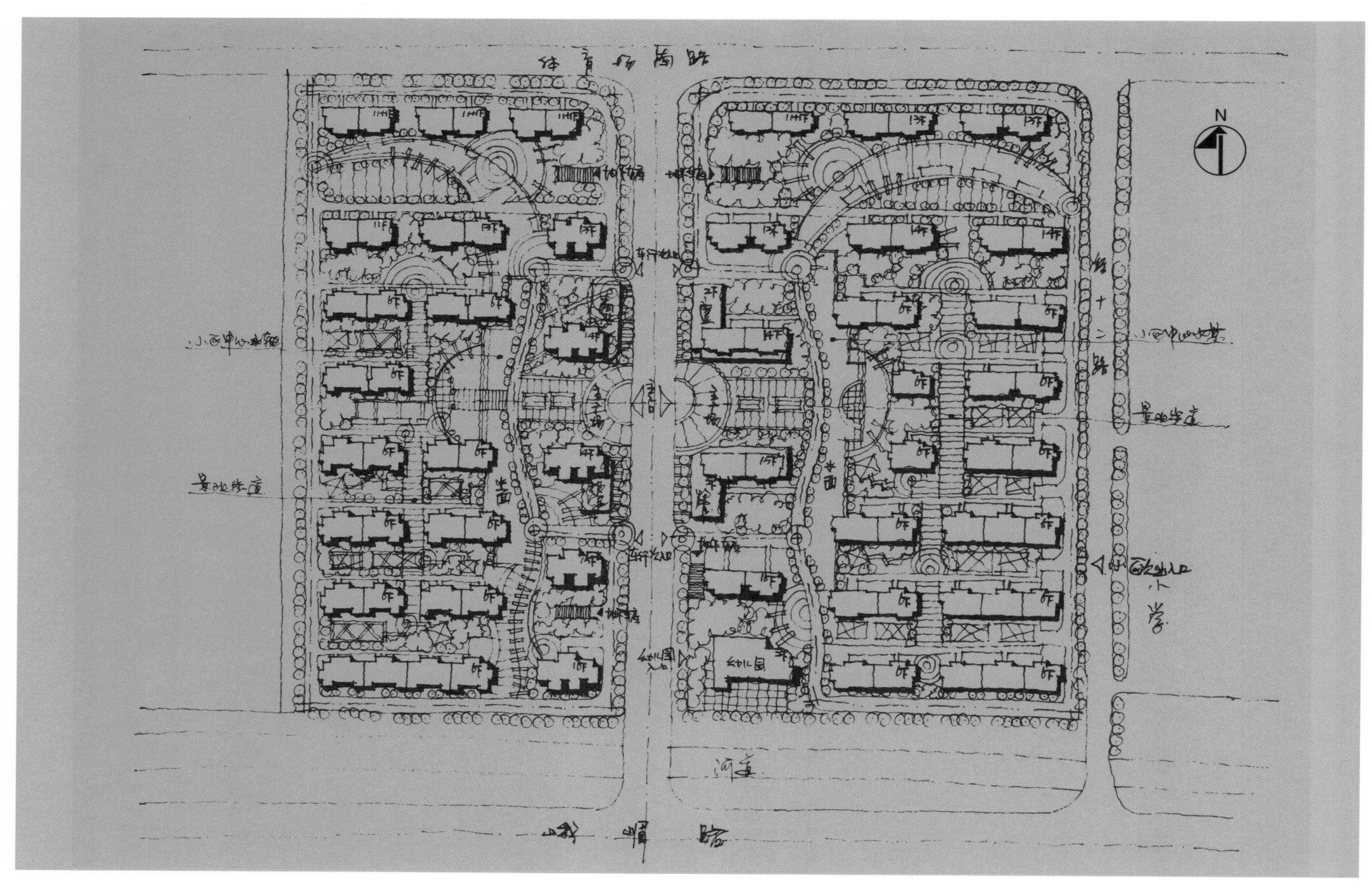

图 2–12　某居住小区规划设计总平面图

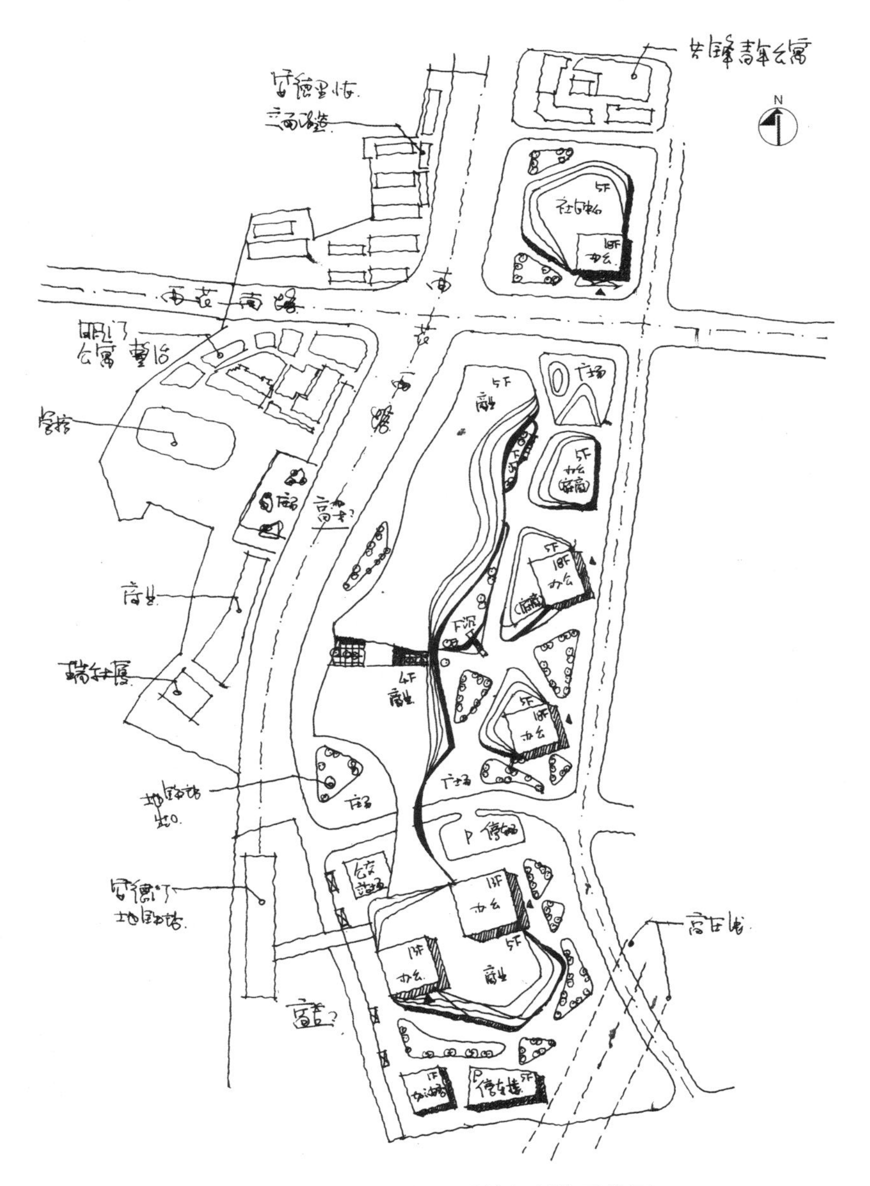

图 2-13 某轨道交通枢纽地块规划构思草图

第四节 方案完善阶段的草图表达

- **总平面布局细节完善**
  - 全局推敲
  - 道路系统完善
  - 建筑布局完善
  - 公共空间完善
  - 景观系统完善
  - 进行竖向设计

在初稿草图完成后，可以再从全局的角度对规划结构、功能分区、重要节点的建筑布局以及大尺度的景观要素进行评价和考虑，即在方案完善之前再次从全局层面进行推敲，衡量规划方案是否存在大的规划问题以及规划矛盾，并在进行规划方案完善前进行及时的调整。在完成了全局性的评价和方案比选后，就可以按照规划设计的专项内容进行图纸的完善。

首先可以从道路系统入手，在绘制初步草图时，往往只关注了道路的线形。在这一阶段需要再次对道路的等级进行确定，而且不仅要解决动态交通的问题，还需要考虑静态交通即停车问题。对于动态交通，可以分等级对道路系统进行梳理和完善。需要将各等级道路的断面形式、道路标高、转弯半径等细节明确地绘制出来，尤其是对于高差较大的区域，要对道路的坡度进行测算，看其是否符合规范要求。另外，还可以依照道路设计规范的要求，逐次对消防通道、尽端式回车场等关键问题进行细化。除去机动车交通外，道路系统还包括步行系统，有的步行系统是由步行道路、景观园路、步行广场串联起来的，这时就可以结合建筑布局和景观构思进行细化。

道路系统的细化工作完成后，地块的边界以及地块与外部道路的

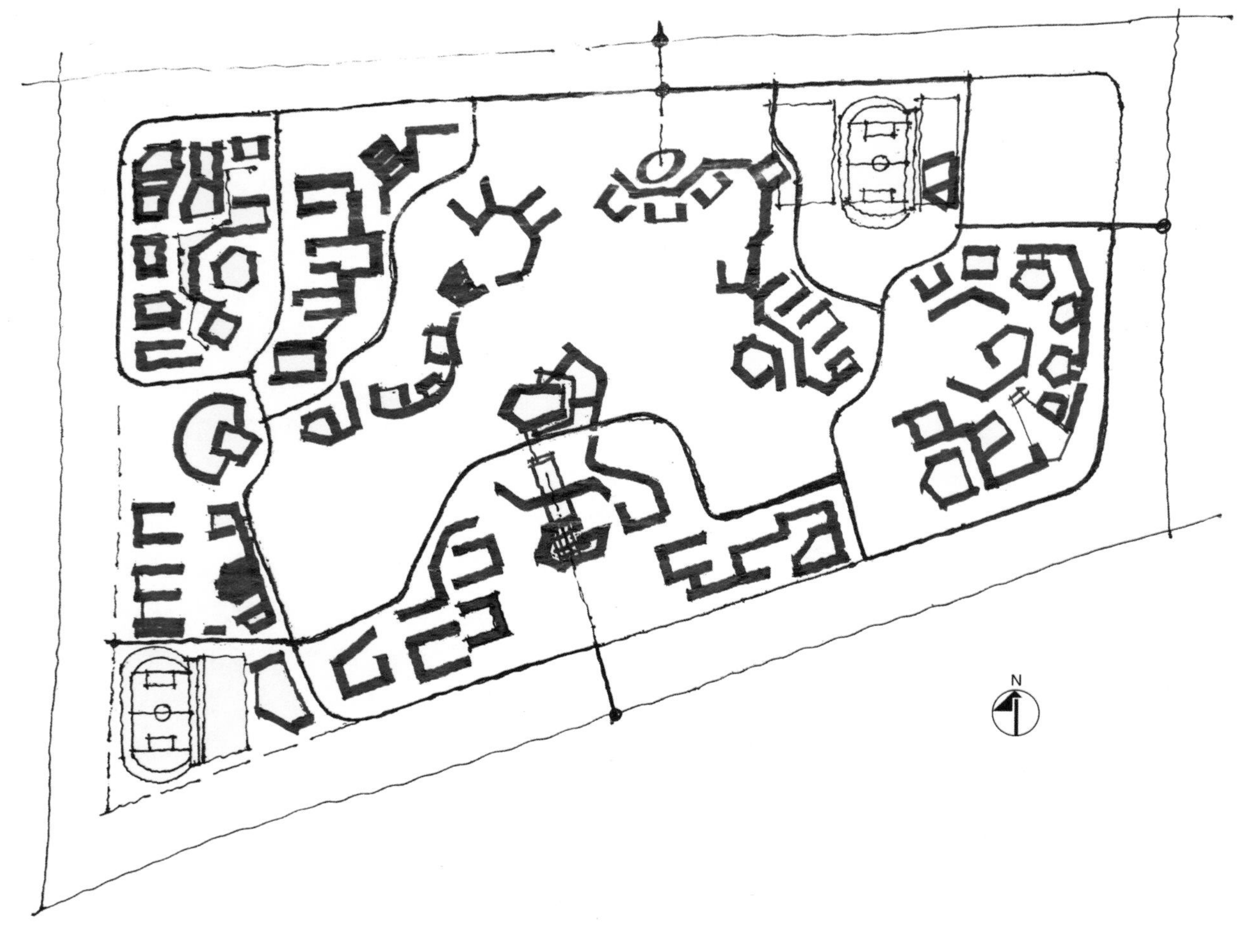

图 2-14　某大学校园规划设计图底关系草图

联系方式就非常明确了，这时就可以进行建筑布局的细化了。建筑布局最为重要的是考虑建筑的体型以及建筑体型同室外空间的关系。一般而言，在修建性详细规划阶段的建筑形态应该是非常明确且设计精准的，在总平面图上需要明确地表示建筑的各个出入口、建筑间距、建筑与广场和道路的衔接关系、建筑对室外空间的围合等，尤其是对于高差复杂的建筑，需要准确地画出各个标高建筑的屋顶平面，并清晰地在总图上反映出各个标高屋面层同地面层的交接关系。

建筑布局明确后，经由建筑和道路围合的户外空间也就十分清晰了，即可以开始着手进行公共空间以及景观系统的完善工作了，可以将户外的设计内容分为广场、绿地、水系等部分进行细化。在修建性详细规划的设计过程中，应该从结构性的角度去衡量公共空间以及景观的设计内容与设计细节，比如怎样设计更加有助于塑造规划结构的空间氛

图 2–15　某居住小区沿街立面构思草图

围，怎样才可以承载功能分区中定位的规划功能等，这样，才不至于在完善细节时忽略了整体规划结构的分区与定位。在修建性详细规划阶段，户外空间的细节完善包括对广场的尺度、空间序列、同建筑入口空间的关系、空间分隔形式、景观构筑物、铺装形式等的思考与图纸细化。其中，绿地系统的细节完善包括绿地的形态、绿地的形式、绿地内部的道路以及绿地的植被构思等。在这一阶段，也可以尝试用更加丰富的草图类型来完善对细节的表达（图 2–15）。

对于平坦场地而言，竖向设计的工作较为简单，但是对于高差较大的场地而言，则需要在设计前期以及设计完善阶段对场地高差进行思考和梳理。修建性详细规划的竖向设计主要是在计算土方平衡的基础上确定各控制点的坐标、高程和地面排水方向、坡度、坡向。在梳理高差时需要使道路坡度合理，便于同外围场地衔接及场地排水，有利于建筑及景观的组织（图 2–16）。

总平面布局完善后，就可以在此基础上进行相关分析图纸的表达。这些图纸的表达其实是对在设计过程中形成的图纸的条理化与精细化过程，旨在帮助表达设计构思，并形成完善的沟通成果，包括三维的空间表现和各种分析图纸，可以借助快速的手绘分析图纸形成计算机图纸表达的思考纲要，指导计算机绘图工作的顺利进行。

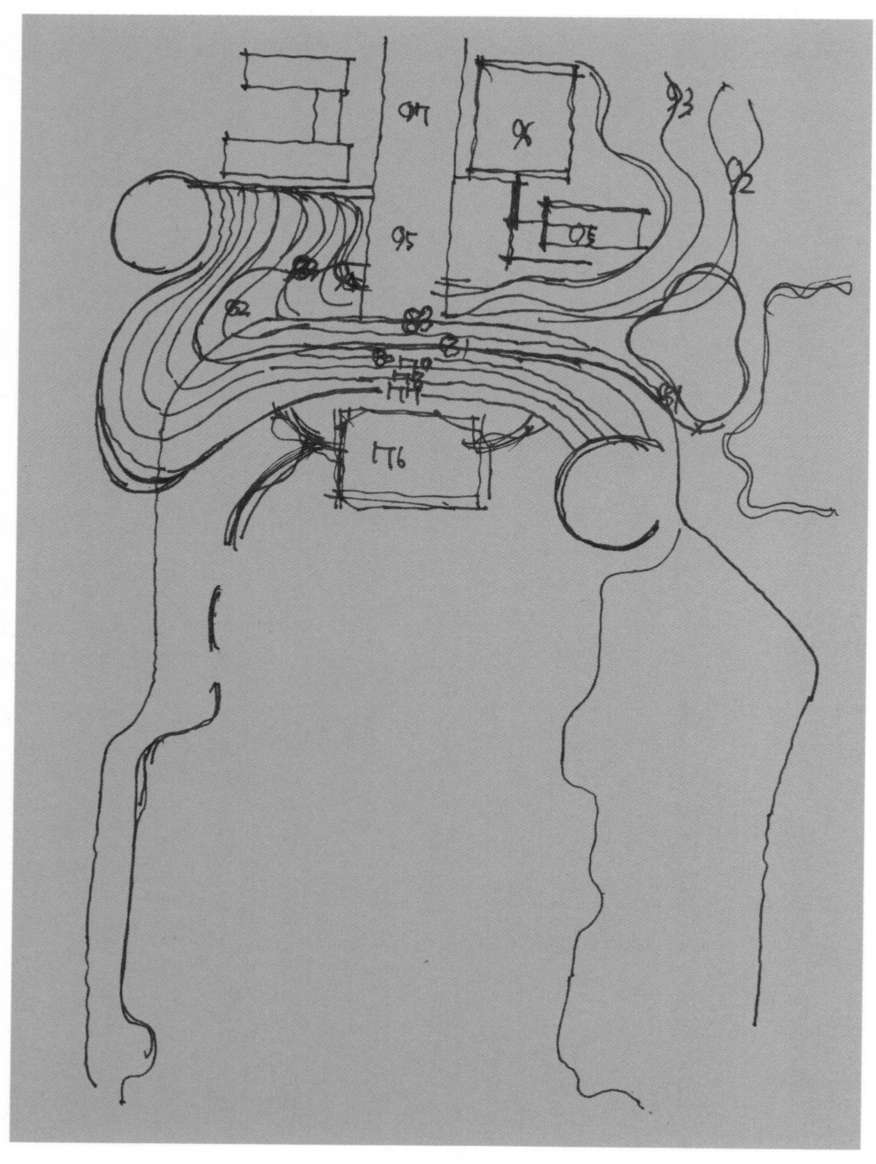

图 2–16　某大学校园场地竖向构思草图

第三章　修建性详细规划设计过程中的草图表达案例

案例 1——企业会所园区规划设计

场地分析图

功能要求
1. 庭院式企业会所
2. 综合服务中心
3. 古典园林风格
4. 保障各栋建筑的私密性

绘制目标
1. 用地分析
2. 规划概念
3. 初步构思表达

绘制步骤
1. 打印 1：500 的场地现状总平面图作为底图
2. 核算每栋企业会所的面积，并用图形表达
3. 对主要道路及景观进行构思
4. 将 5 栋企业会所和 1 栋综合服务中心绘制在图纸上

项目介绍

该项目位于南方某市临湖区域，基地东侧为秀美湖景，规划总面积为 42 700 m^2。现拟规划一个企业会所项目，含庭院式可独立出售的企业会所若干，以及为园区企业服务的综合性服务中心一座。

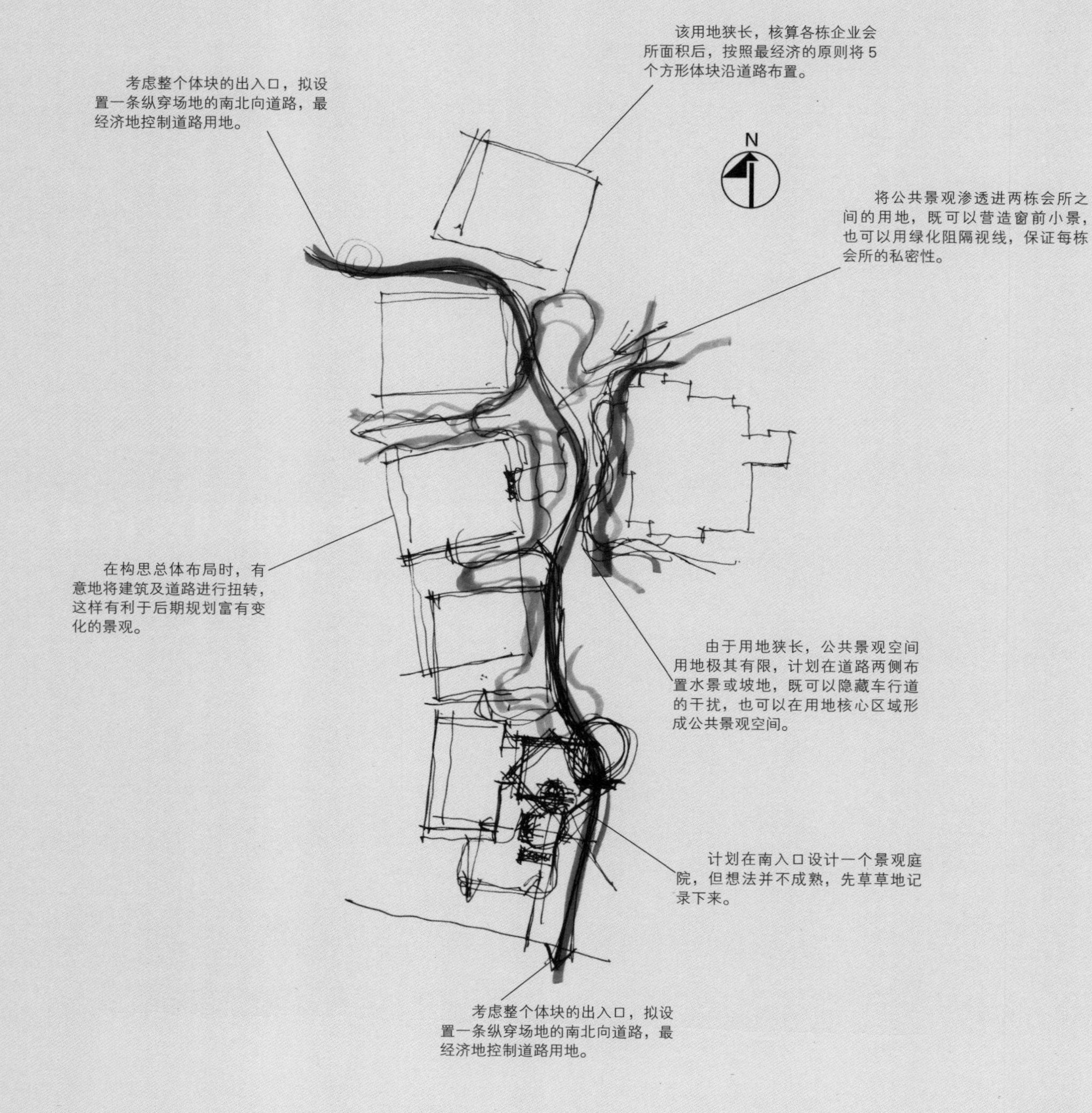

方案一

第一稿规划草图

绘制目标

1. 道路格局
2. 各企业会所组团布局与功能
3. 建筑组合及庭院空间的营造
4. 景观结构

在上一稿草图的基础上首先调整道路线形，道路自北边主入口进入场地后就向东侧湖边偏移，这样可以将道路西侧的中部区域集中留出，作为公共景观空间。

计划将出入口南侧的建筑设置为企业会所综合服务中心，这样既占据了私密性最差的出入口区域，也方便进行接待和管理。

在绘制屋顶时，需要考虑庭院空间的轴线以及庭院空间的变化。

尝试用圆圈画出可能的回车空间，但发现空间很局促。用同样的圆圈逐个做标记，方便与甲方详细沟通园区的停车方式。

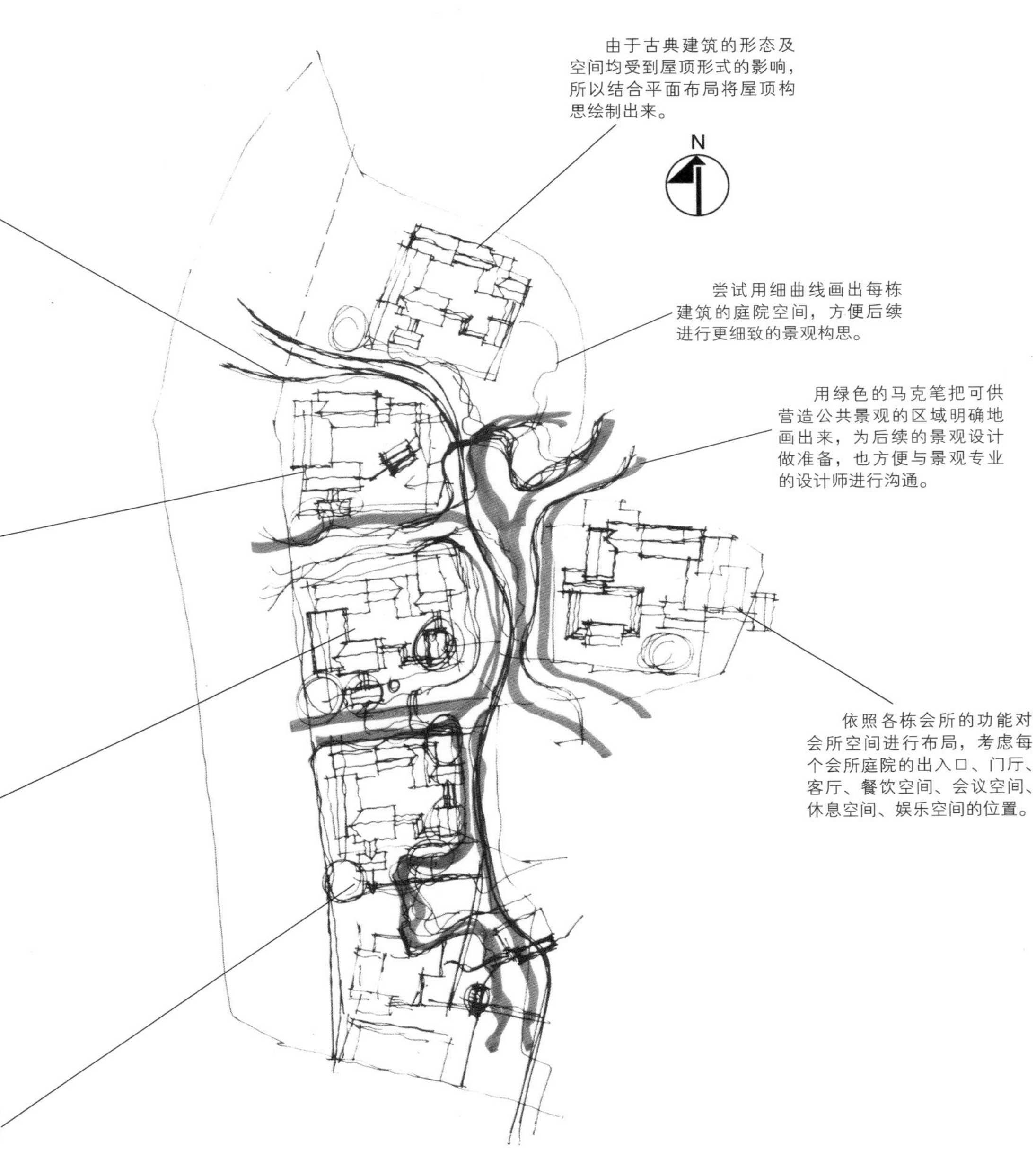

方案一

第二稿规划草图

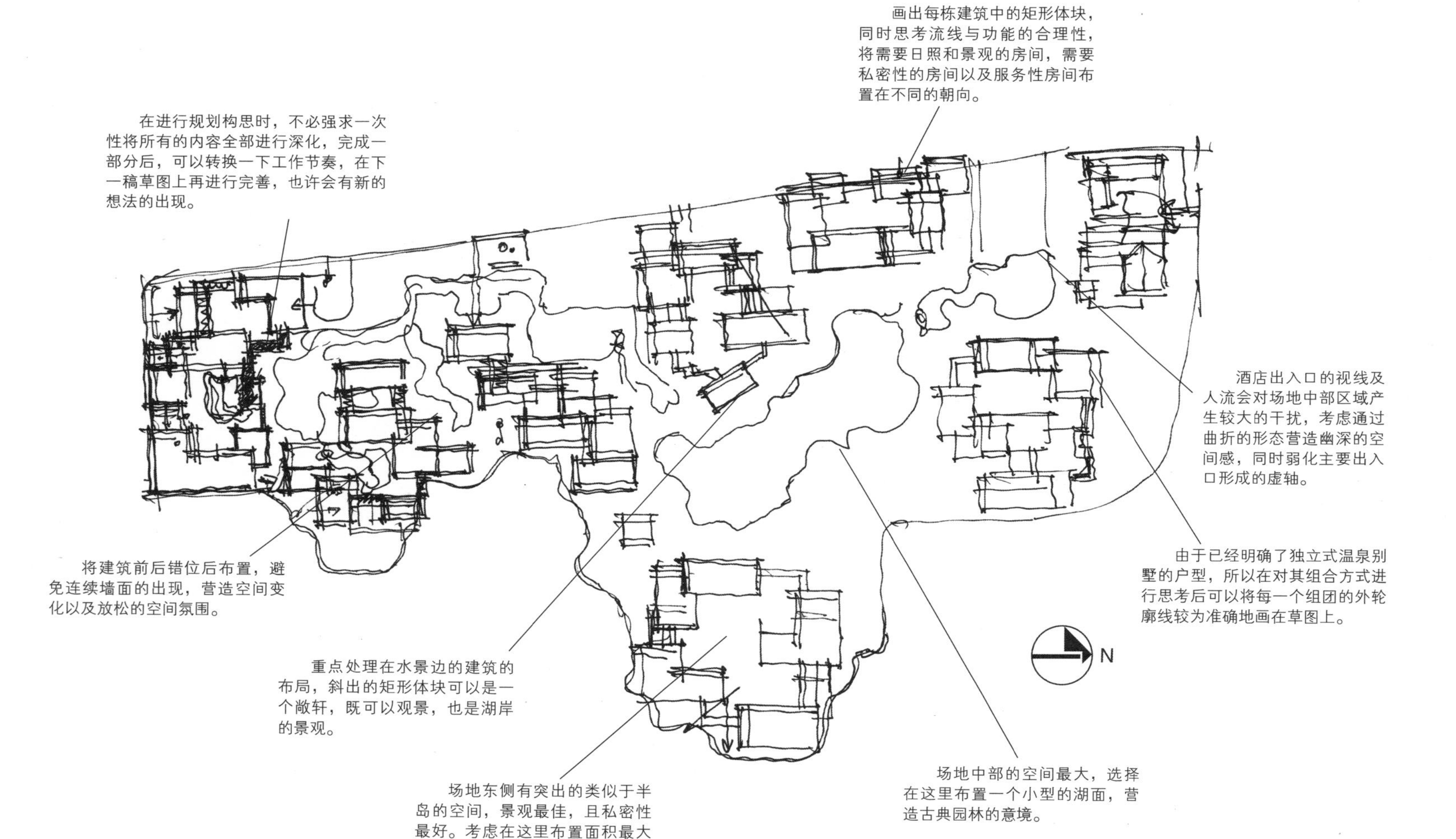

绘制目标

和甲方探讨是否在园区内只保留最基本的消防车道，可以用园路的方式表达。机动车在主入口附近进入地下车库。所以此稿草图的目的是将原来的道路空间腾挪出来，对园区的建筑布局和景观做重新的整理。

方案一

第三稿规划草图

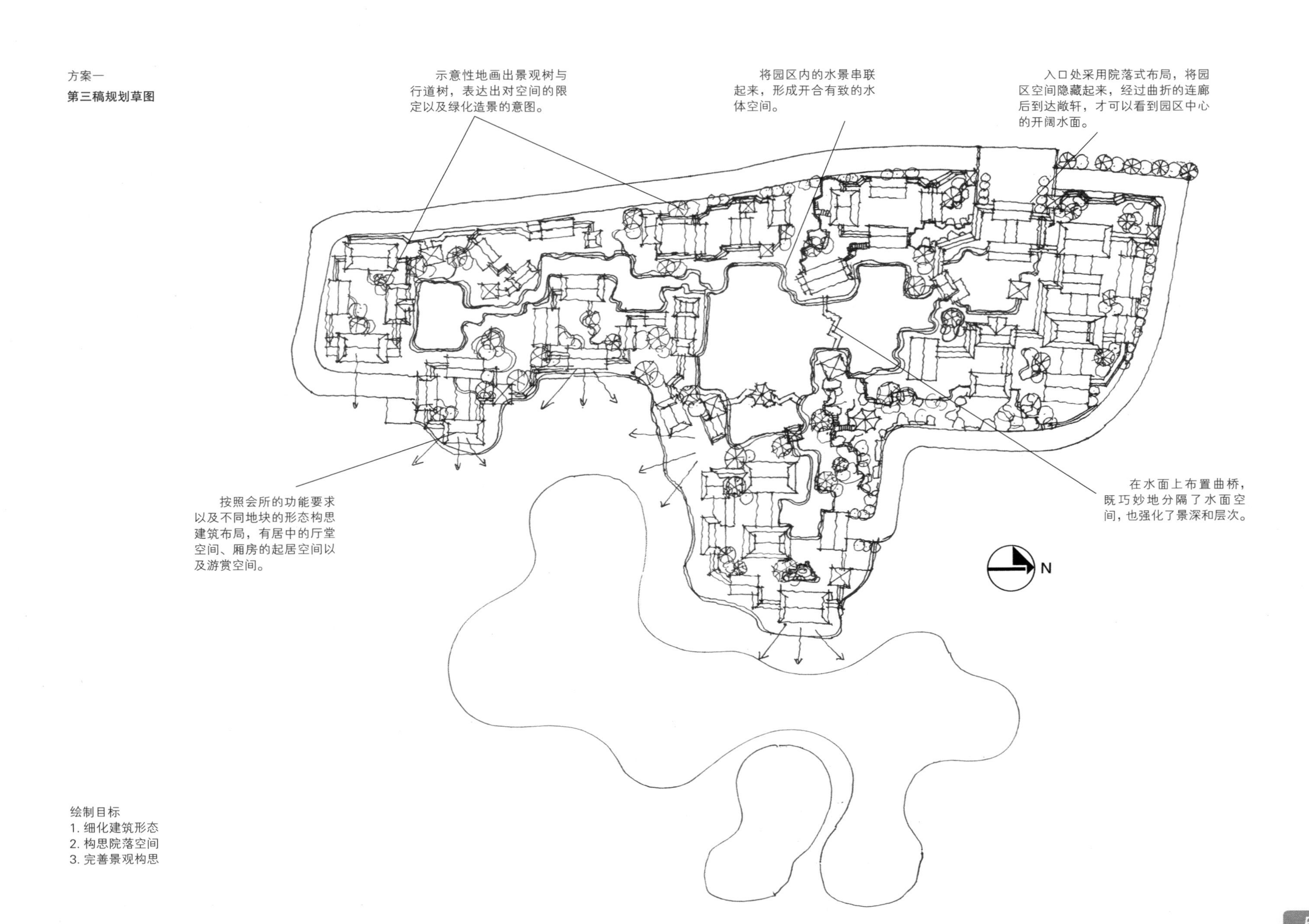

绘制目标

1. 细化建筑形态
2. 构思院落空间
3. 完善景观构思

方案一

第四稿规划草图

绘制目标

1. 屋顶表现
2. 信息标注

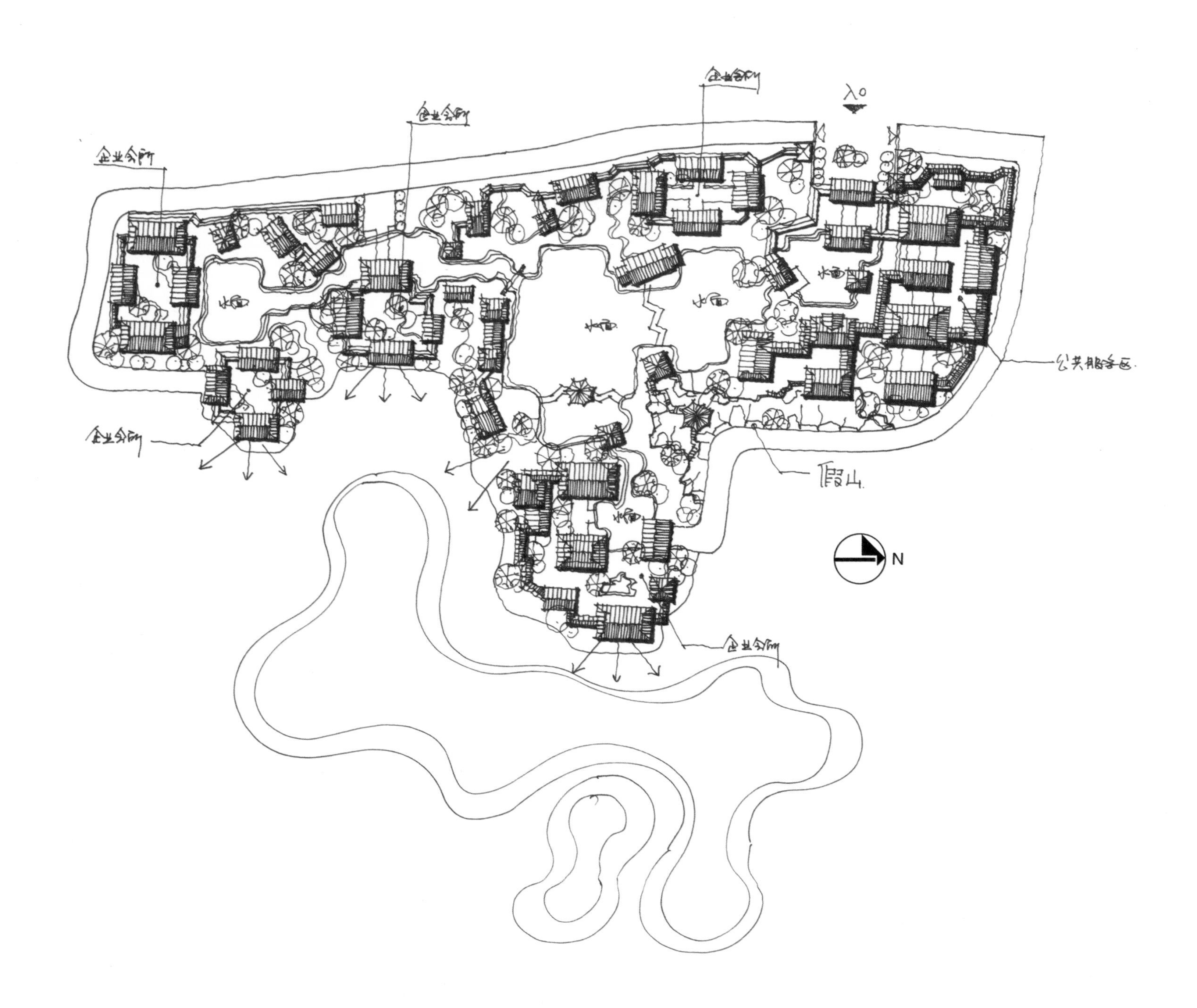

方案一

第五稿规划草图

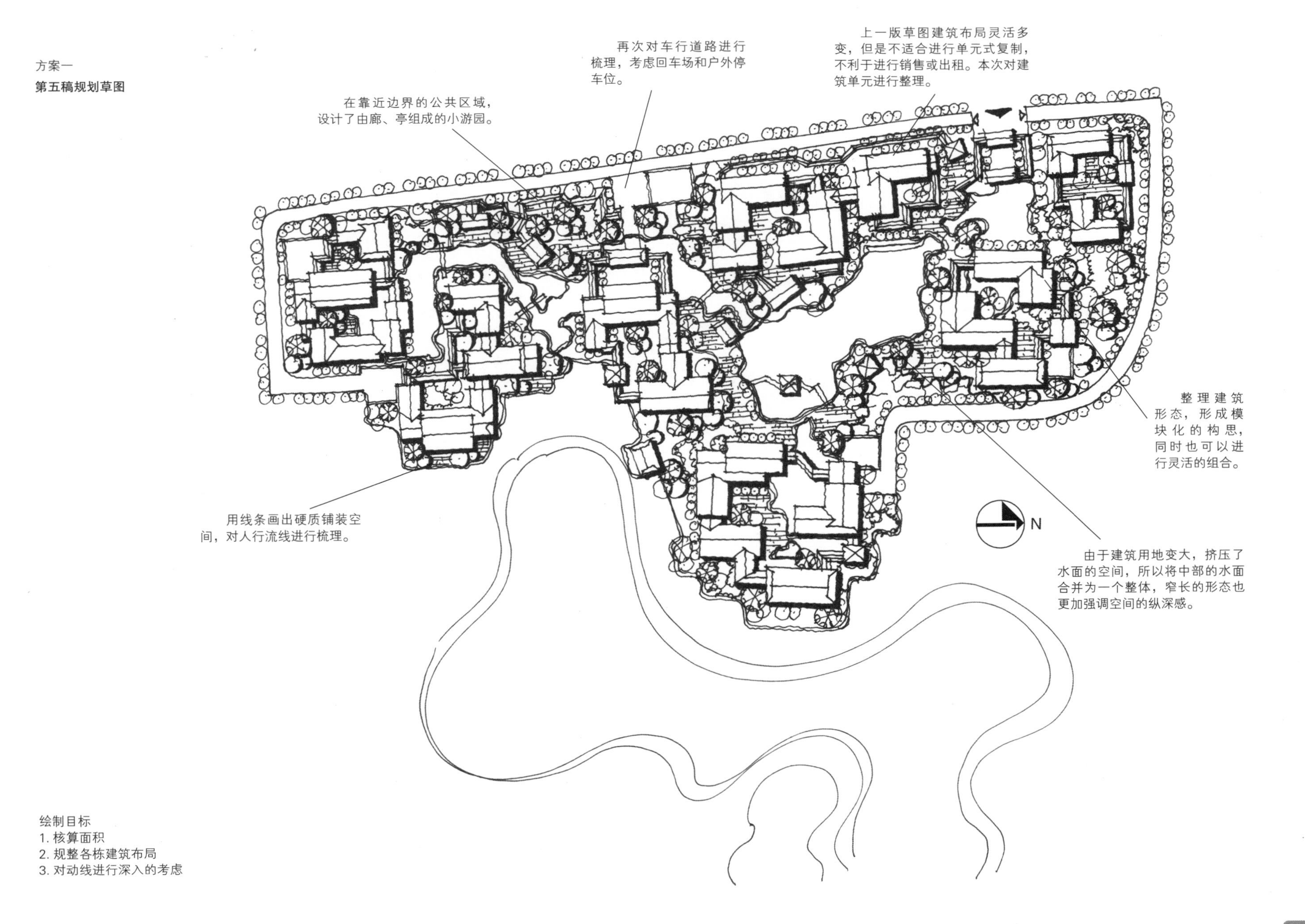

绘制目标

1. 核算面积
2. 规整各栋建筑布局
3. 对动线进行深入的考虑

方案一

终稿草图

绘制目标

1. 用色彩强化结构构思
2. 精准的表达
3. 增加注释

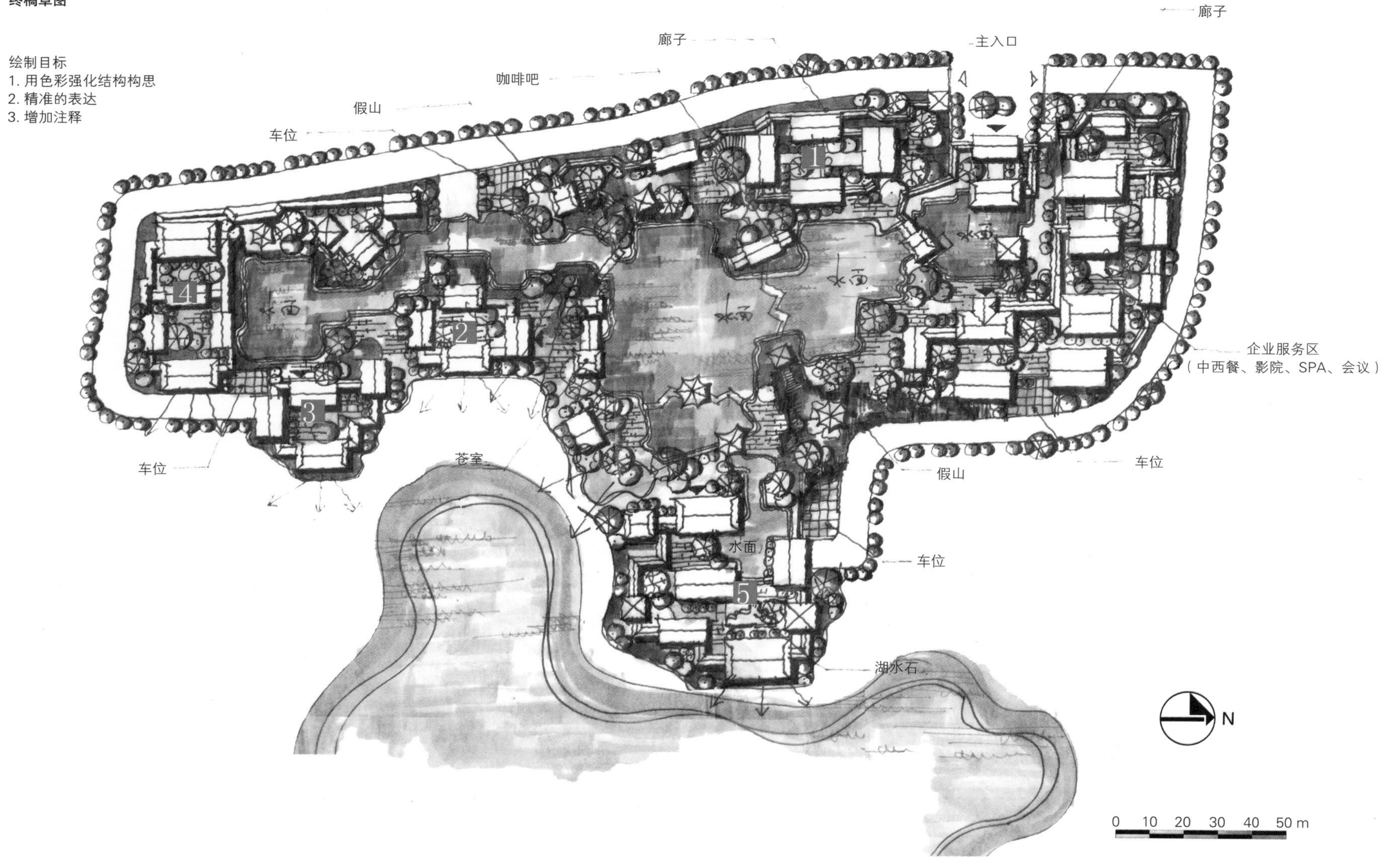

方案二

第一稿规划草图

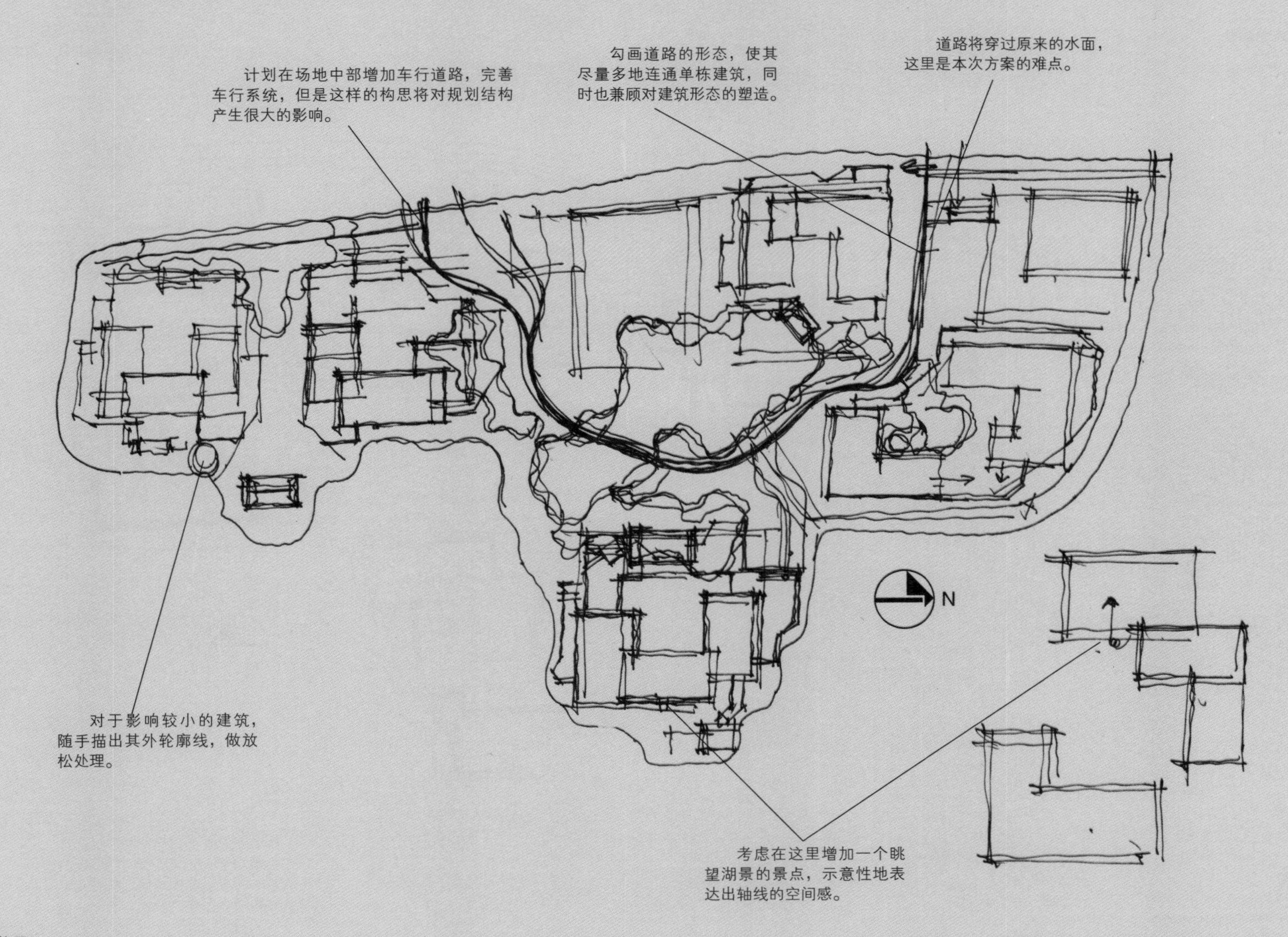

绘制目标

1. 改变车行交通构思
2. 重新进行建筑布局
3. 重新构思景观结构

方案二

第二稿规划草图

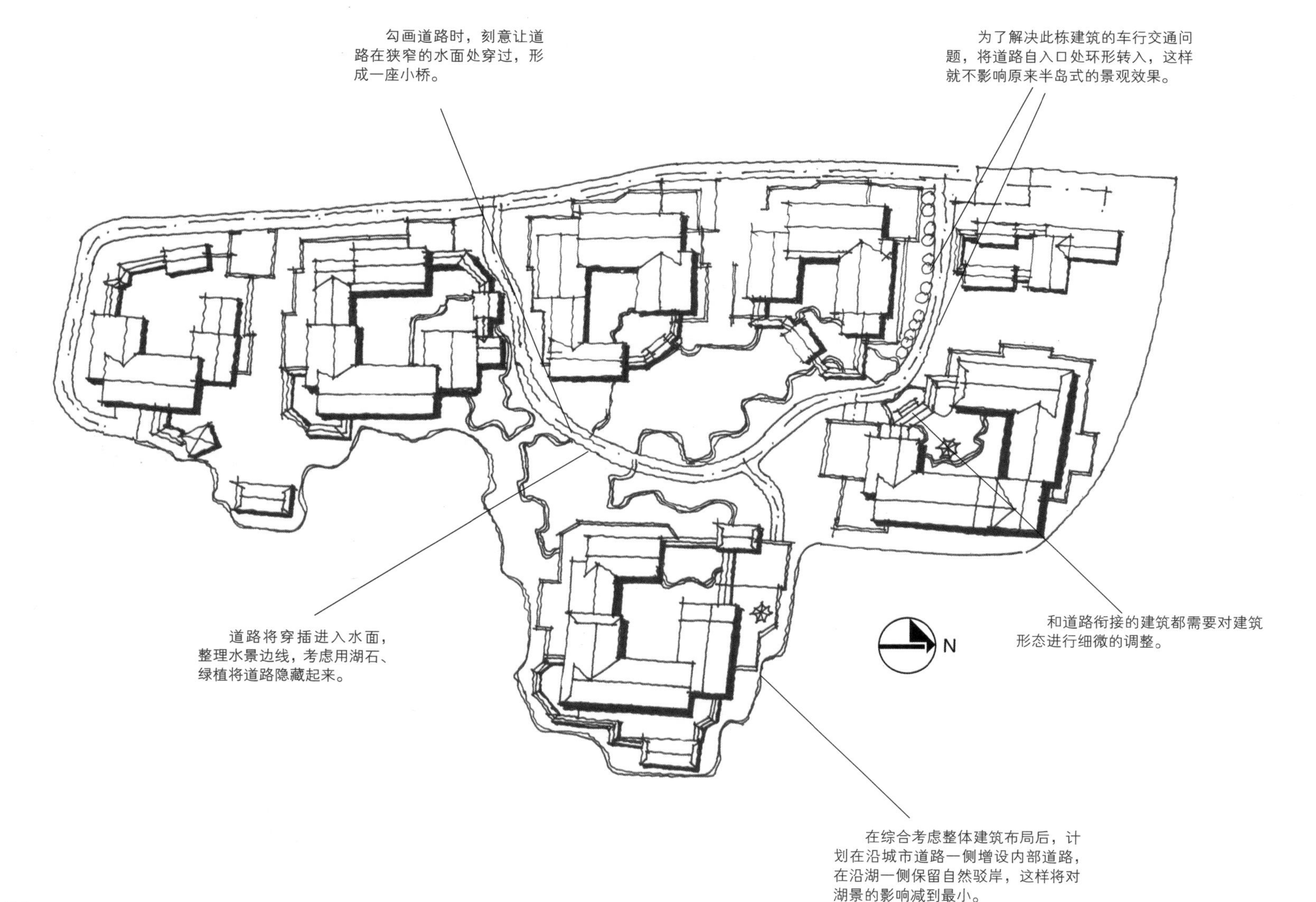

绘制目标

1. 车行道的布局
2. 如何使得车行道占地最小
3. 如何使得车行道不影响园区的景观效果
4. 如何用景观设计的方法将车行道路隐藏起来

方案二

第三稿规划草图

和道路衔接的建筑都需要对建筑形态进行细微的调整。

在综合考虑整体建筑布局后，计划在沿城市道路一侧增设内部道路，在沿湖一侧保留自然驳岸，这样将对湖景的影响减到最小。

为了解决此栋建筑的车行交通问题，将道路自入口处环形转入，这样就不影响原来半岛式的景观效果。

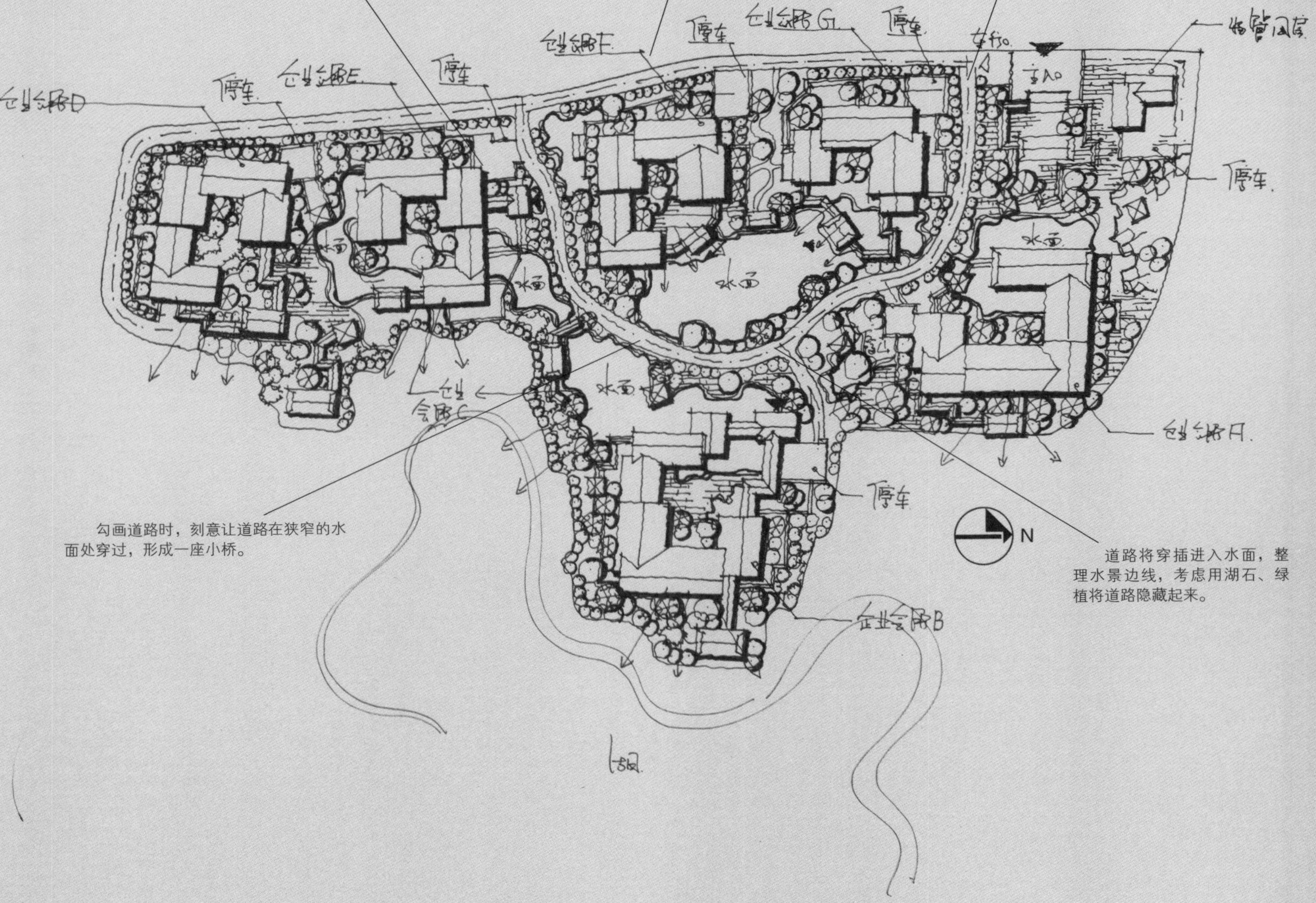

勾画道路时，刻意让道路在狭窄的水面处穿过，形成一座小桥。

道路将穿插进入水面，整理水景边线，考虑用湖石、绿植将道路隐藏起来。

方案三

第一稿规划草图

将车行道布局在场地中间，尽端设回车场，用一条道路解决场地的主要交通问题。

N

用绿色的马克笔强调各个会所的边界，并表示间隔的绿化带或景观水系的边界。

为了减少道路对建筑及景观的干扰，全部采用尽端式道路的布局方式。用一条横向道路连接半岛内建筑和主要道路。

由于已经先行设计并布置好了建筑，所以在画道路的线形时，仔细地让出各个建筑的用地。

考虑在场地中部增设一个岛屿，一方面减少景观水的面积，另一方面可以将车行道隐藏起来，增加曲径通幽的空间感。

在道路端部布置回车场。

此处是场地较为狭窄的地方，将道路沿湖布局，留出会所的用地，计划后续结合场地高差的设计对道路的景观进行处理。

绘制目标

1. 车行道的布局
2. 如何使得车行道占地最小
3. 如何使车行道可以到达各个建筑

方案三

第二稿规划草图

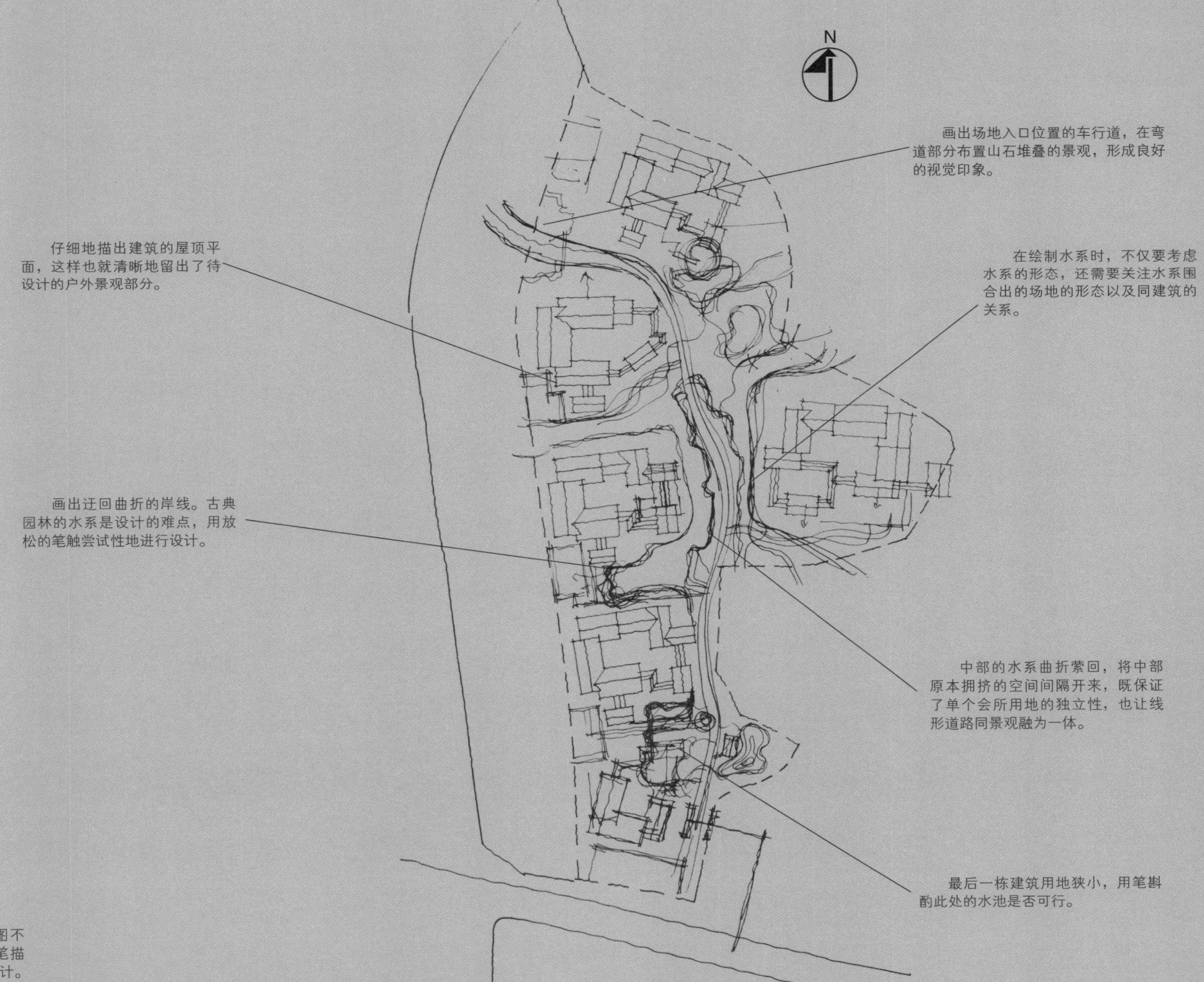

绘制目标

此稿草图将上一稿草图不明确的构思用更细的针管笔描画出来，力求快速地推进设计。

方案三

第三稿规划草图

清晰地画出入口的设计、片墙、草坡、绿化。

对每个会所的庭院都进行布置，包括停车场、入口的厅堂、铺装及绿化。这样既对方案进行了总体的控制也方便后续景观设计专业的设计师进行深化设计。

增设连通水系周边地块和岛屿的小桥，既解决了交通问题也增加了景观的层次。

增加连接主要道路和各个会所停车场的辅路，并仔细地画出预留的停车位。

缩小此处的水池面积，将建筑的轩与水池结合设计，增加了景观的趣味性。

画出中部岛屿上的等高线，对坡度、坡向进行控制。

道路的绿化用小型的景观树沿道路边沿布置，在周边有空地时，结合空地的树木一起进行布局，改变线形布局的单一感。

绘制目标

此稿草图是在上一稿草图的基础上形成清晰的线稿，作为方案汇报及深化的基础。

方案三

第四稿规划草图

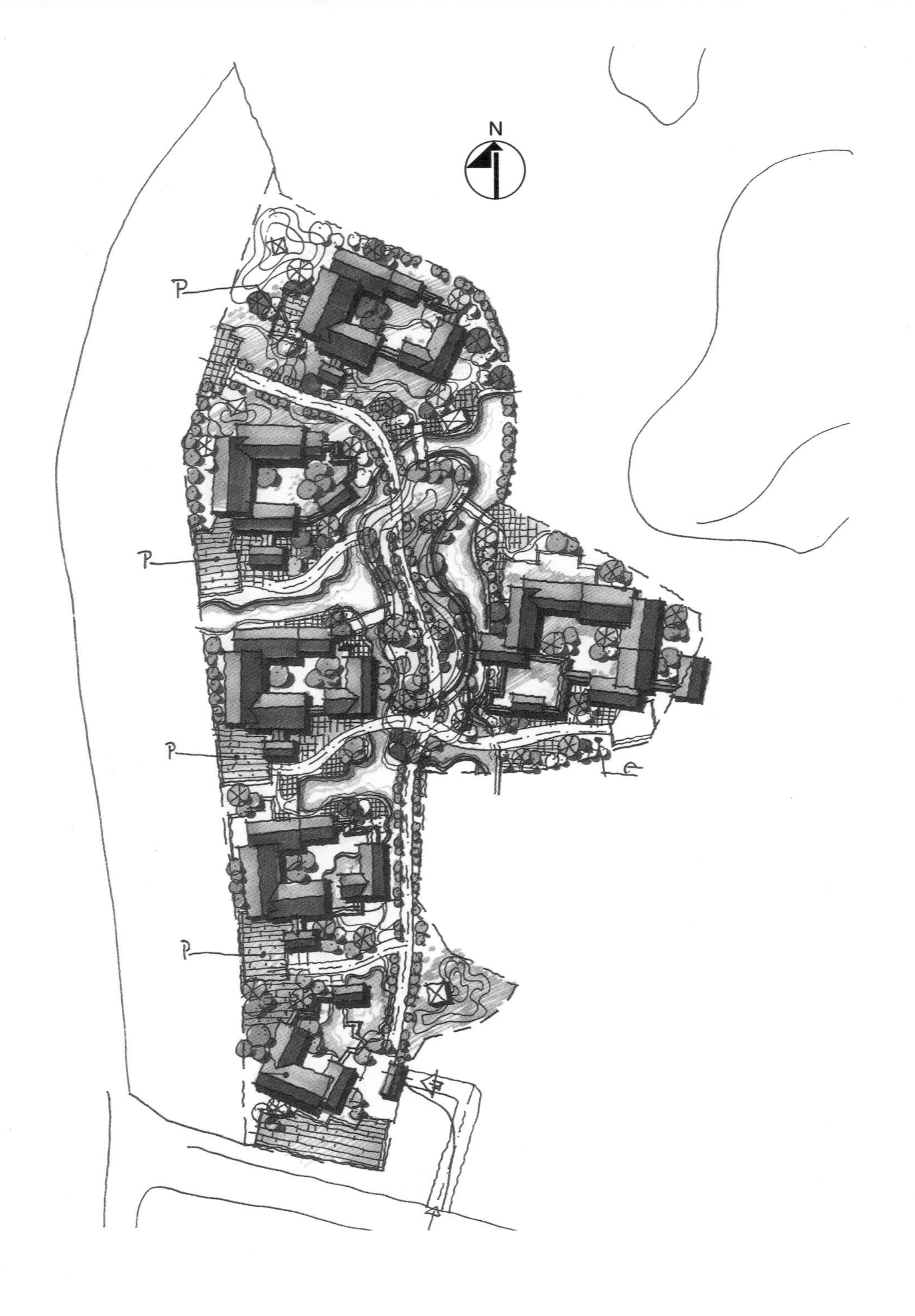

绘制目标

此稿草图在上一稿草图的基础上进行马克笔上色，力求在结构和细节表达清晰的基础上令图纸更加生动。

案例 2——温泉度假酒店规划设计

场地分析图

功能要求
1. 集中式温泉度假客房
2. 集中式户外温泉
3. 独立式温泉度假别墅
4. 马厩、会所
5. 其他配套服务用房

绘制目标
1. 用地分析
2. 功能分区
3. 初步构思表达

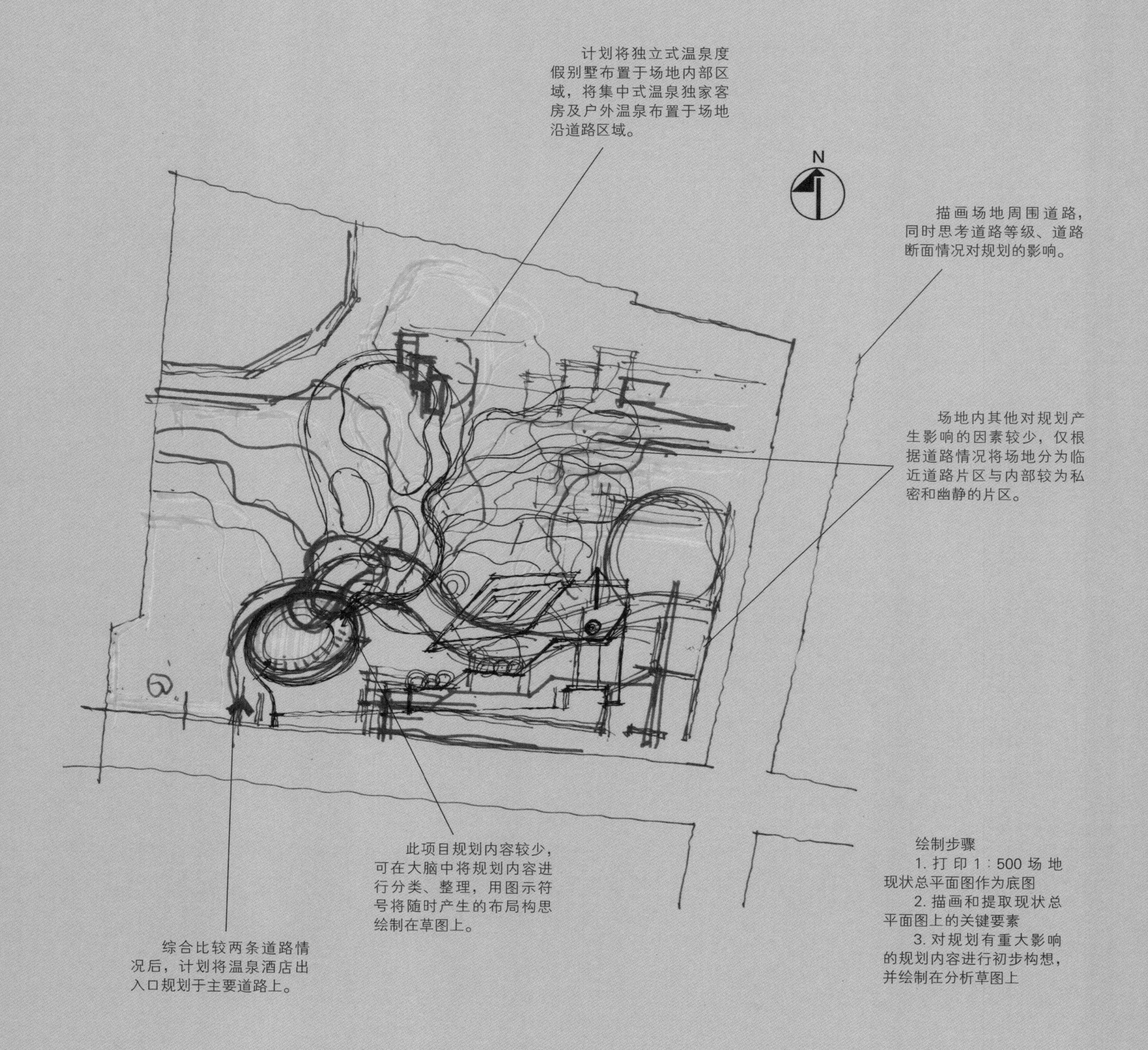

项目介绍

该项目位于北方某地，周边景色优美，有温泉资源。拟规划一高档温泉度假酒店项目，含综合性集中式度假酒店一栋以及大小不一的独立式温泉度假别墅若干。

第一稿规划草图

经济技术指标
总用地面积：46 049 m²
总建筑面积：23 975 m²
容积率：0.43
建筑密度：25%
绿地率：30%

在绘制第一稿草图时，往往想法凌乱而多样，这时可以用不同颜色的线条反复描画，快速便捷地记录闪现的各种构思。

率先考虑对整体规划结构产生重要影响的功能区，比如集中式客房区域和独立式温泉别墅等。

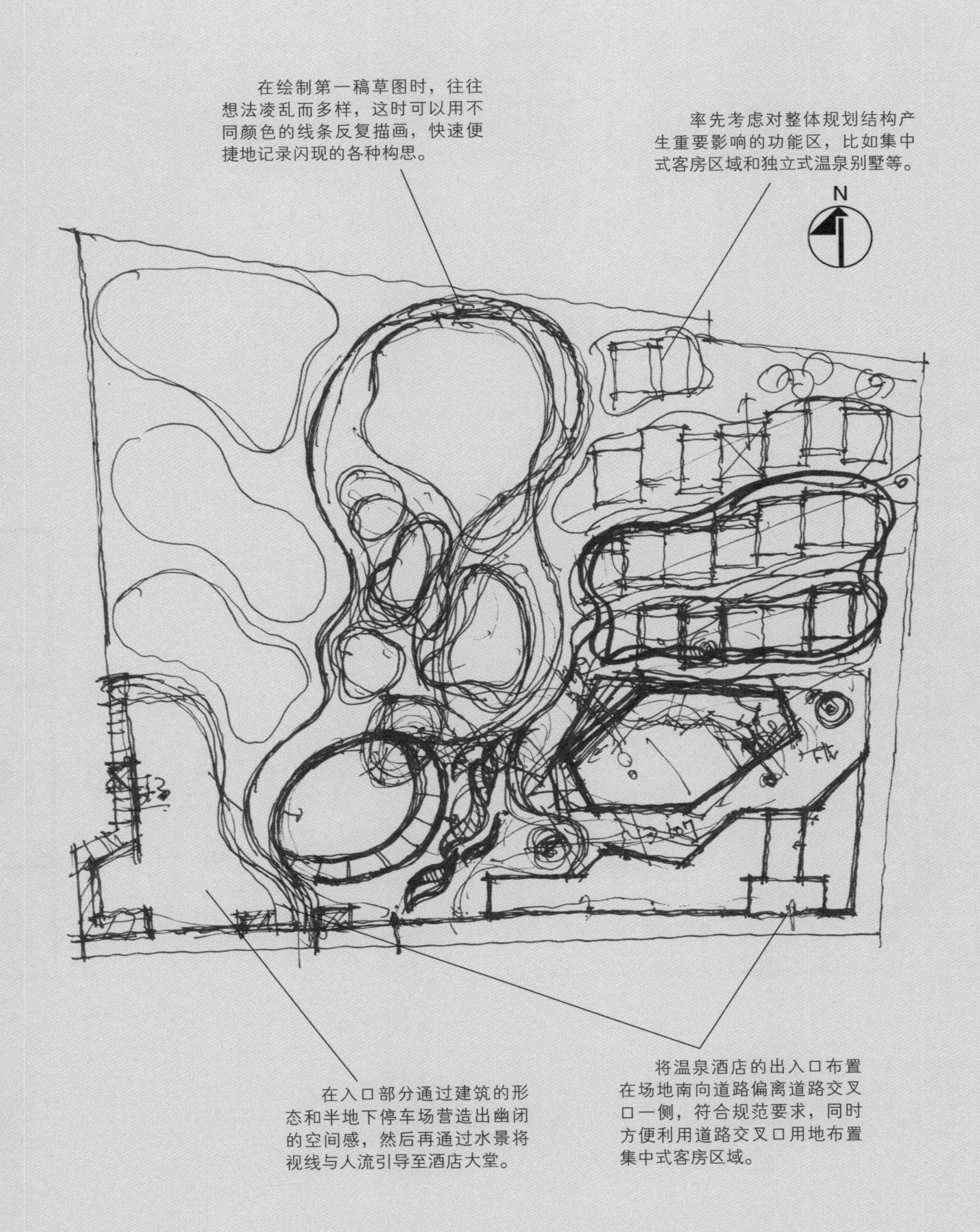

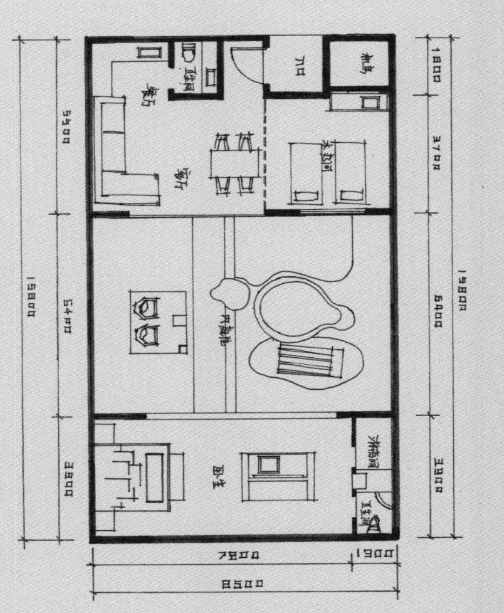

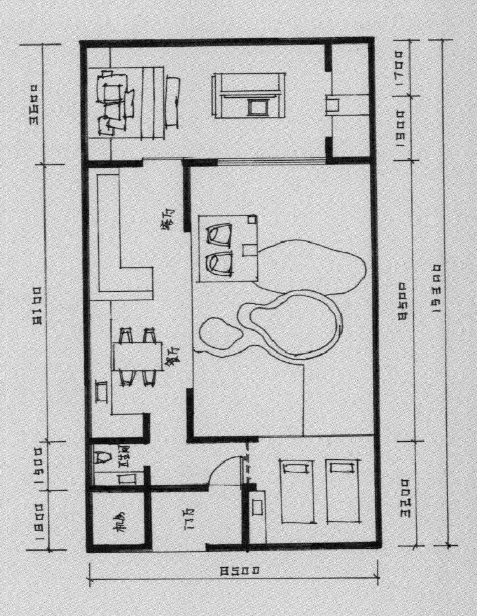

绘制目标
1. 酒店出入口
2. 主要功能组团位置
3. 主要功能组团形态概念
4. 路网概念
5. 景观结构概念

在入口部分通过建筑的形态和半地下停车场营造出幽闭的空间感，然后再通过水景将视线与人流引导至酒店大堂。

将温泉酒店的出入口布置在场地南向道路偏离道路交叉口一侧，符合规范要求，同时方便利用道路交叉口用地布置集中式客房区域。

按照甲方对独立式温泉别墅的面积要求，勾画建筑外轮廓线以及排列构思，与建筑设计人员进行沟通。

由于已经明确了独立式温泉别墅的户型，所以在对其组合方式进行思考后可以将每一个组团的外轮廓线较为准确地画在草图上。

机房
卫生间
餐厅
入口
水疗室
客厅
庭院
庭院
卧室
淋浴间
卫生间

将建筑前后错位后布置，避免连续墙面的出现，营造空间变化以及放松的空间氛围。

酒店出入口的视线及人流会对场地中部区域产生较大的干扰，考虑通过曲折的形态营造幽深的空间感，同时弱化主要出入口形成的虚轴。

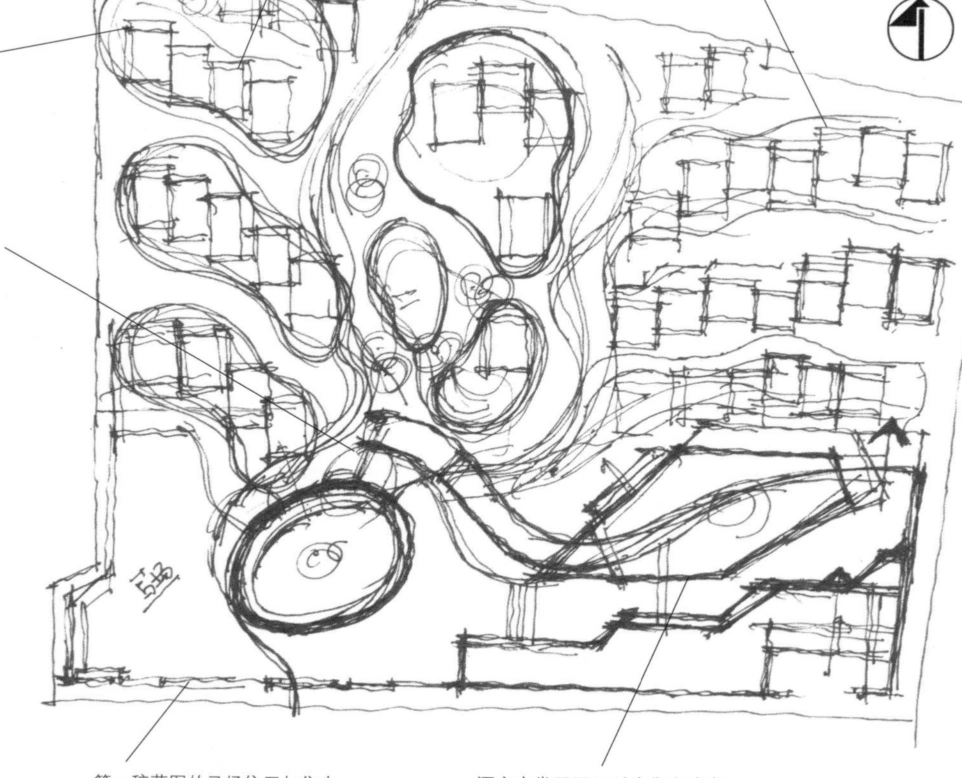

N

绘制目标

1. 核心功能区的形态
2. 主要建筑的形态
3. 路网体系
4. 公共空间流线
5. 主要景观节点位置及构思

第一稿草图的马场位置与集中式温泉客房区域功能有冲突，同时马匹饲养会有异味，所以此稿草图考虑将其西移，但是具体布局并未确定。

酒店大堂需要同时为集中式客房区以及独立式温泉别墅区客人服务，所以考虑将其单独布置，一方面可削减建筑的体量，另一方面也可以营造室内外互动的空间感。

单体建筑形态及空间格局会影响规划的路网、出入口、公共空间等布局，所以先同建筑设计人员一起确定独立式温泉别墅的户型平面图。

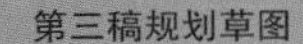

第三稿规划草图

在进行独立式温泉别墅户型布局时，先勾画外围的用地界线，控制组团形态，再将户型平面嵌入进去。

布置位于酒店屋顶的室外汤区。这一部分内容是第一次在草图中涉及。此次草图主要是思考可能出现的设计问题，考虑需要收集室外汤区的设计资料。

这次设计采用的是以功能组团形态限定道路形态的构思方法，所以在绘制两个相邻功能组团时，注意它们之间道路的宽度和连续性。

为了避免集中式客房区域大量客流对独立式别墅区域产生影响，考虑在沿道路一侧设置单独的酒店客人及泡汤客人出入口。用折线形成的三角形空间表示这一构思。

在画图时，闪现出了水景和条带状灯光结合的构思，迅速用马克笔将构思强化出来。虽然这些点滴想法不一定符合设计流程，但是它们给设计过程带来许多趣味和兴奋点。

在进行景观及独立式温泉别墅的布置时，考虑到了避免出入口人流视线的穿透，通过形态的曲折营造私密性。

绘制目标

1. 集中式客房建筑的形态
2. 马场的布局及形态
3. 停车场的停车方式及形态
4. 酒店入口空间的布局
5. 独立式别墅户型的布局

将入口部分水景改为蚕豆形，弯曲的弧线自然限定出大门区域与饱满的入口广场，改变了上一稿草图入口局促的布局。

在上一稿草图的基础上，考虑酒店的进深尺度，将建筑的形态勾画得更为合理。

第四稿规划草图

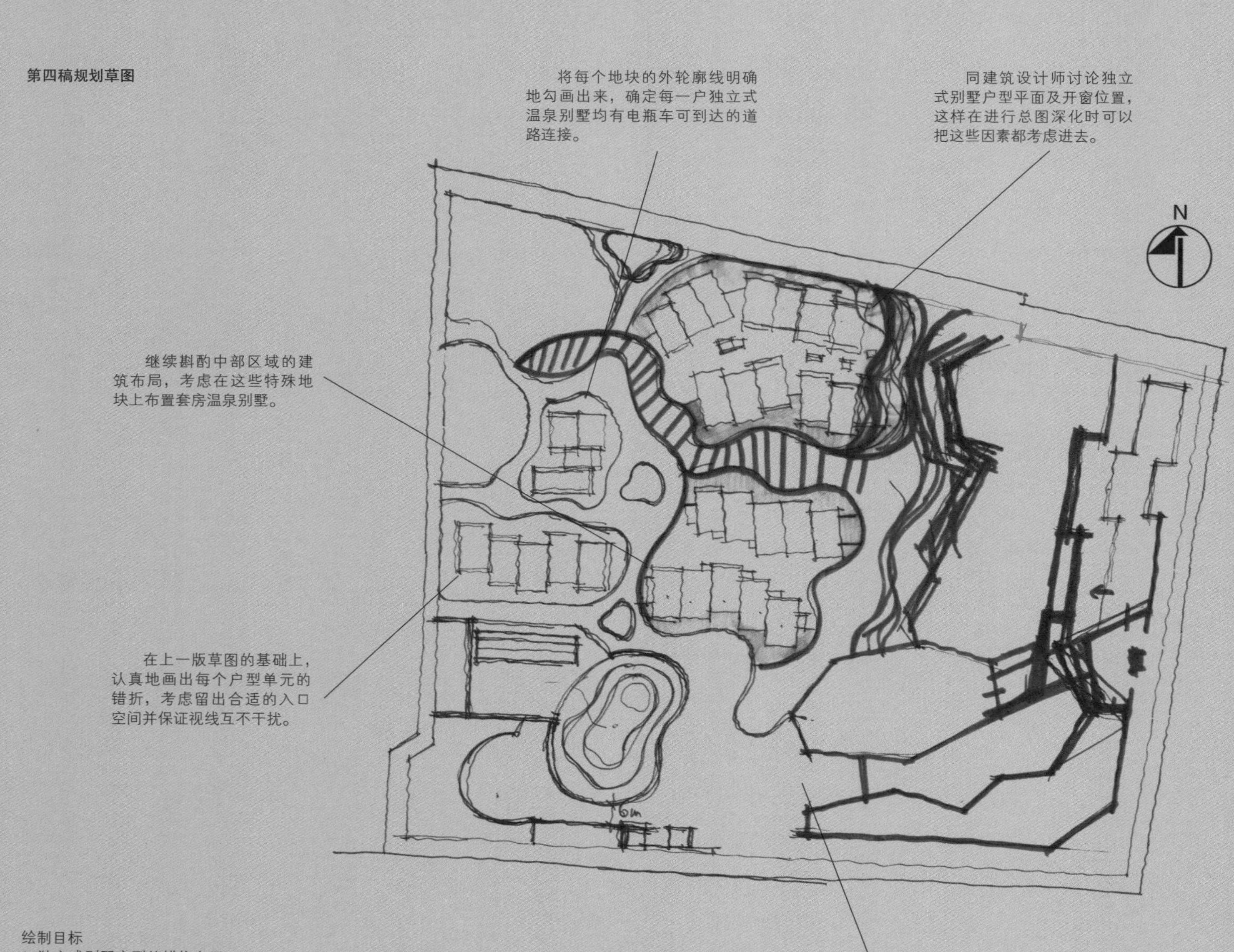

将每个地块的外轮廓线明确地勾画出来，确定每一户独立式温泉别墅均有电瓶车可到达的道路连接。

同建筑设计师讨论独立式别墅户型平面及开窗位置，这样在进行总图深化时可以把这些因素都考虑进去。

继续斟酌中部区域的建筑布局，考虑在这些特殊地块上布置套房温泉别墅。

在上一版草图的基础上，认真地画出每个户型单元的错折，考虑留出合适的入口空间并保证视线互不干扰。

结合入住流线对集中式酒店的大堂出入口、电瓶车停车场、灰空间内部通道进行细化。

绘制目标

1. 独立式别墅户型的错位布置
2. 特殊户型别墅的布局
3. 集中式酒店流线及形态
4. 酒店入口空间的布局
5. 酒店道路形态

第五稿规划草图

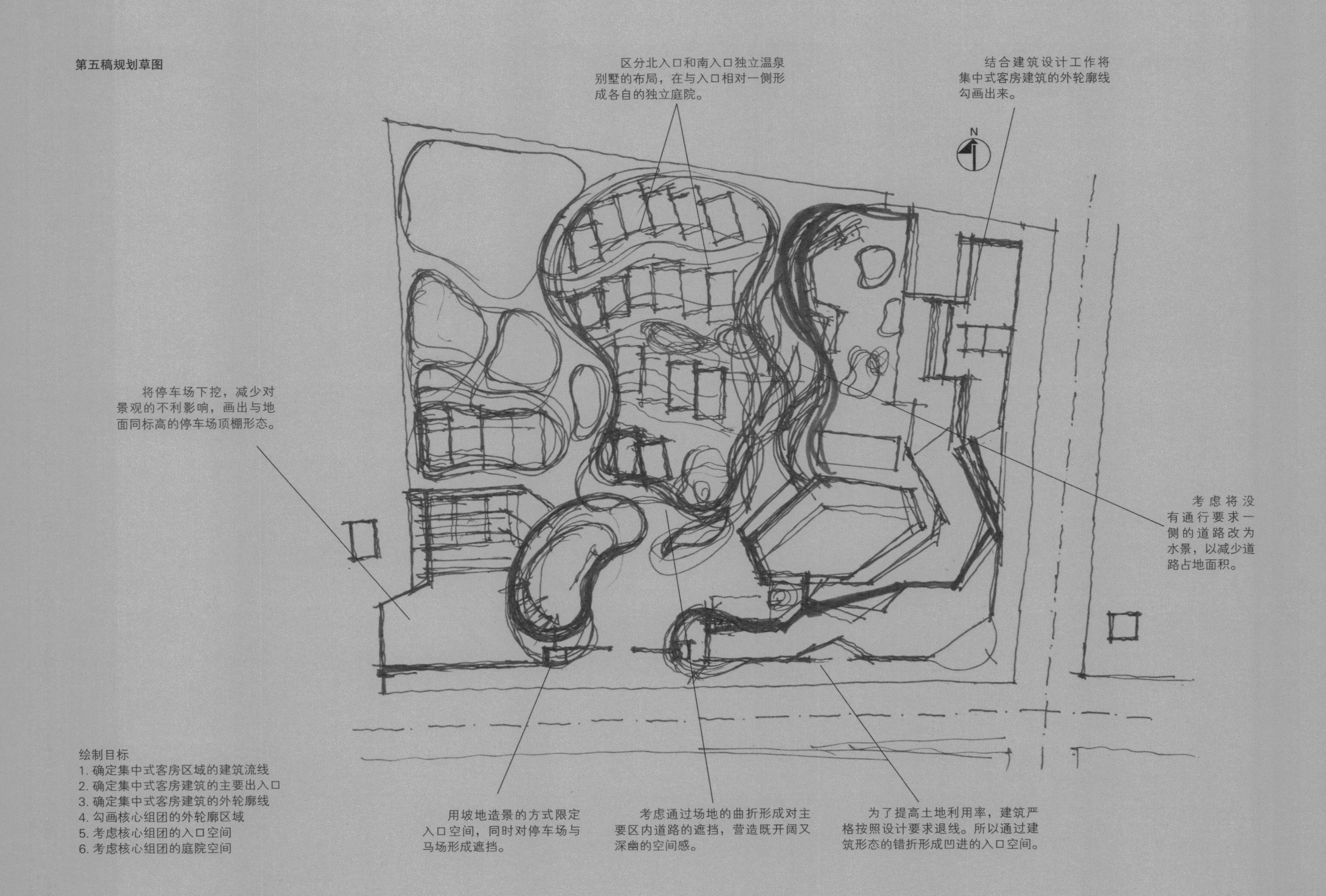

绘制目标

1. 确定集中式客房区域的建筑流线
2. 确定集中式客房建筑的主要出入口
3. 确定集中式客房建筑的外轮廓线
4. 勾画核心组团的外轮廓区域
5. 考虑核心组团的入口空间
6. 考虑核心组团的庭院空间

第六稿规划草图

在集中式客房区域与独立式温泉别墅区之间设计特色水景，可以将两个区域分隔开来，保持各自的独立性。

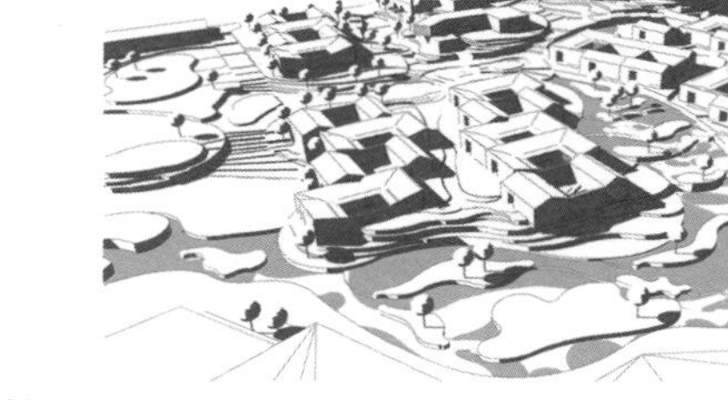

作为与核心区水景的呼应，在西侧独立式温泉别墅区内使用绿化造景的方式形成绿轴，用彩色的马克笔把这一想法记录下来。

控制道路的尺度和转弯半径，为最终稿草图的绘制做准备。

在入口广场处增加一个雕塑水景作为对景，同时也串联起整个园区连续的水景概念。

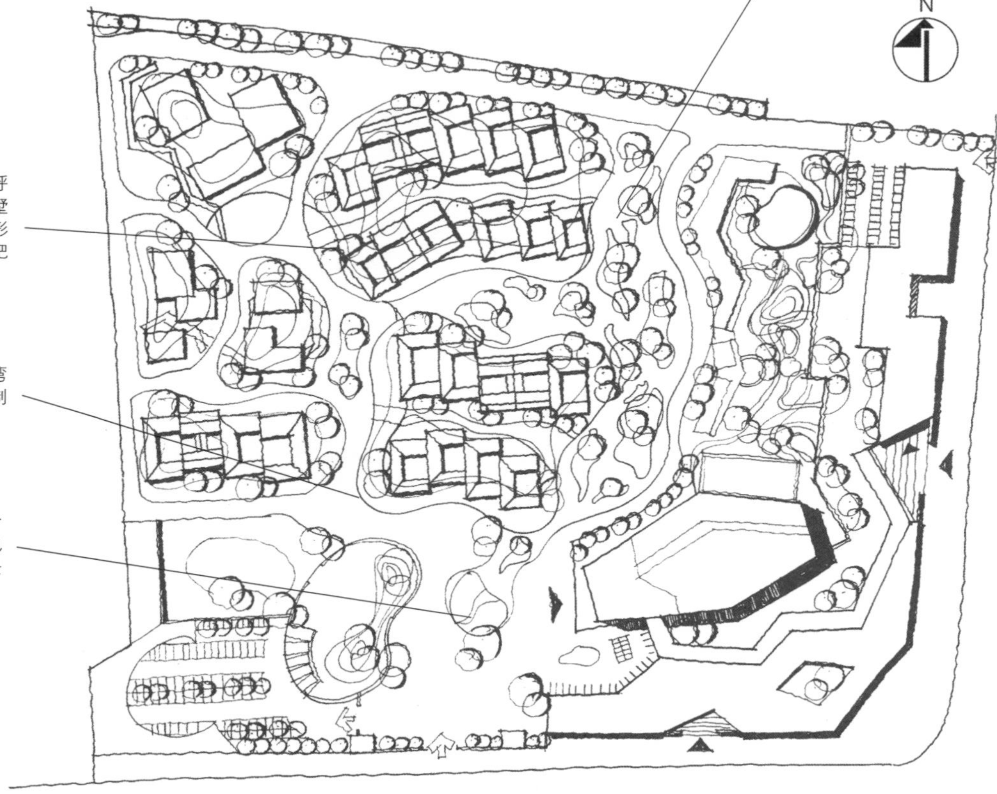

绘制目标

1. 以“岛”的概念细化组团形态
2. 构思核心区水景
3. 确定各区域形态轮廓，为最终稿草图做准备

核心构思分析图

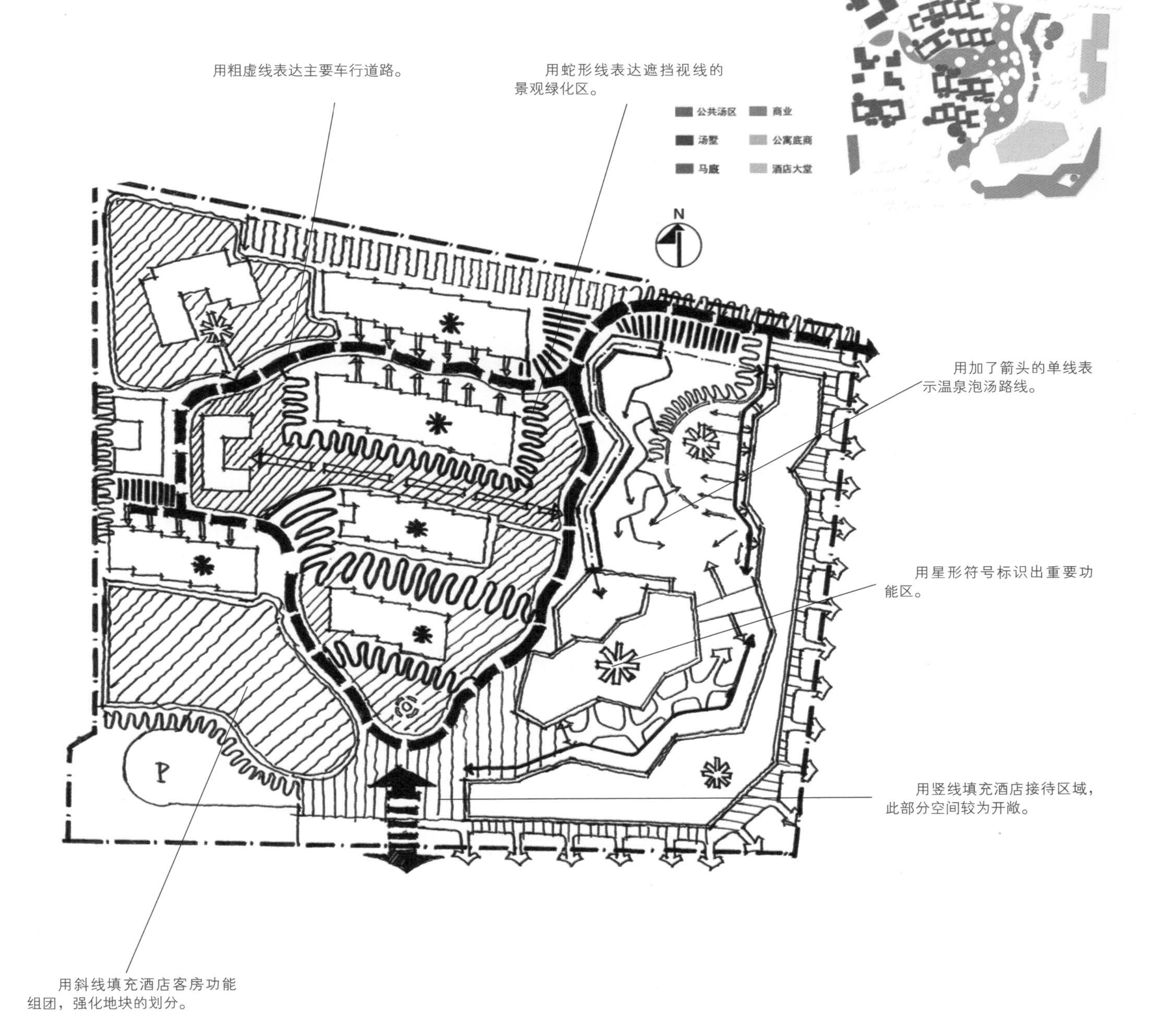

绘制目标

1. 表达主要功能区
2. 表达规划结构
3. 表达道路系统
4. 景观轴线与视线

终稿草图

在每一个组团内都准确地画出道路与庭院、绿地的形态。

将深化后的建筑屋顶平面仔细地描画在上一稿草图的外轮廓线内。

为集中式温泉客房区域以及后勤区域增加一个地下停车场。

画出形态错落的水中绿岛，在绘制时注意各个小岛形体的扭转与变化。

布置大小各异的温泉汤池，用小径将它们串联起来，同时表达出围合它们的绿化。

准确地画出停车位和车道，为后续计算机制图打好基础。

将草坡布置在靠近入口广场一侧，在另一侧留出集中的开阔绿地。

示意性地表达出门卫的位置，具体设计细节还需后续结合景观及门卫建筑的设计进行深化。

绘制目标

1. 准确绘制建筑屋顶平面
2. 准确绘制道路线形
3. 重点表达各类出入口
4. 重点表达主要景观构思

终稿手绘表现图

表达重点

1. 各功能区划分
2. 建筑布局与形态
3. 核心区景观构思
4. 酒店前广场区动线组织

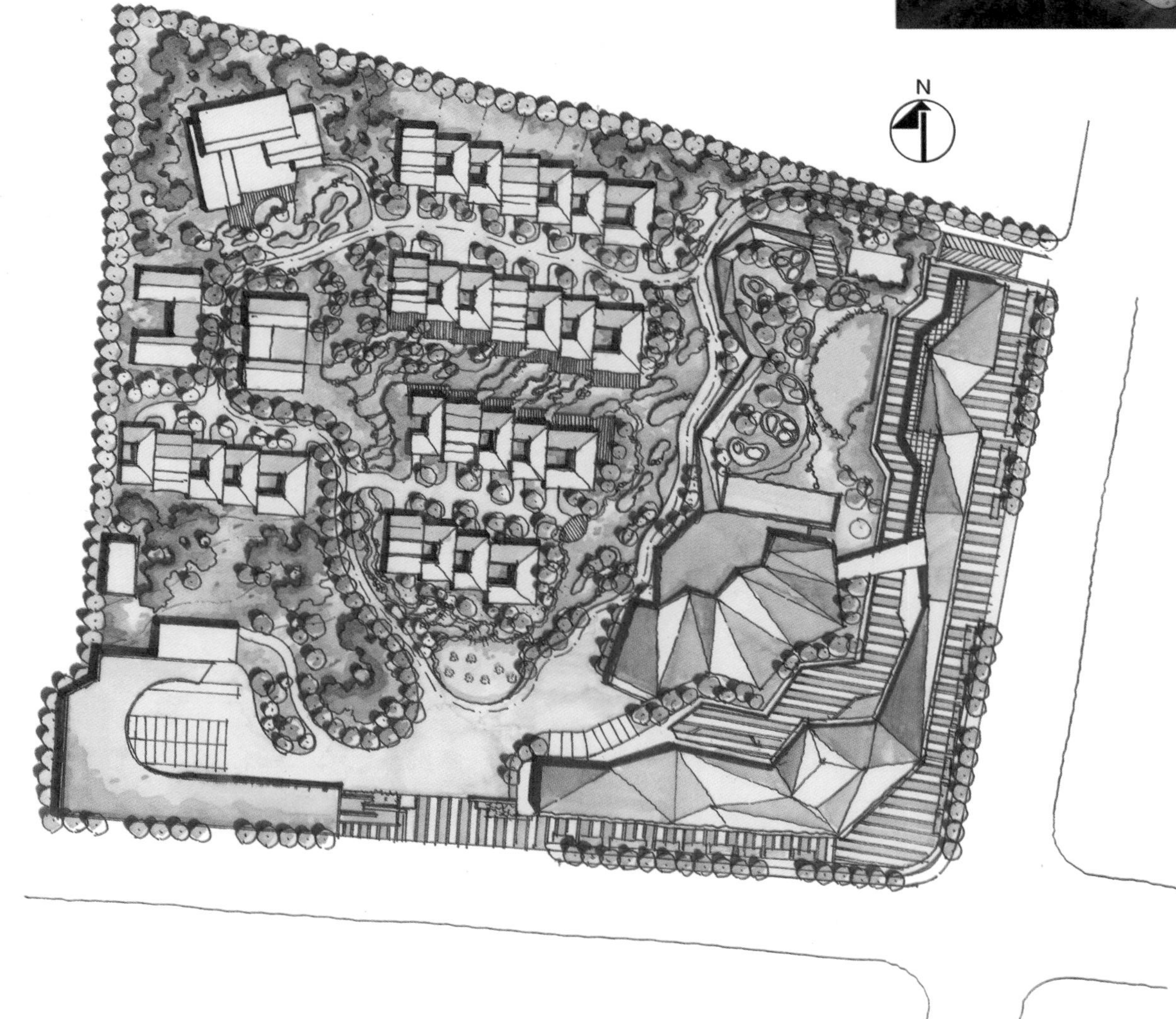

案例 3——山地民宿规划设计

场地分析图

功能要求
1. 民宿若干
2. 餐厅若干
3. 健身及娱乐设施
4. 其他配套设施

绘制目标
1. 现状分析
2. 交通分析

规划场地内原有一条长约 460 m 的道路贯通东西，为了更好地将溪流两岸的建筑整合起来，拟在北坡规划一条道路，形成环形交通体系。

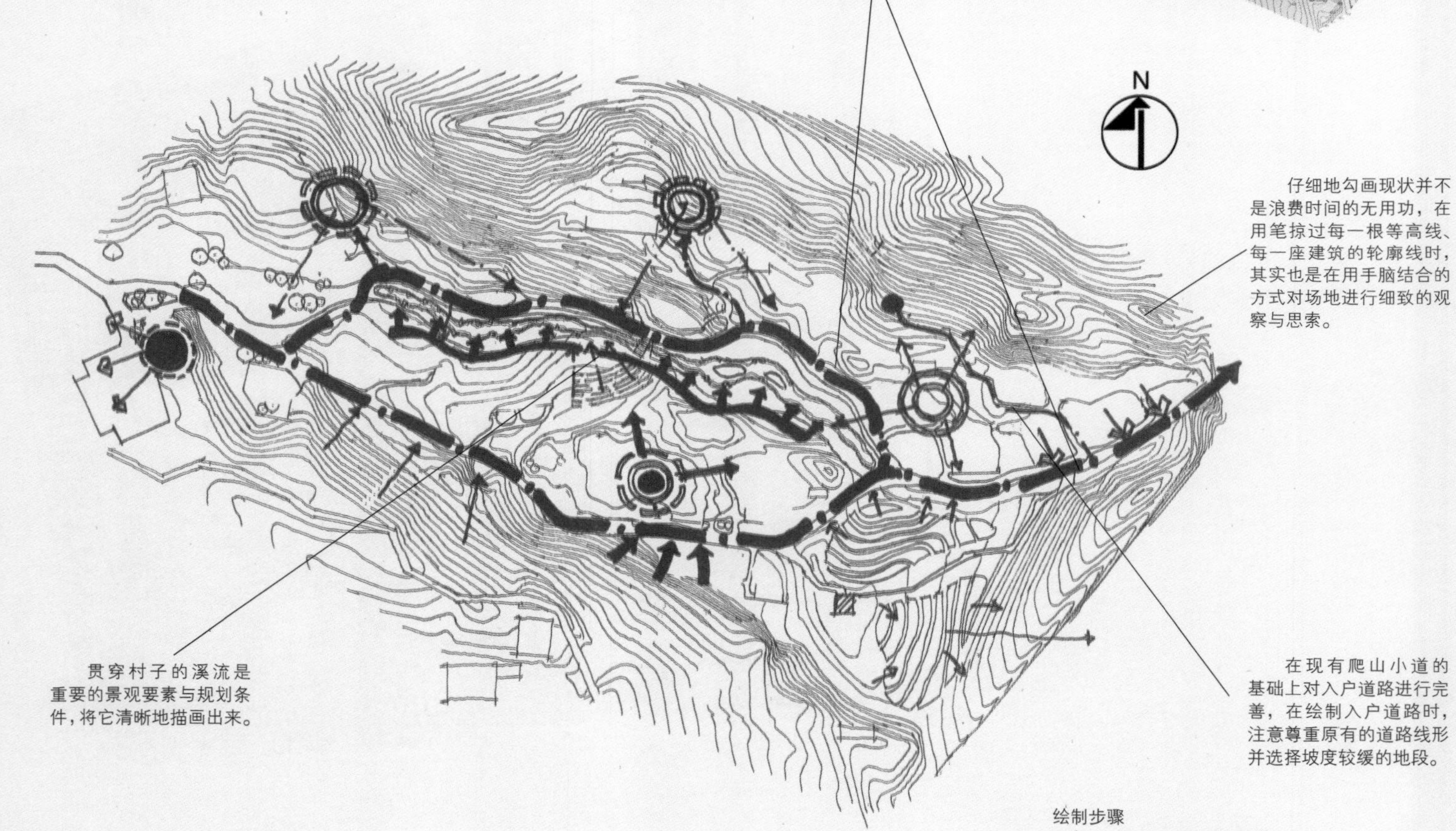

仔细地勾画现状并不是浪费时间的无用功，在用笔掠过每一根等高线、每一座建筑的轮廓线时，其实也是在用手脑结合的方式对场地进行细致的观察与思索。

贯穿村子的溪流是重要的景观要素与规划条件，将它清晰地描画出来。

在现有爬山小道的基础上对入户道路进行完善，在绘制入户道路时，注意尊重原有的道路线形并选择坡度较缓的地段。

项目介绍

该项目位于北方海边城市某山区古村，周边深山环绕，风景秀丽。该村与山林相伴，自古栽植杏树，春夏时节，杏花、杏子吸引了大量游客。拟对村子现有房屋进行改造，满足乡村旅游的需求。

绘制步骤

1. 打印 1∶1 000 场地现状总平面图作为底图
2. 描画现状建筑与现状道路
3. 进行道路规划

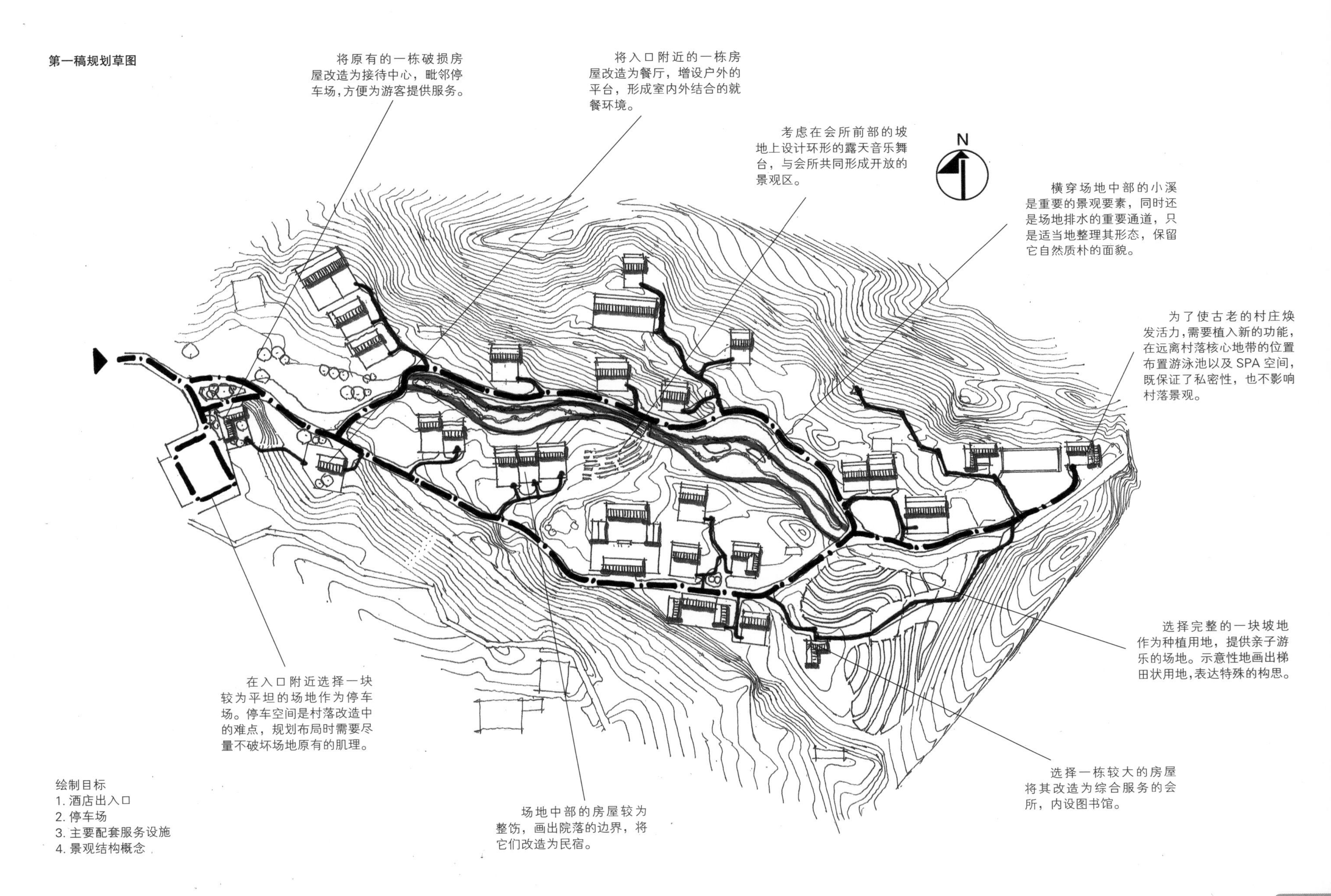
第一稿规划草图
将原有的一栋破损房屋改造为接待中心，毗邻停车场，方便为游客提供服务。
将入口附近的一栋房屋改造为餐厅，增设户外的平台，形成室内外结合的就餐环境。
考虑在会所前部的坡地上设计环形的露天音乐舞台，与会所共同形成开放的景观区。
N
横穿场地中部的小溪是重要的景观要素，同时还是场地排水的重要通道，只是适当地整理其形态，保留它自然质朴的面貌。
为了使古老的村庄焕发活力，需要植入新的功能，在远离村落核心地带的位置布置游泳池以及SPA空间，既保证了私密性，也不影响村落景观。
选择完整的一块坡地作为种植用地，提供亲子游乐的场地。示意性地画出梯田状用地，表达特殊的构思。
在入口附近选择一块较为平坦的场地作为停车场。停车空间是村落改造中的难点，规划布局时需要尽量不破坏场地原有的肌理。
选择一栋较大的房屋将其改造为综合服务的会所，内设图书馆。
场地中部的房屋较为整饬，画出院落的边界，将它们改造为民宿。
绘制目标
1. 酒店出入口
2. 停车场
3. 主要配套服务设施
4. 景观结构概念

第二稿规划草图

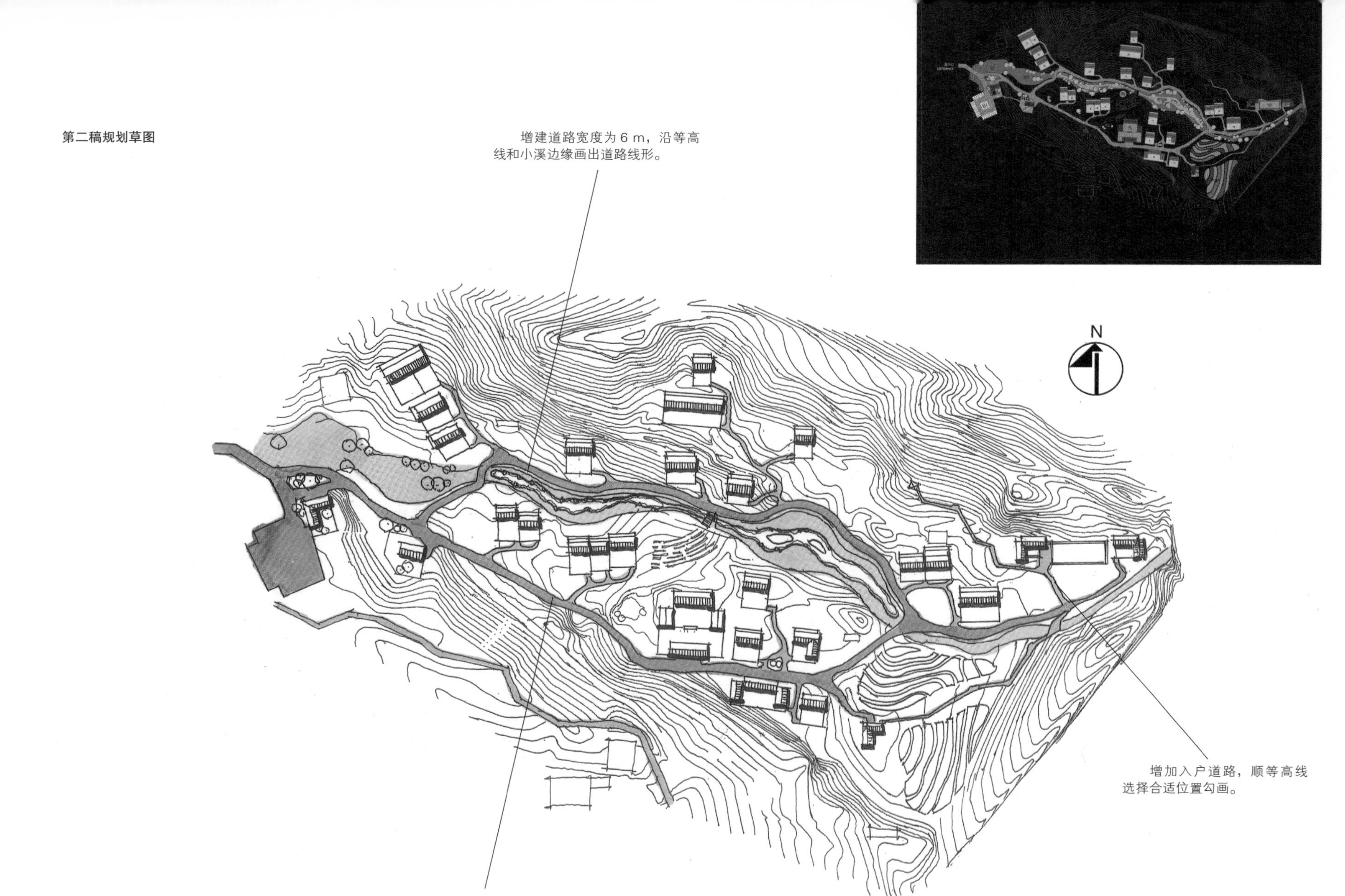

计划对此条道路进行拓宽，仔细地按5 m的道路宽度画出双线线形，尤其在靠近建筑处需要考虑可行性。

绘制目标

在上一稿草图的基础上进行详细的路网体系规划。

第三稿规划草图

勾画出房前屋后的树木，点状和面状的绿化交错布置，表达出尊重场地原貌的构思。

绘制目标

本次草图的目的是形成供深入沟通的规划线稿。将核心的设计构思表达清晰，形成生动的规划图纸。

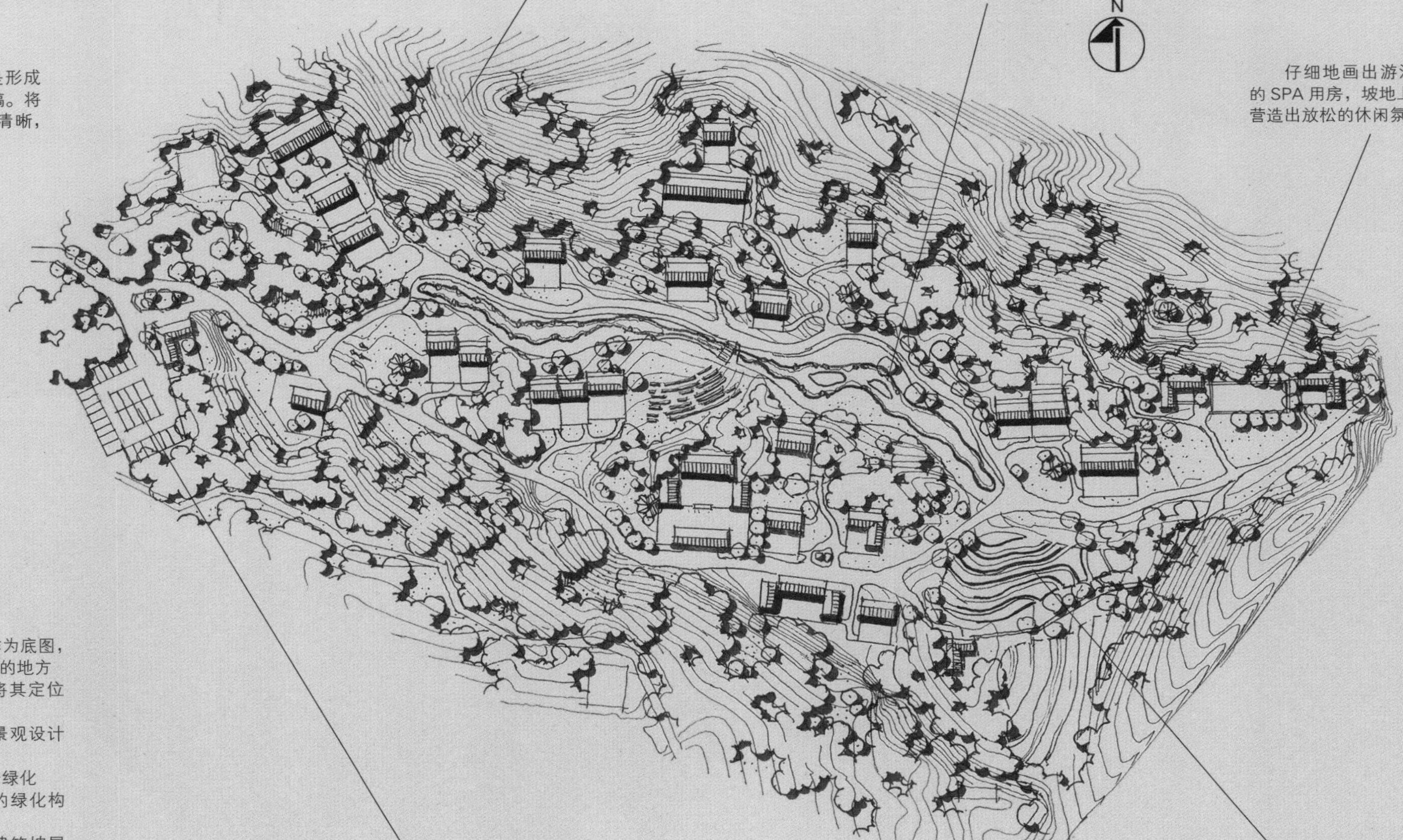

绘制步骤

1. 将上一稿草图作为底图，逐个推敲没有思考完善的地方

2. 先描画建筑，将其定位后再勾画道路

3. 绘制出重要的景观设计构思，描画等高线

4. 绘制大片的背景绿化

5. 绘制局部场地的绿化构思

6. 用细线强调出建筑坡屋顶的表达

7. 绘制建筑以及大面积背景绿化的阴影以增加图纸的生动性。

绘制大面积的背景绿化，在绘制时注意，绿化是为了烘托规划结构的表达的，所以用这些绿化的边界来对道路和规划结构进行强调。

仔细地画出溪流中央的滩地，计划用少量的置石增添场景的野趣。在画图时，脑海中会随时闪现出生动的画面，可以用放松的笔触将它们记录下来。

N

仔细地画出游泳池和两侧的SPA用房，坡地上道路蜿蜒，营造出放松的休闲氛围。

画出停车场的布局，细节往往会增加图纸的深度。

画出农场的台阶状梯田，为了强调出这块场地与周围坡地的不同，增加阴影强化表达设计构思。

终稿草图

重点表现内容
1. 原有建筑肌理
2. 道路系统
3. 等高线和建筑及道路的关系
4. 新功能的组织

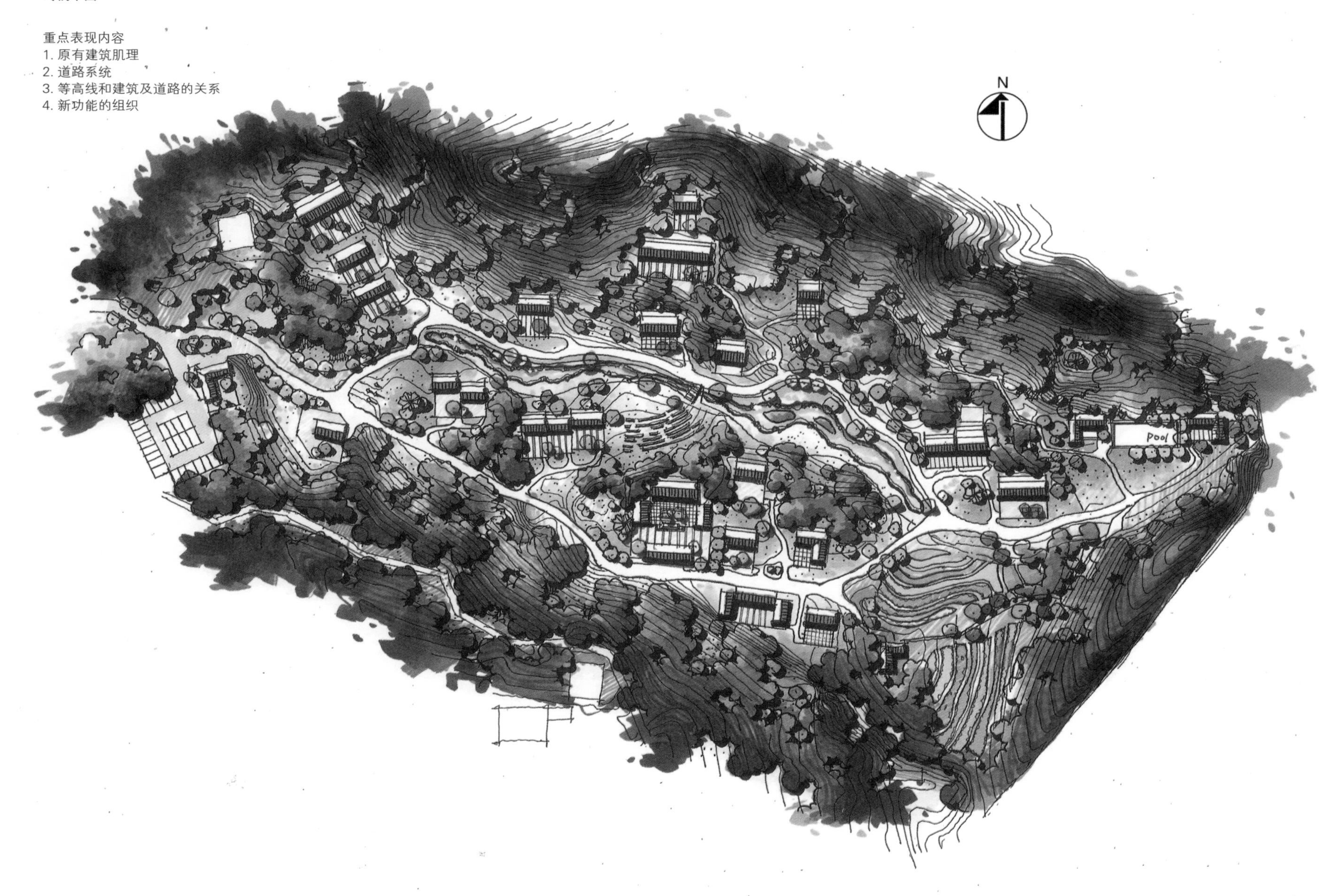

案例 4——某检察官学院规划设计

第一稿规划草图

项目介绍

该项目位于江南某镇，规划场地南临水库，三面环山，自然环境优美。

功能要求

1. 教学会议用房
2. 餐厅及员工宿舍
3. 学院公寓
4. 专家楼
5. 停车场

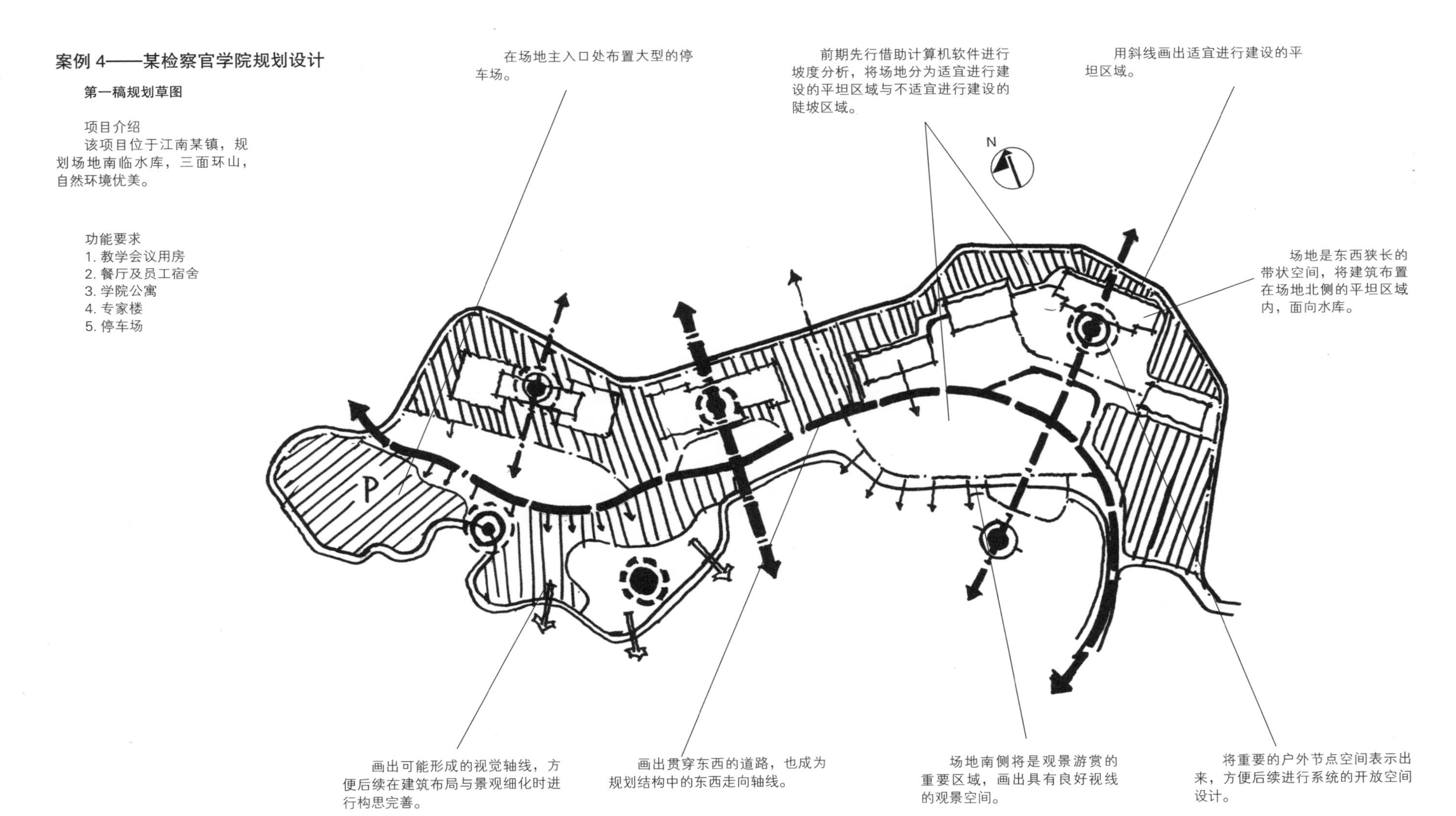

绘制步骤

1. 打印 1：1 000 场地现状总平面图作为底图
2. 画出适建区域
3. 分析场地空间特征
4. 确定规划结构
5. 规划重要空间轴线与节点

第二稿规划草图

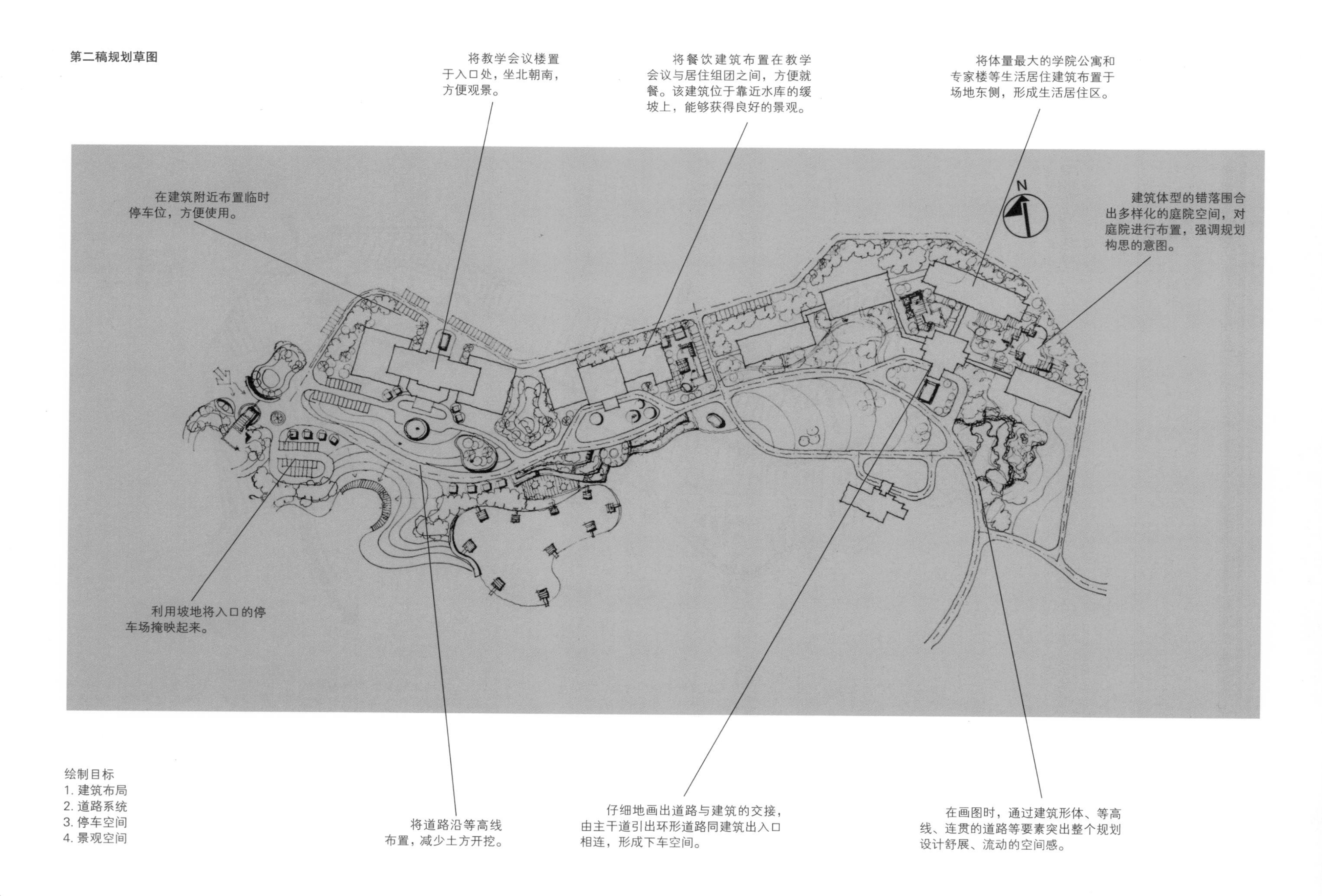

绘制目标
1. 建筑布局
2. 道路系统
3. 停车空间
4. 景观空间

终稿草图

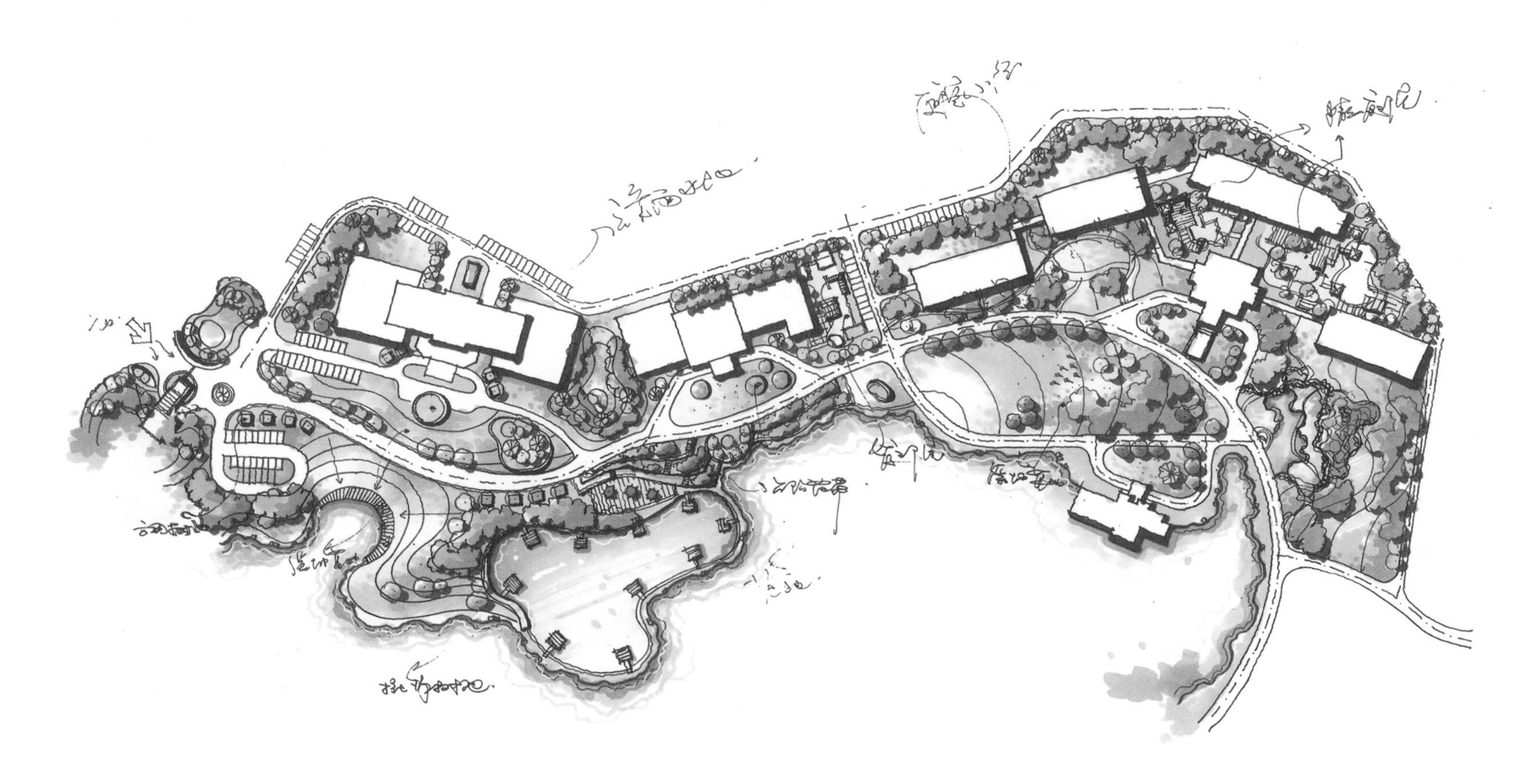

重点表现内容
1. 带形空间
2. 建筑序列
3. 道路体系
4. 滨水景观

案例 5——职业技术学院规划设计

第一稿规划草图

经济技术指标
建设用地面积：49 hm^2（735 亩）
总建筑面积：205 000 m^2
净容积率：0.42
建筑密度：15%
绿地率：55%
规划学生人数：7 200 人
机动车停车位： > 220 辆

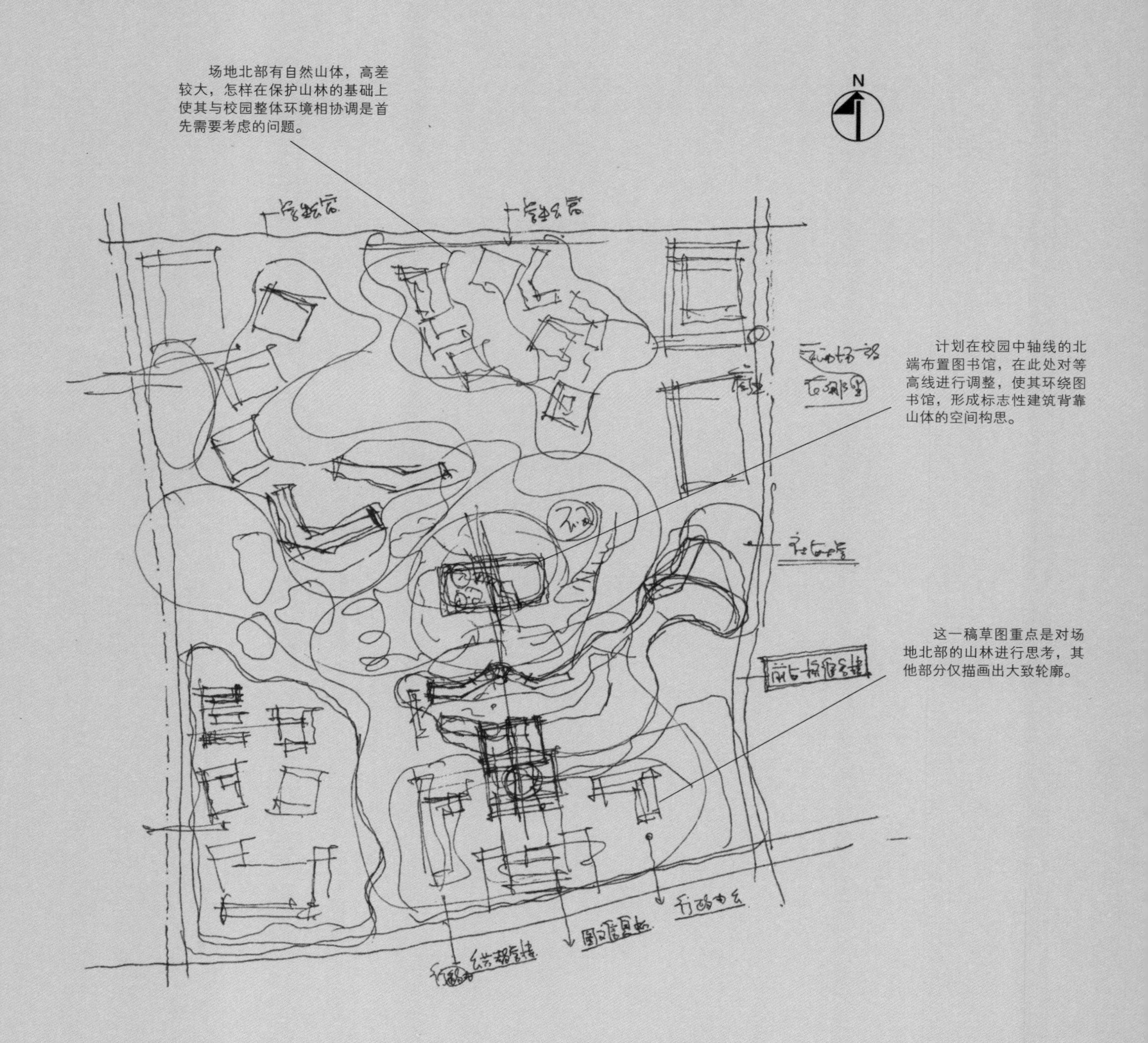

场地北部有自然山体，高差较大，怎样在保护山林的基础上使其与校园整体环境相协调是首先需要考虑的问题。

计划在校园中轴线的北端布置图书馆，在此处对等高线进行调整，使其环绕图书馆，形成标志性建筑背靠山体的空间构思。

这一稿草图重点是对场地北部的山林进行思考，其他部分仅描画出大致轮廓。

项目介绍

规划用地位于某高校园区北端，基地北部地形起伏较大，有自然山坡。要求保留基地内部原有山体、水体，在北部保留山体区不布置建筑或只布置小体量建筑，减少对自然的破坏，形成优美的校园环境。

第二稿规划草图

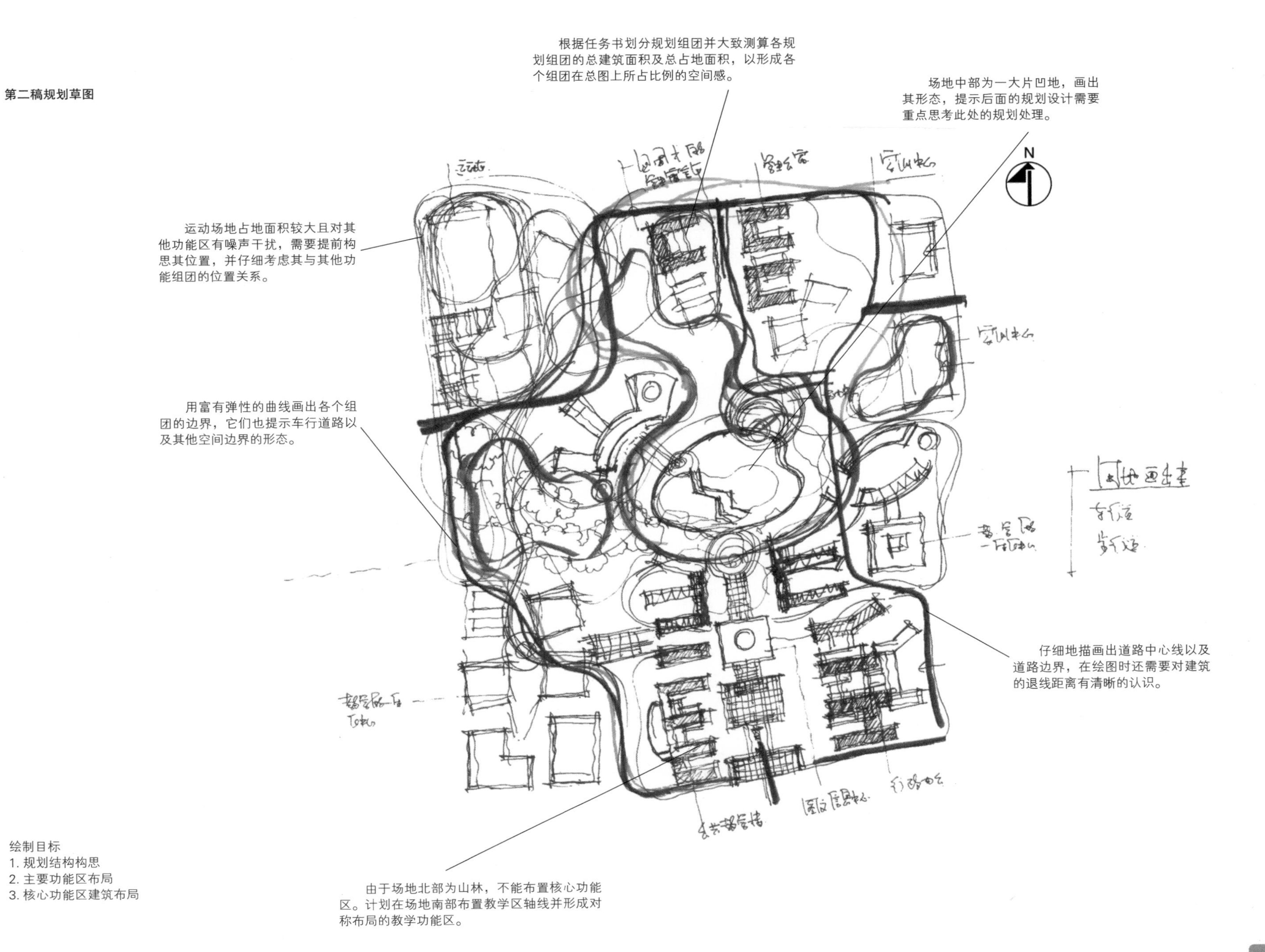

绘制目标

1. 规划结构构思
2. 主要功能区布局
3. 核心功能区建筑布局

第三稿规划草图

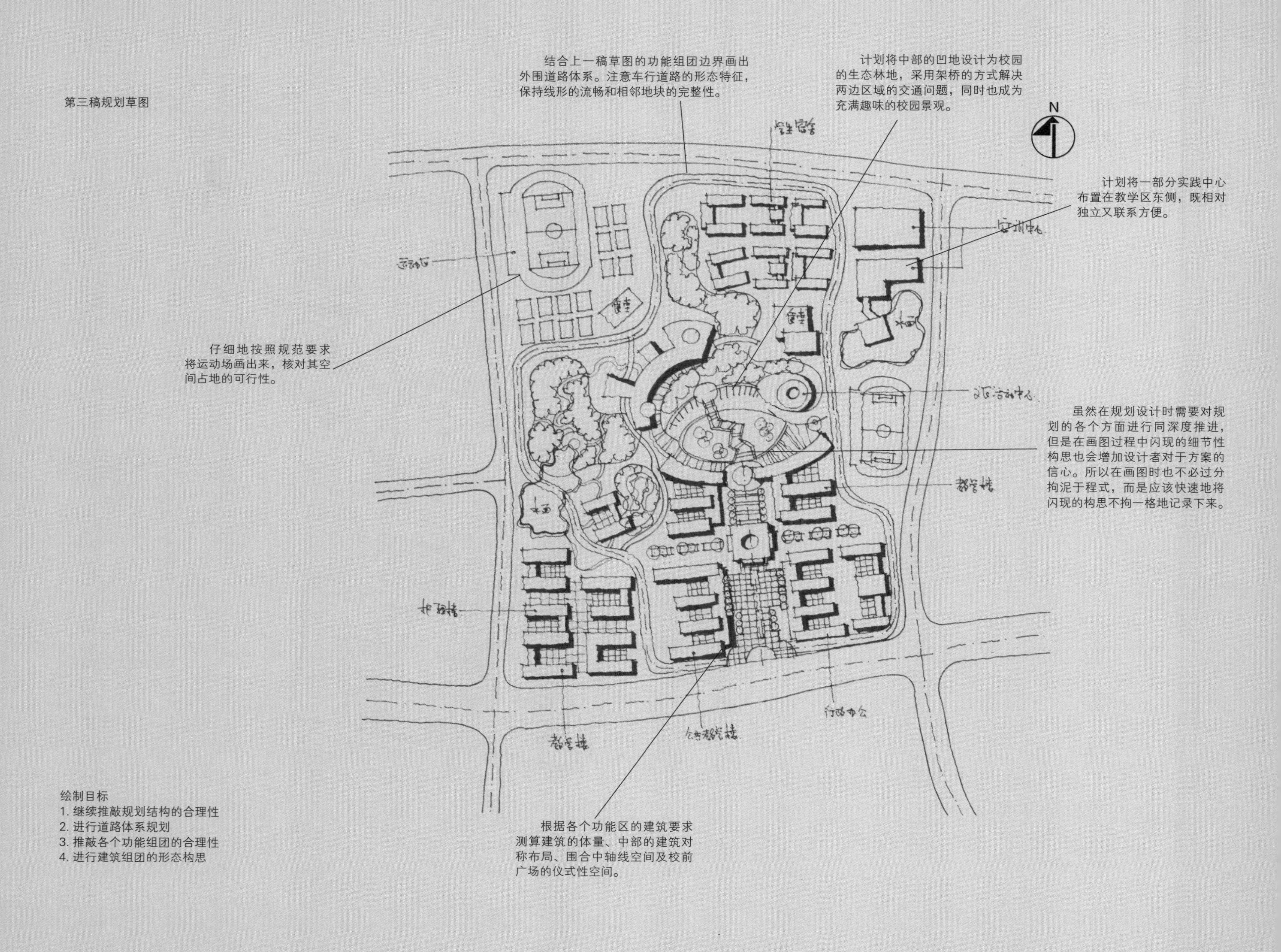

结合上一稿草图的功能组团边界画出外围道路体系。注意车行道路的形态特征，保持线形的流畅和相邻地块的完整性。

计划将中部的凹地设计为校园的生态林地，采用架桥的方式解决两边区域的交通问题，同时也成为充满趣味的校园景观。

计划将一部分实践中心布置在教学区东侧，既相对独立又联系方便。

仔细地按照规范要求将运动场画出来，核对其空间占地的可行性。

虽然在规划设计时需要对规划的各个方面进行同深度推进，但是在画图过程中闪现的细节性构思也会增加设计者对于方案的信心。所以在画图时也不必过分拘泥于程式，而是应该快速地将闪现的构思不拘一格地记录下来。

根据各个功能区的建筑要求测算建筑的体量、中部的建筑对称布局、围合中轴线空间及校前广场的仪式性空间。

绘制目标

1. 继续推敲规划结构的合理性
2. 进行道路体系规划
3. 推敲各个功能组团的合理性
4. 进行建筑组团的形态构思

方案二

场地分析草图

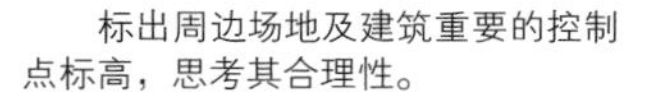

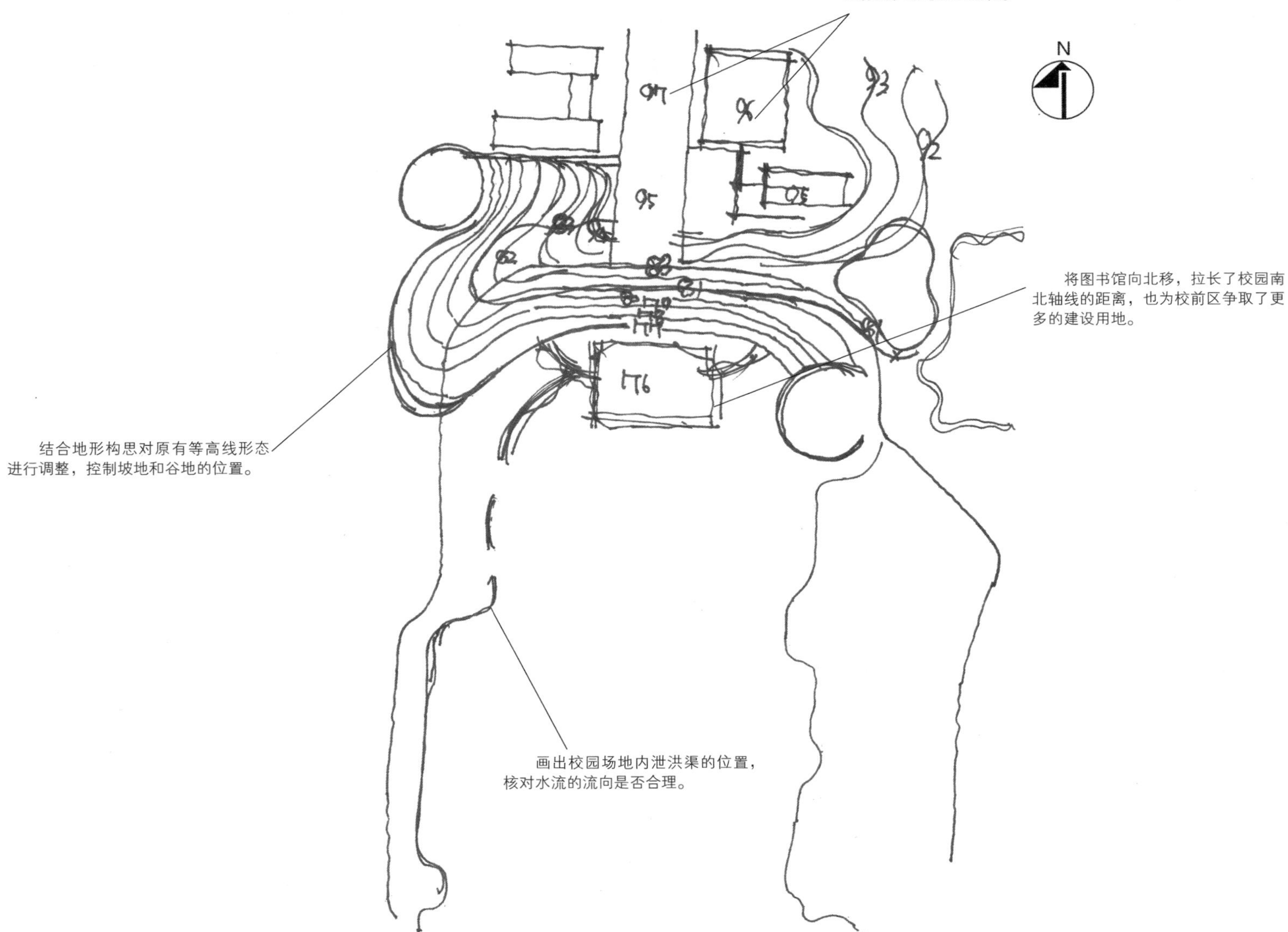

绘制目标

1. 梳理北部山体等高线
2. 对图书馆及其周边山地环境进行改造
3. 推敲重点地形标高
4. 推敲泄洪渠位置及其合理性

方案二

第二稿规划草图

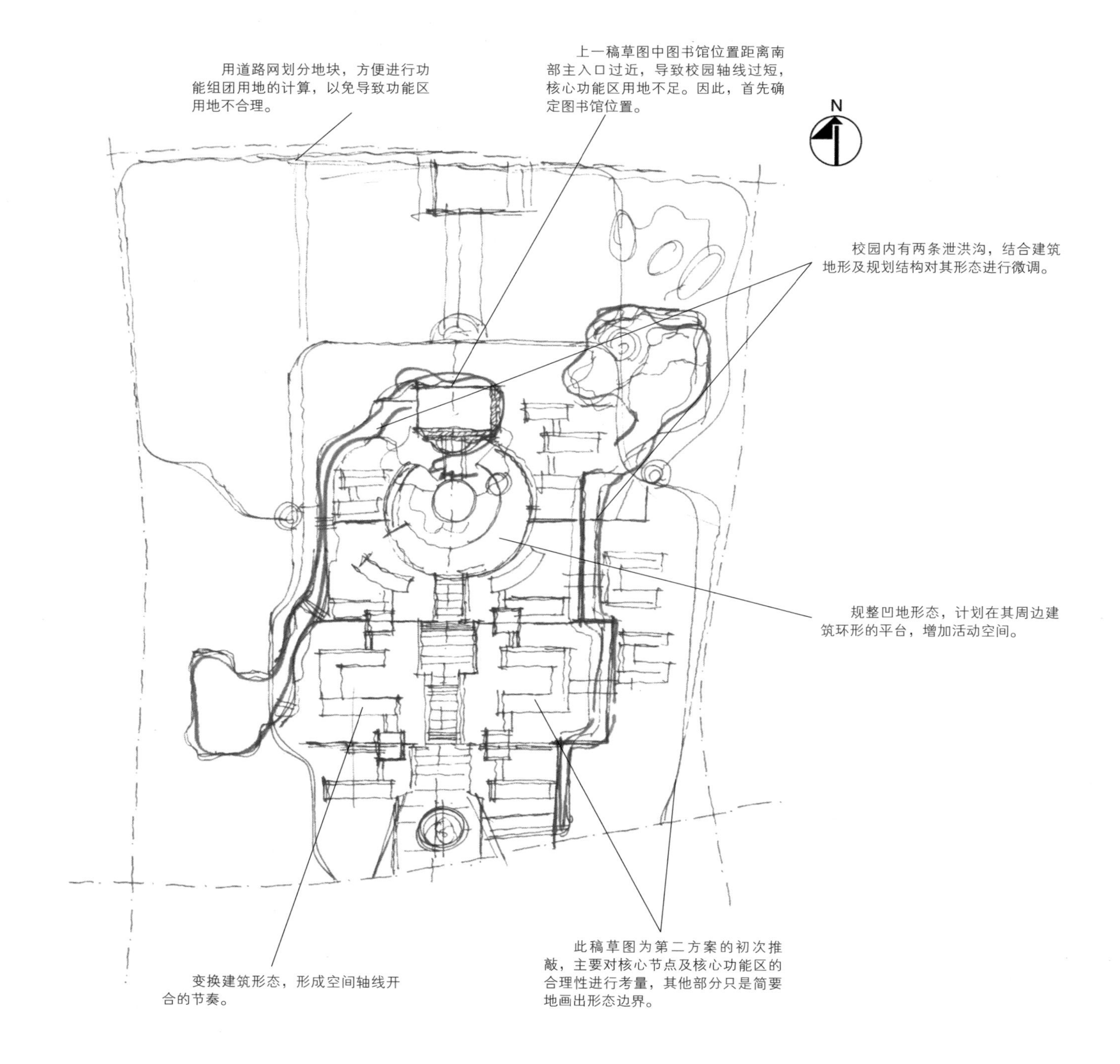

绘制目标

1. 推敲方案二核心构思的合理性
2. 对功能区进行重新布局
3. 对泄洪沟进行梳理
4. 重新规划道路体系

方案二

第三稿规划草图

北部高差较大，学生宿舍区的道路布局成为难点，考虑不清楚的地方先把地形等高线大致地描画出来，计划同团队进行讨论。

将场地内的自然现状以及对它们的整理用富有弹性的笔触描画出来，让它们成为几何形体外的连续基质。

探索车行道路外的人行步道系统，画出重要节点，考虑教学区交往空间的布局。

在进行西侧的建筑布局时，预留出西入口的用地。

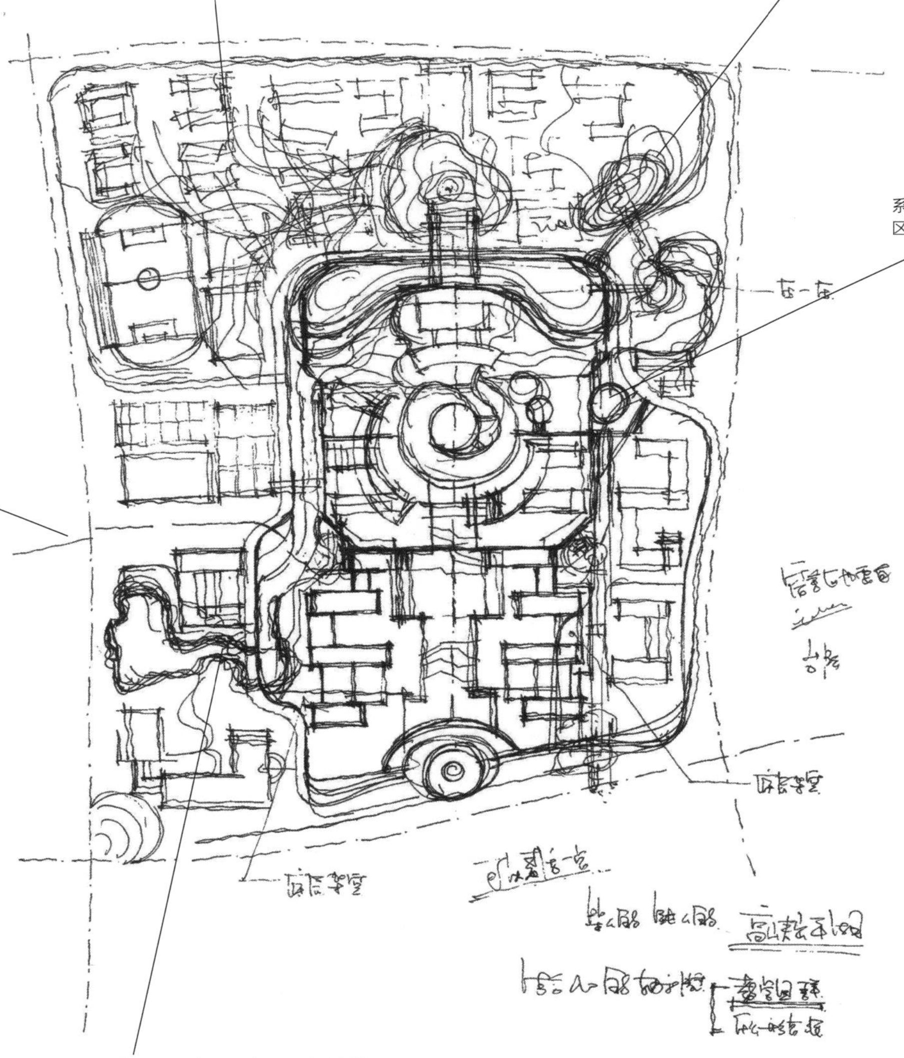

整理泄洪沟的形态，不仅重视场地排水的功能性需求，还结合规划结构，力求使它们成为校园景观的一部分。

绘制目标

1. 深化核心功能区
2. 完善其他功能区布局
3. 继续对方案的合理性进行思考

方案二

第四稿规划草图

对北侧学生宿舍区进行细致的布局，计划在此处设置广场，用竖向交通集中解决高差问题。

仔细地画出北部山体的等高线，并标出控制点标高。

图书馆及其周边的建筑是校园空间的塑造重点，画出围合状的空间布局。

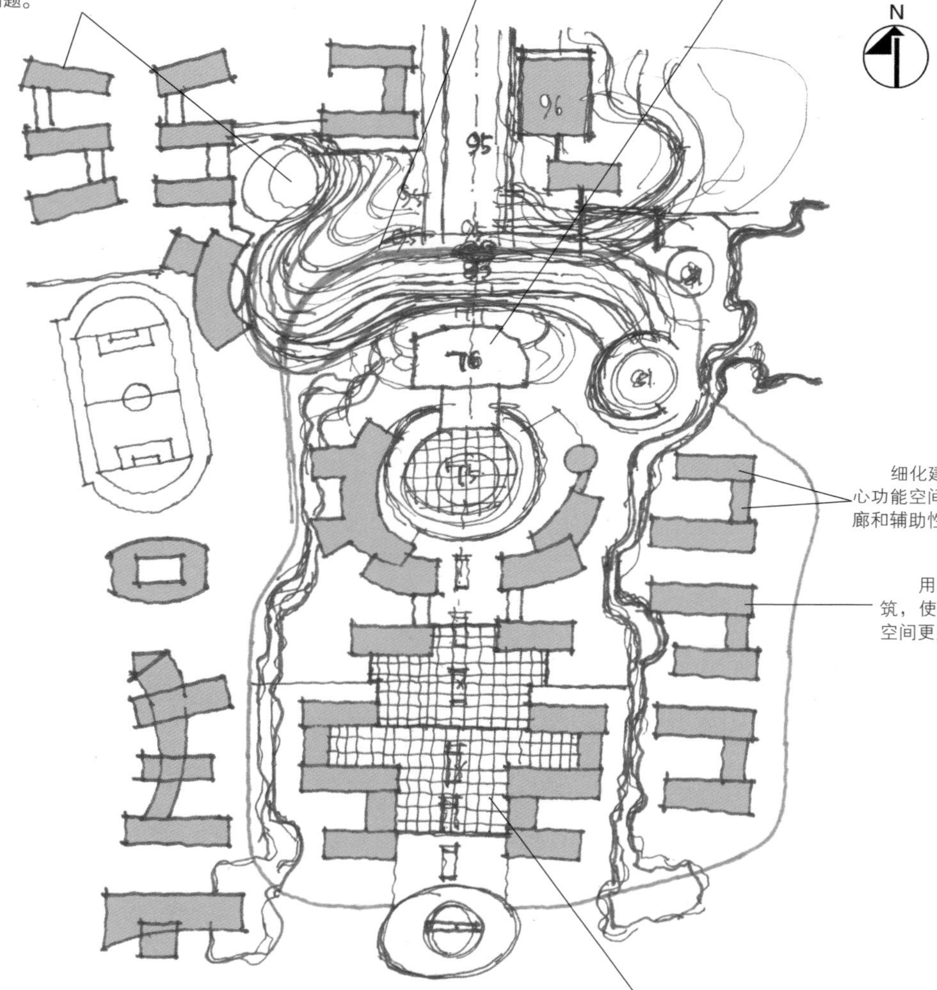

细化建筑形态，南北向的为核心功能空间，东西向的为衔接的连廊和辅助性空间。

用马克笔涂实建筑，使图面上的虚实空间更加明晰。

用铺装强调出校前广场的边界，方便对其尺度以及合理性进行权衡。

绘制目标

1. 细化规划设计构思
2. 详细地表达道路系统
3. 细化建筑形态构思
4. 概括性地画出景观构思

方案二

第五稿规划草图

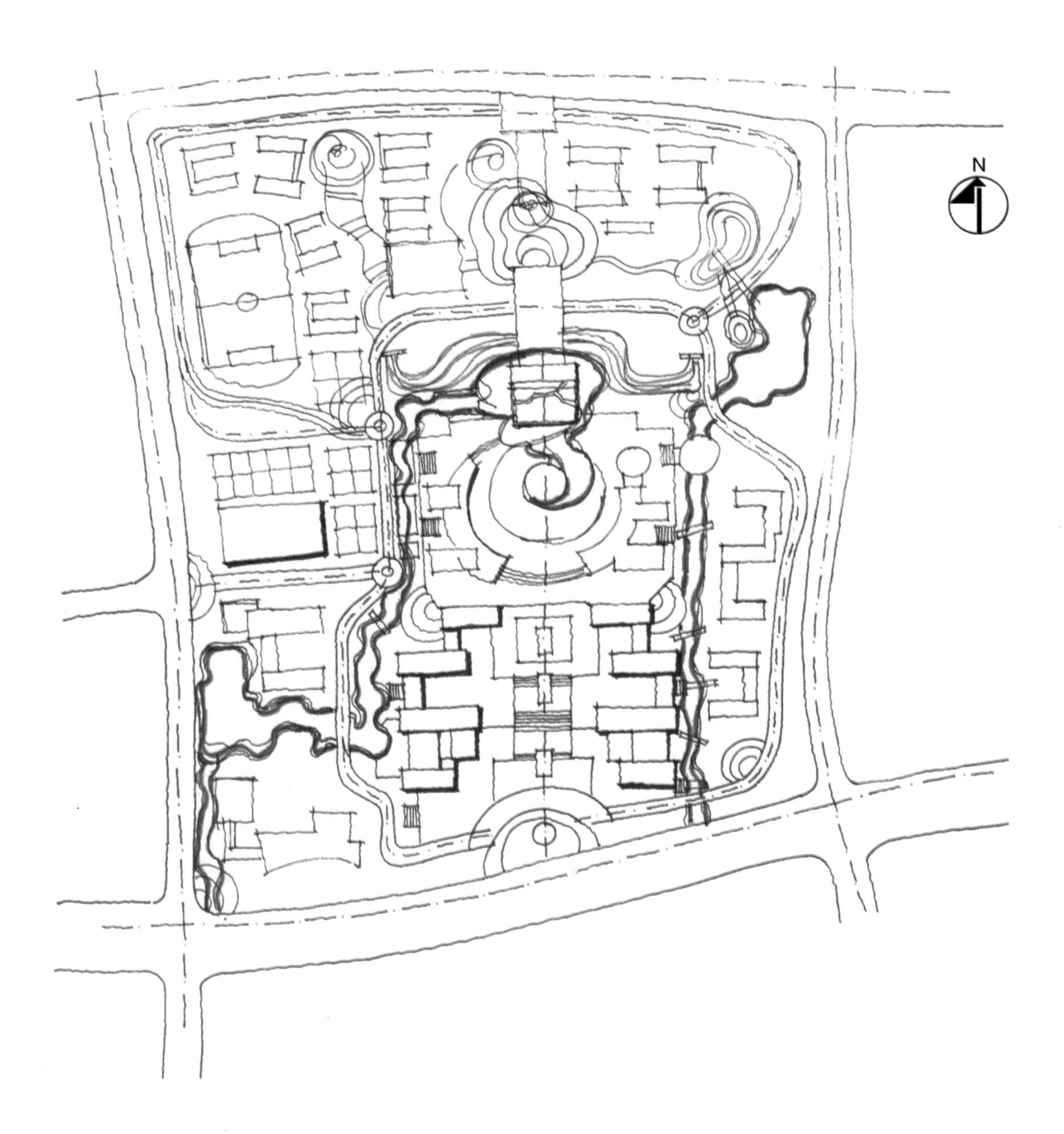

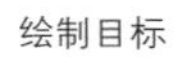

绘制目标

1. 清晰地表达确定下来的构思
2. 画出明确的道路体系
3. 对重点竖向交通节点如何处理进行思考

方案二

第六稿规划草图

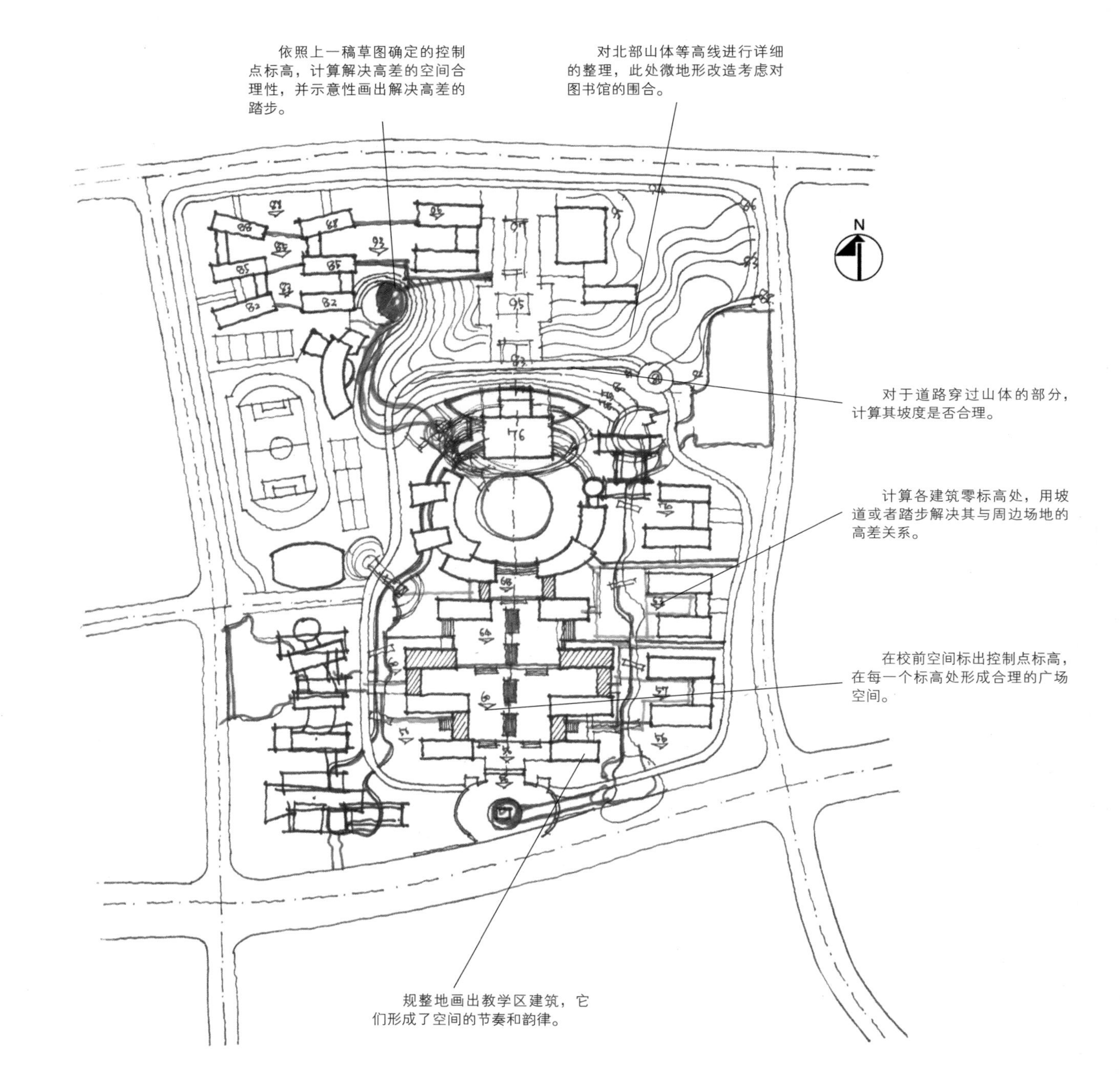

绘制目标

1. 清晰地表达等高线
2. 详细核算各功能区建筑面积
3. 细化建筑形态
4. 进行竖向设计

终稿规划草图

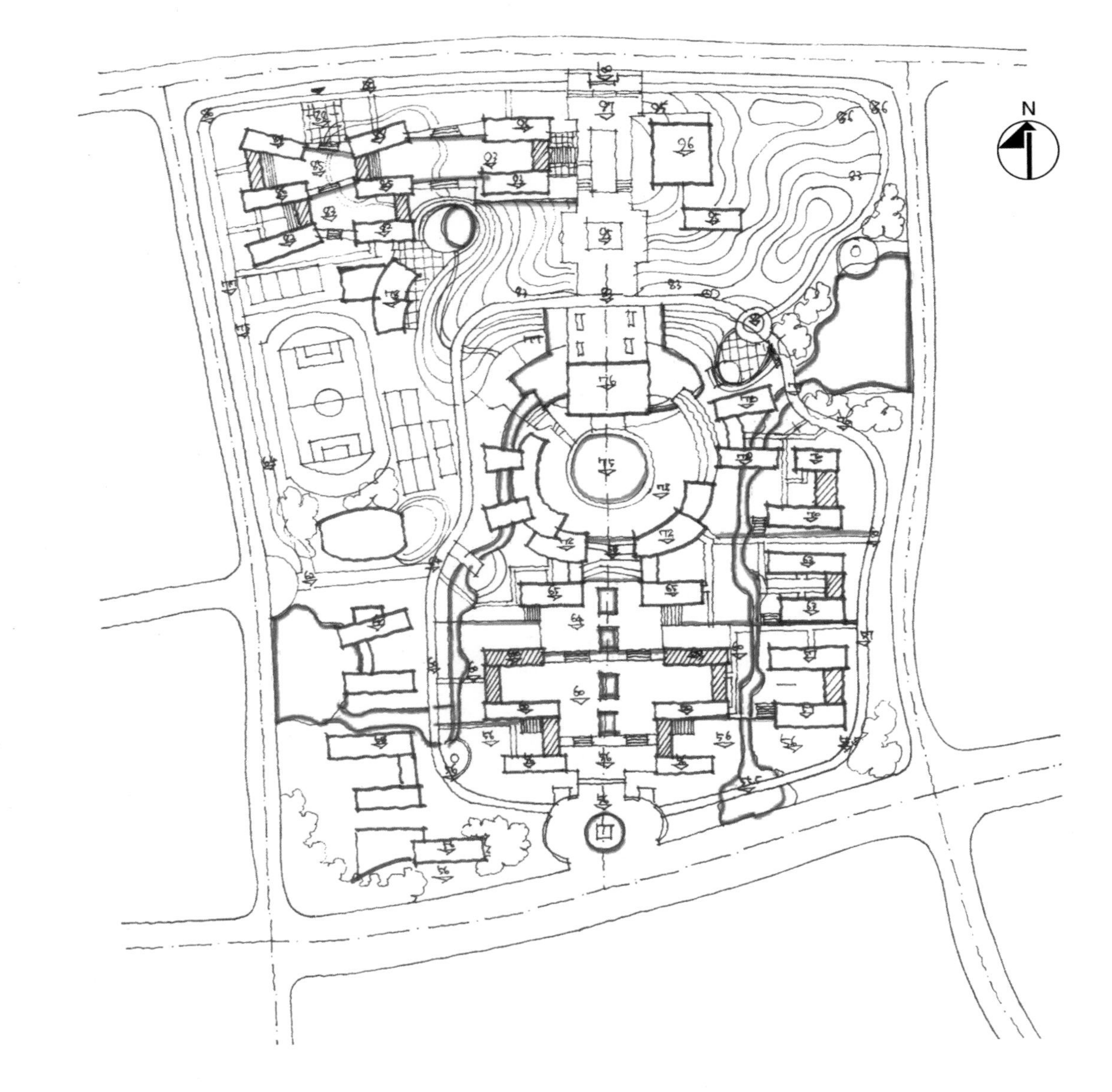

绘制目标

对关键问题进行细致地表达，务求不留模糊的问题和形态，为进行计算机图纸的绘制做准备。

案例 6——计师学院规划设计

场地分析图

规划指标

规模：6 000 人

建设用地面积：22.93 hm^2（344 亩）

总建筑面积：19 600 m^2

功能要求

1. 理科实验楼
2. 公共实训及鉴定基地
3. 计师工作会所
4. 办公综合楼
5. 学生活动中心
6. 食堂
7. 教师宿舍
8. 学生宿舍

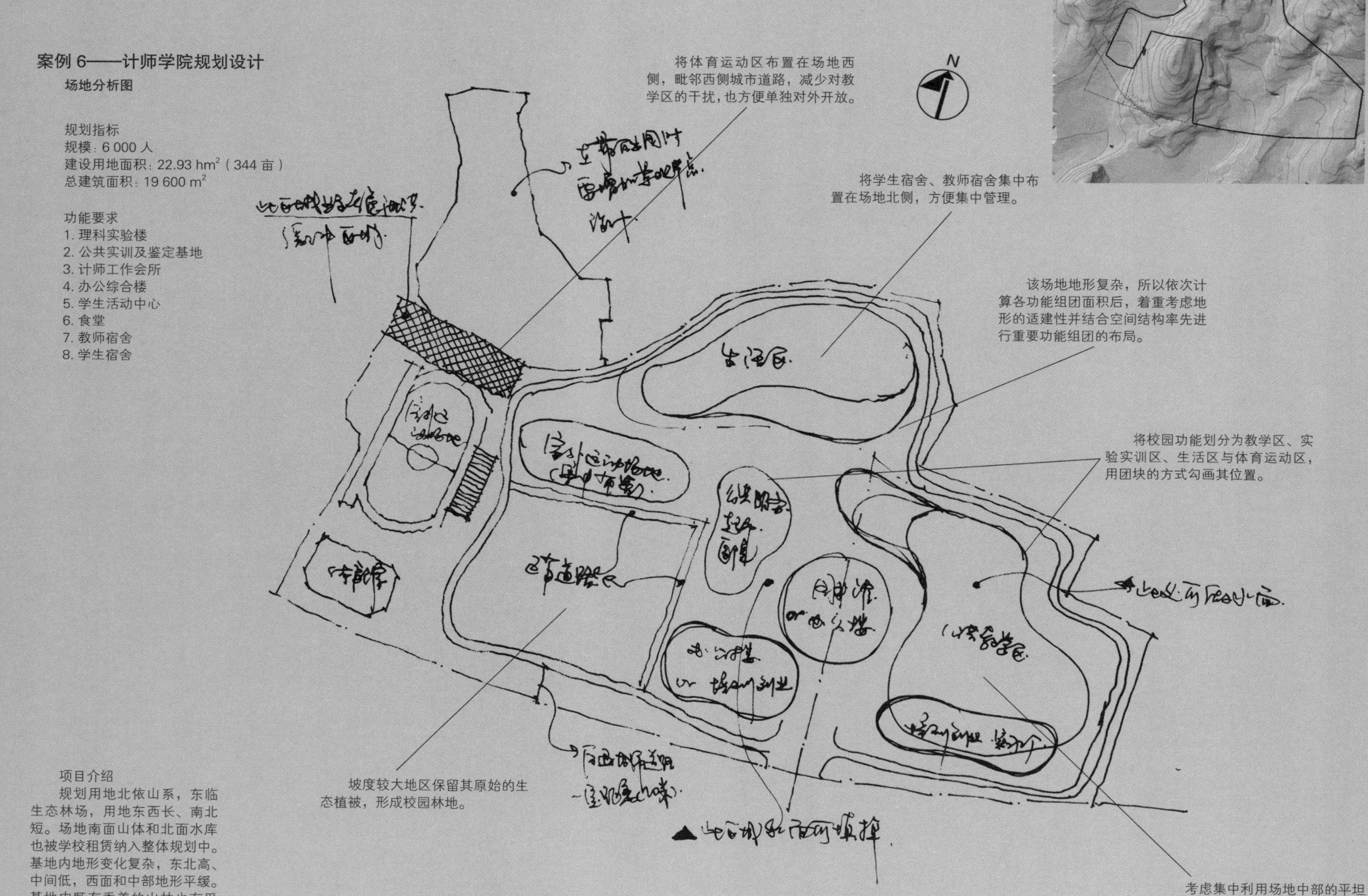

项目介绍

规划用地北依山系，东临生态林场，用地东西长、南北短。场地南面山体和北面水库也被学校租赁纳入整体规划中。基地内地形变化复杂，东北高、中间低，西面和中部地形平缓。基地内既有秀美的山林也有采石废弃宕口。

终稿规划草图

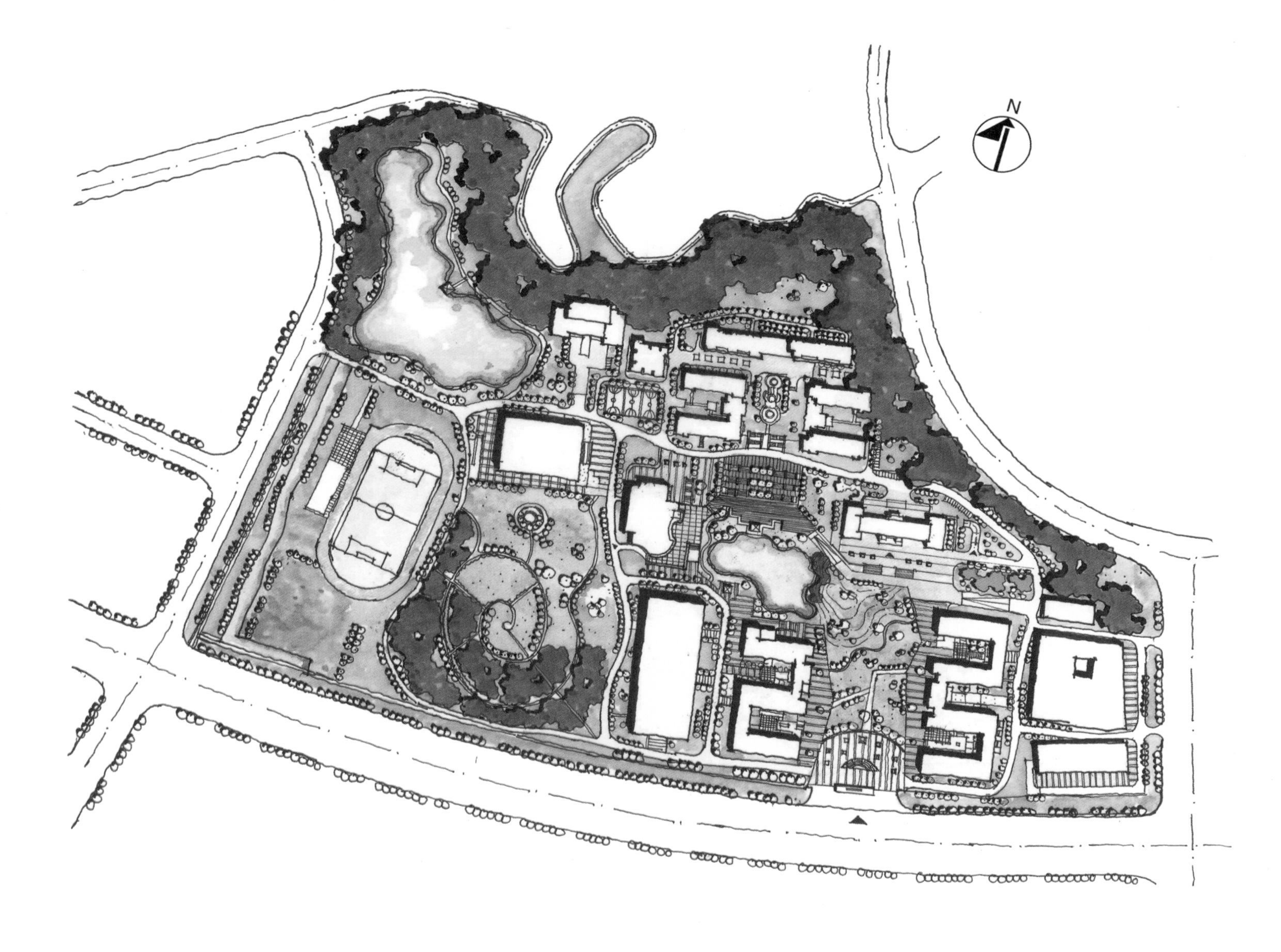

重点表现内容

1. 规划布局
2. 公共开放空间
3. 重要功能区
4. 建筑布局
5. 空间轴线
6. 路网和体系

案例 7——村落更新改造规划设计

规划分析图

规划要求
1. 改善人居环境
2. 建设绿色组团空间
3. 挖掘文化内涵
4. 提升旅游服务能力

绘制目标
1. 现状分析
2. 规划构思

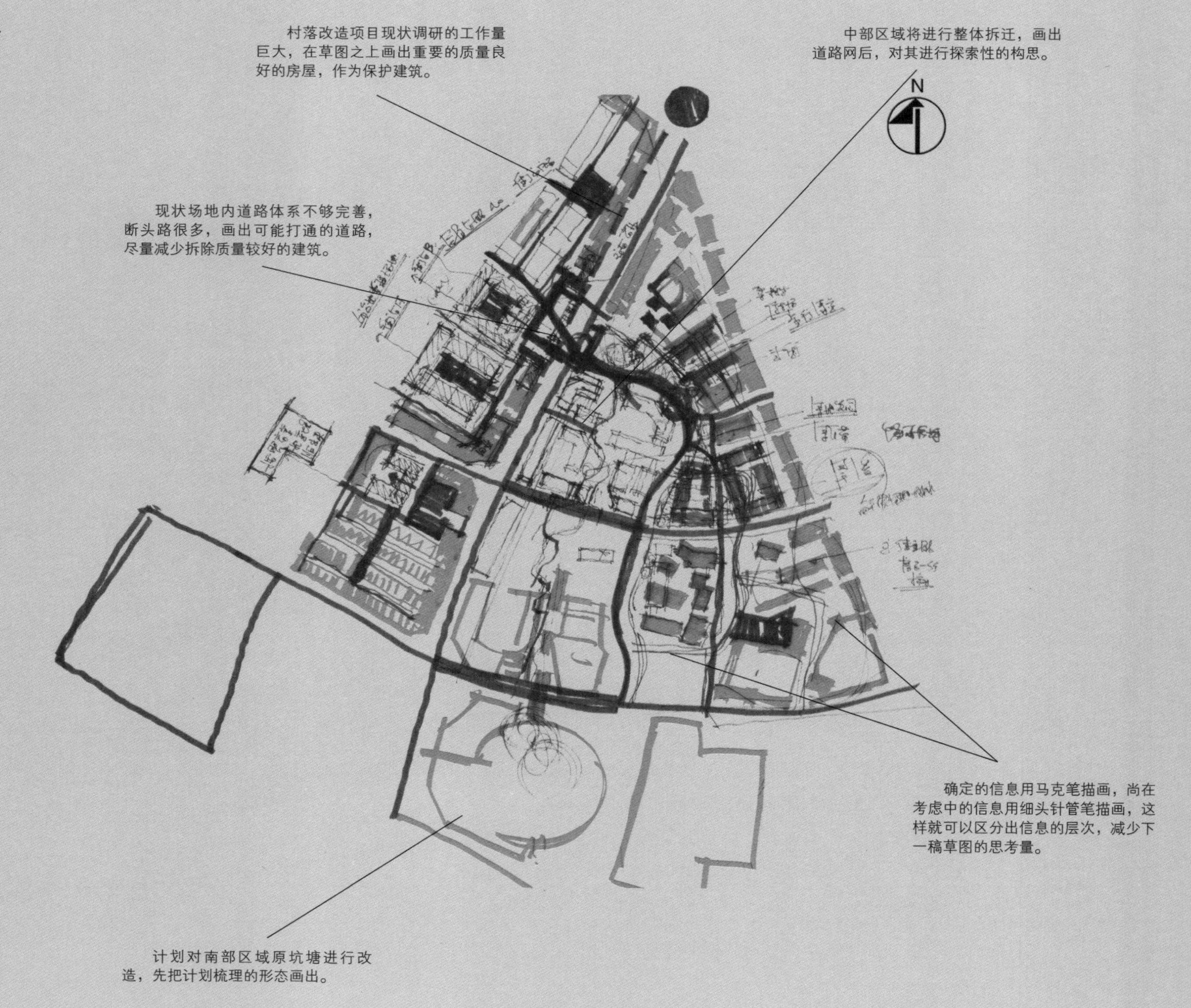

项目介绍

该项目位于东南沿海岛屿某村，周边为著名沿海旅游景点。本项目为村落更新改造项目，力求在对人居环境进行综合改善的基础上，发掘文化内涵与潜力，在核心区段打造富有特色的旅游服务功能区。

第一稿规划草图

绘制目标

本次草图的目的是进行路网体系规划。

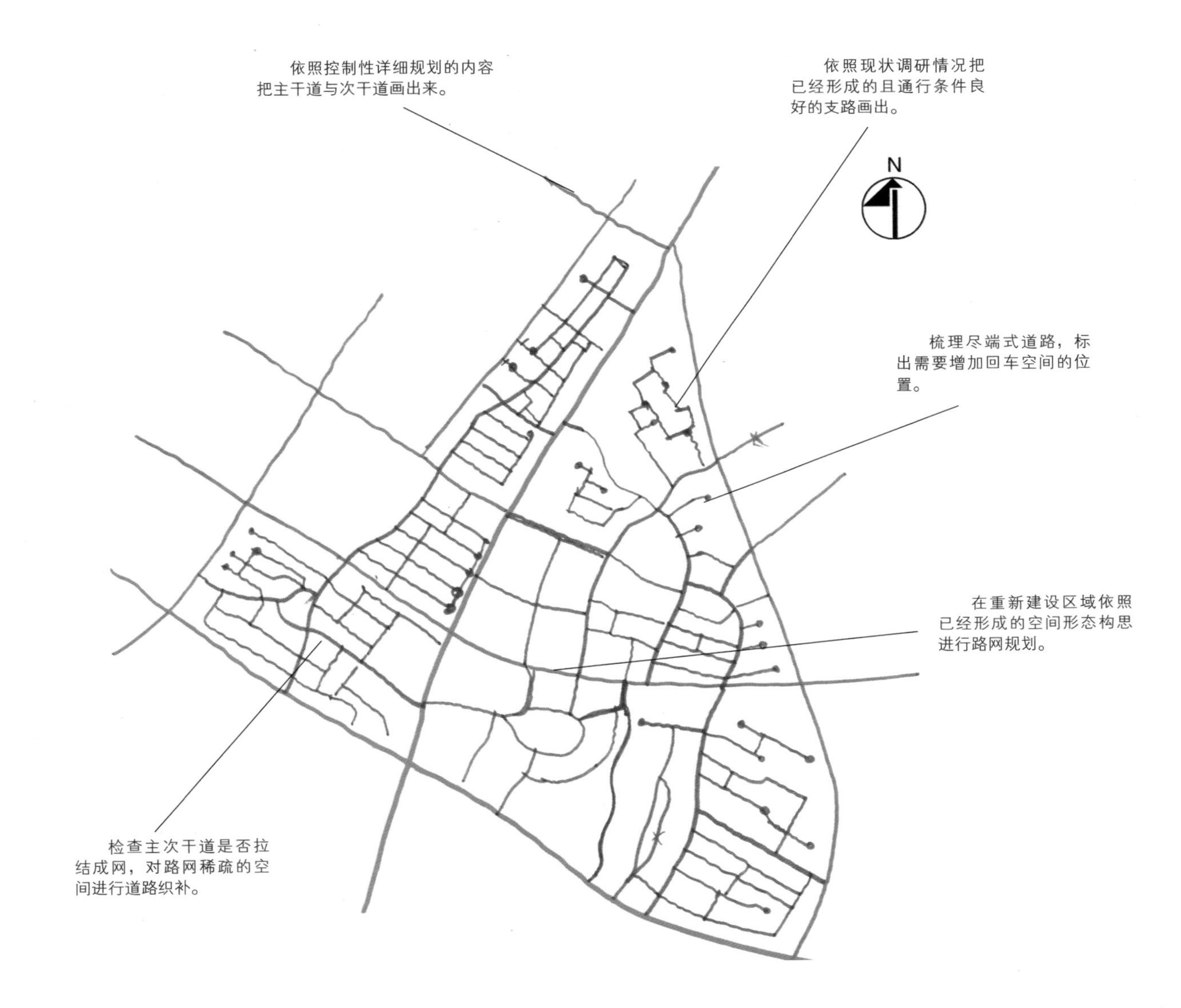

第二稿规划草图

绘制目标

本次草图的目的是进行绿色开放空间体系规划。

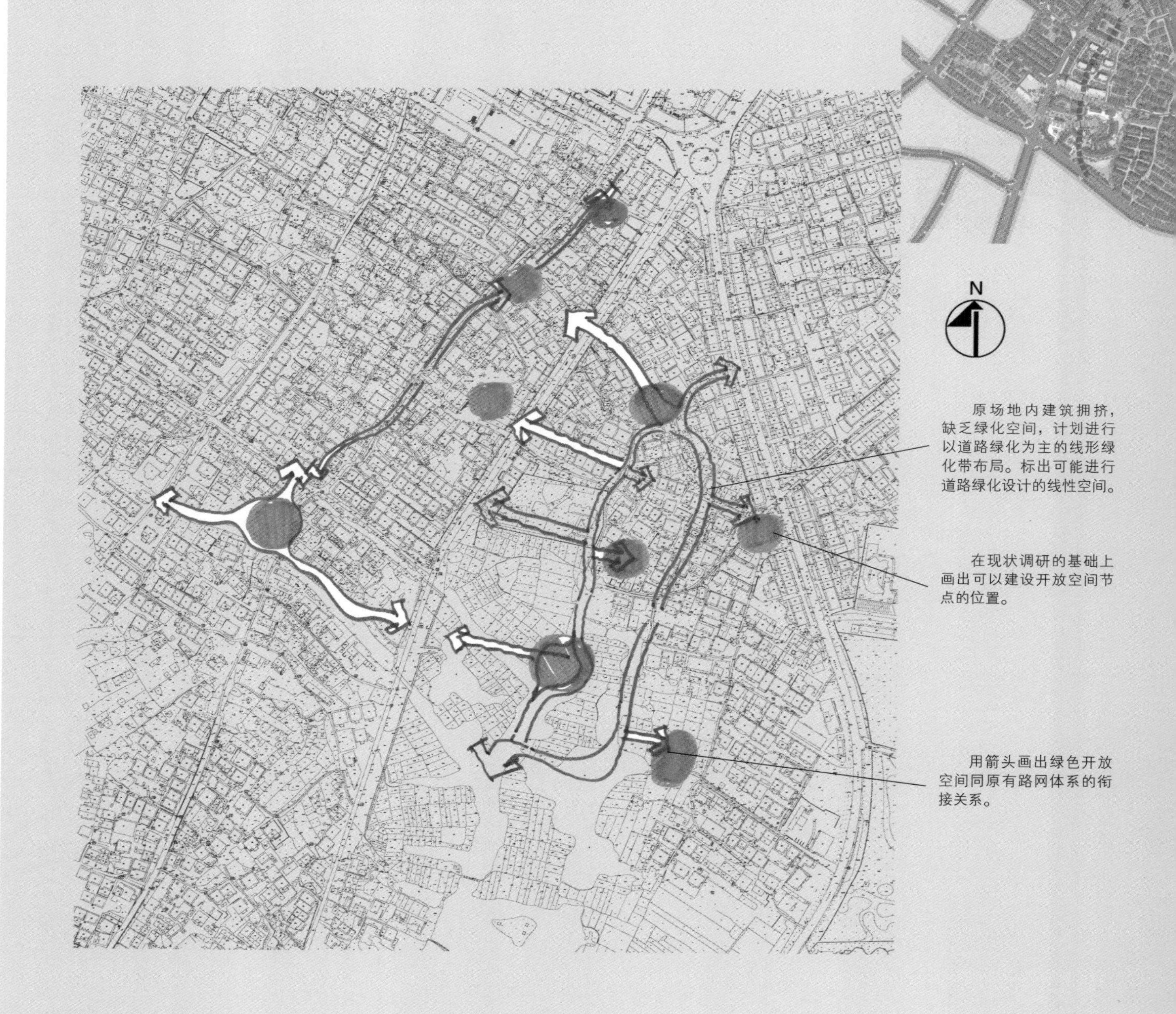

第三稿规划草图

绘制目标

本次草图的目的是对重点重建区域进行规划构思。

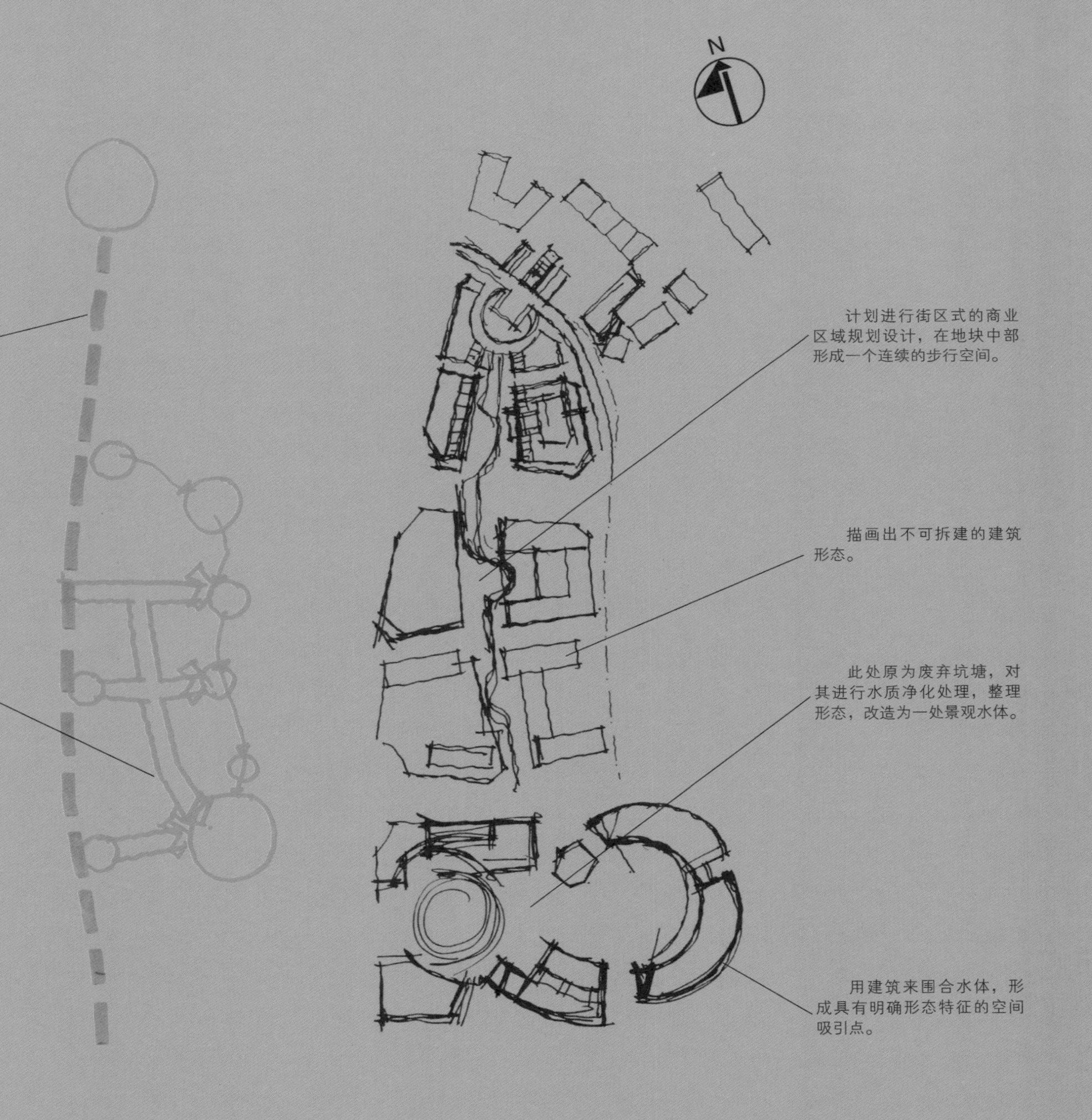

第四稿规划草图

绘制目标

本次草图的目的是对改造的居住空间进行梳理。

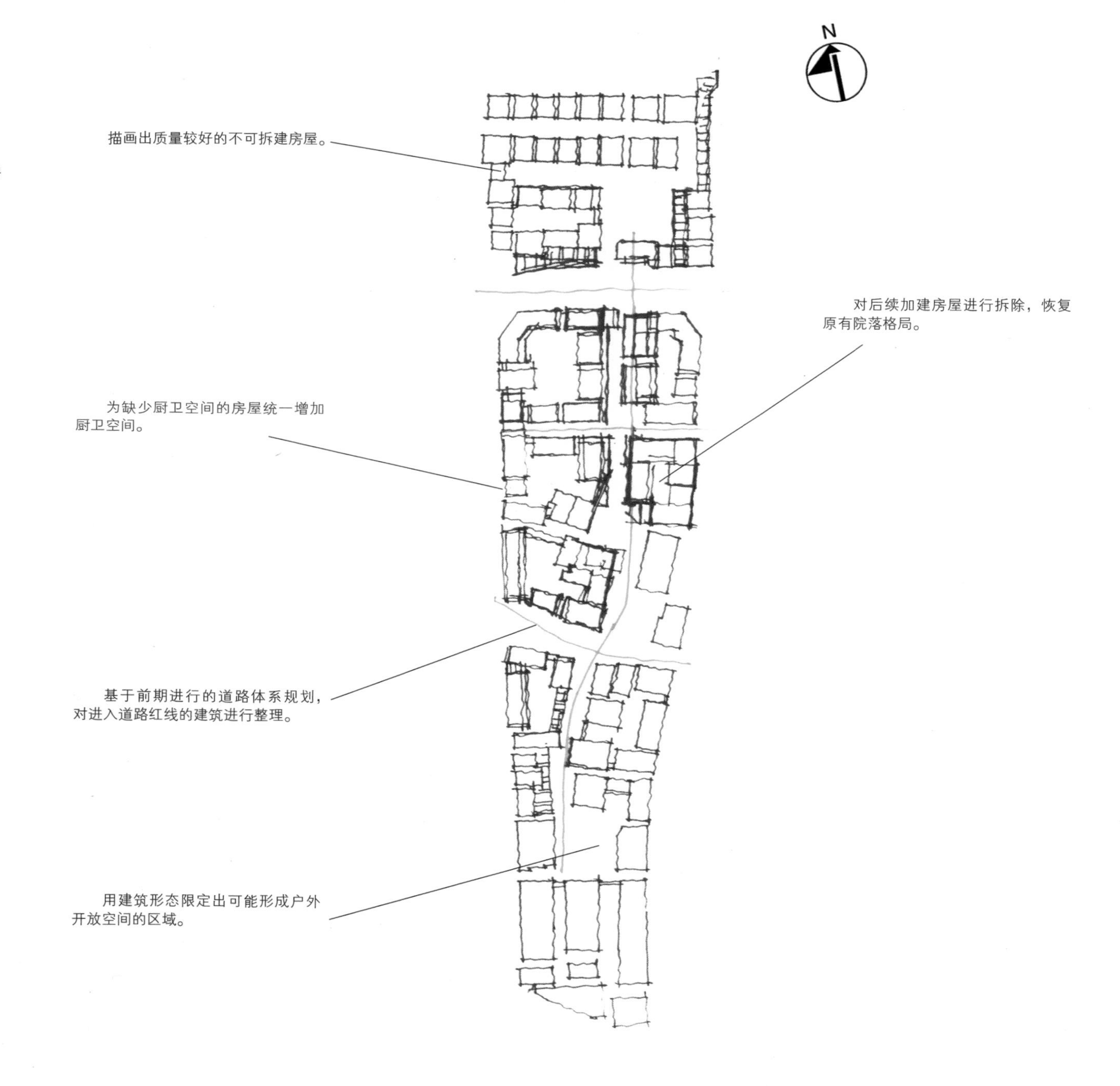

第五稿规划草图

N

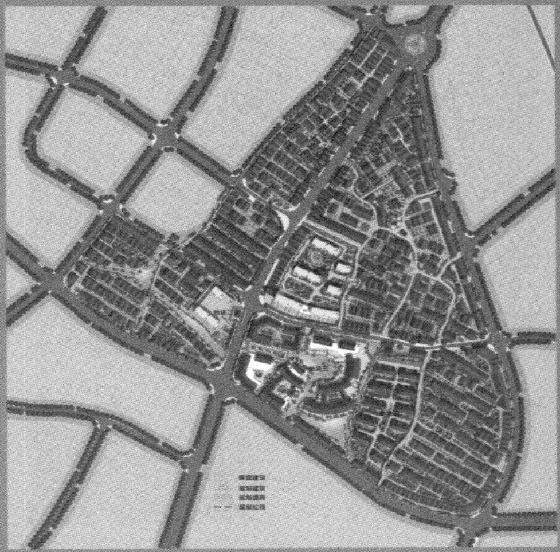

重点表现内容
1. 规划结构
2. 路网体系
3. 重要功能区
4. 拆除重建区域
5. 新规划开放空间

案例 8——居住小区规划设计 -1

方案一

第一稿规划草图

设计条件

总用地面积：138 000 m^2

总建筑面积：299 755 m^2

容积率：2.17

绿地率：28.20%

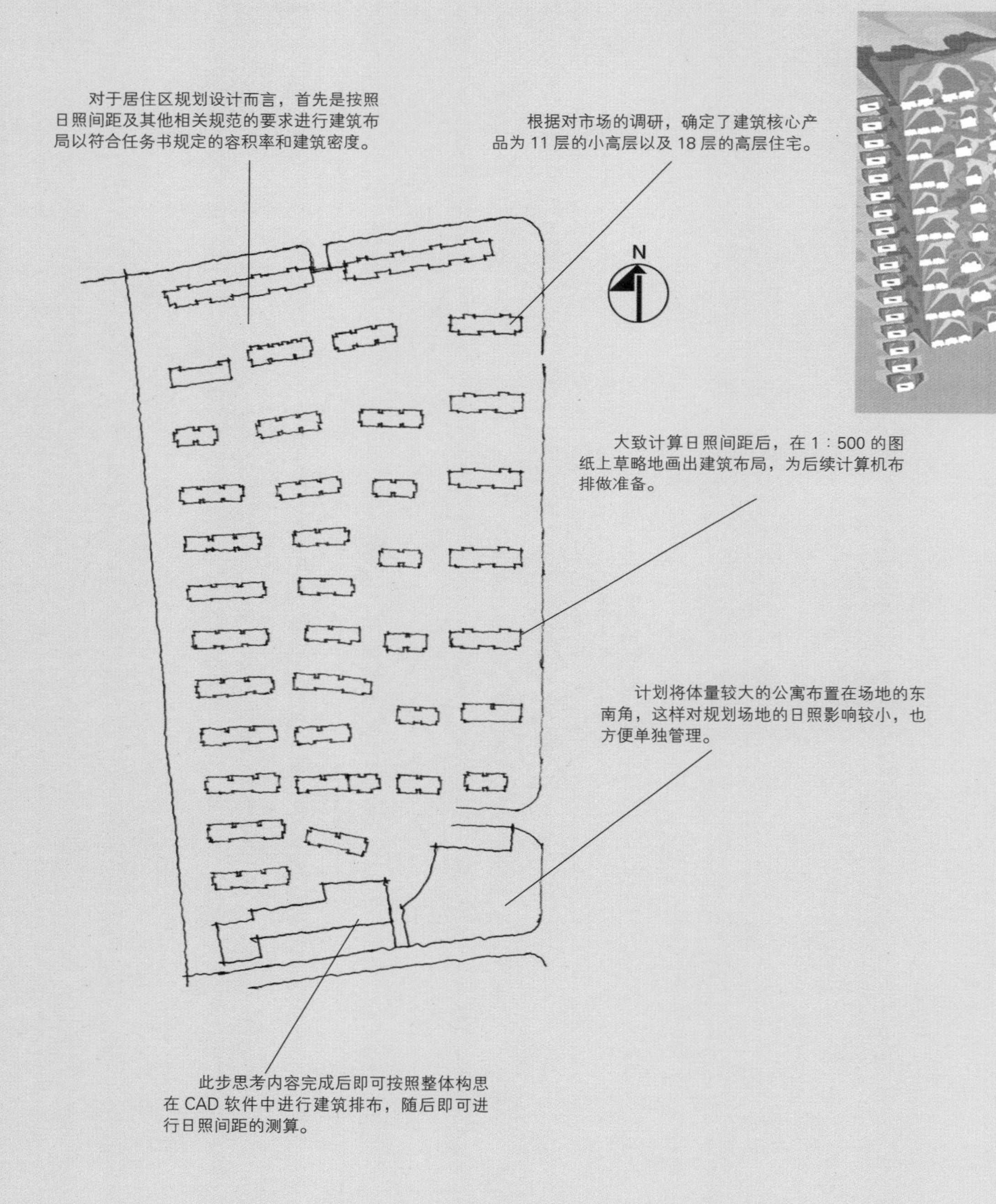

项目介绍

该项目位于江南某市，规划用地平坦，建设条件良好。场地南侧为城市快速路，开口条件不利。场地东侧和北侧临城市主干道，均具有开口条件。地块呈纵向矩形，东西宽约 260 m，长约 530 m。

方案一

第二稿规划草图

经济技术指标
住宅面积：231 775 m^2
机动车停车位：600 个
商业面积：428 33 m^2
公寓面积：120 80 m^2
居住户数：约 1 458 户
居住人口：约 4 666 人

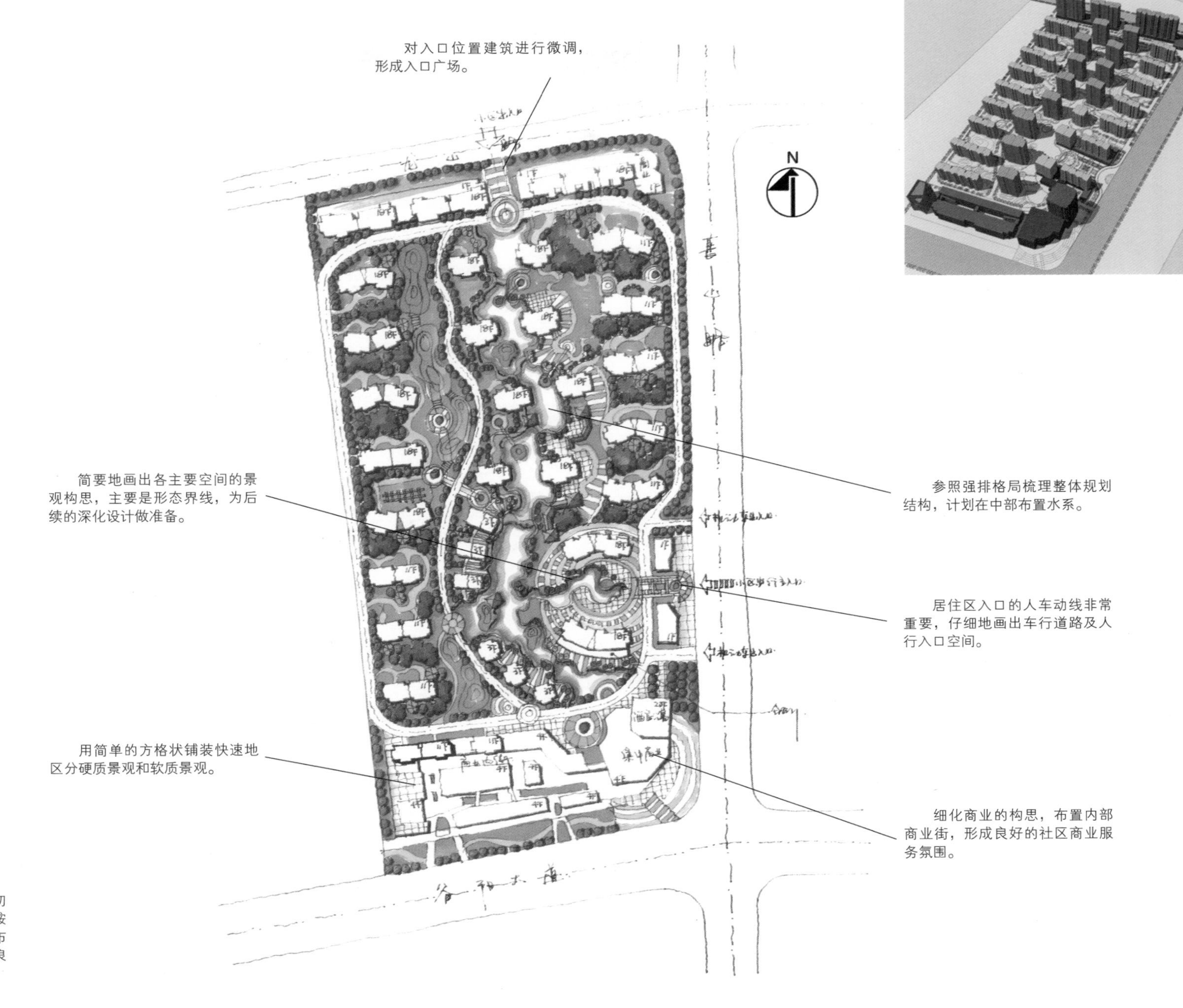

绘制目标

本次草图的目的是在已经初步完成的建筑布局的基础上再按照空间及景观设计构思对规划布局进行微调，以有利于居住区良好景观及环境的形成。

方案一

第三稿规划草图

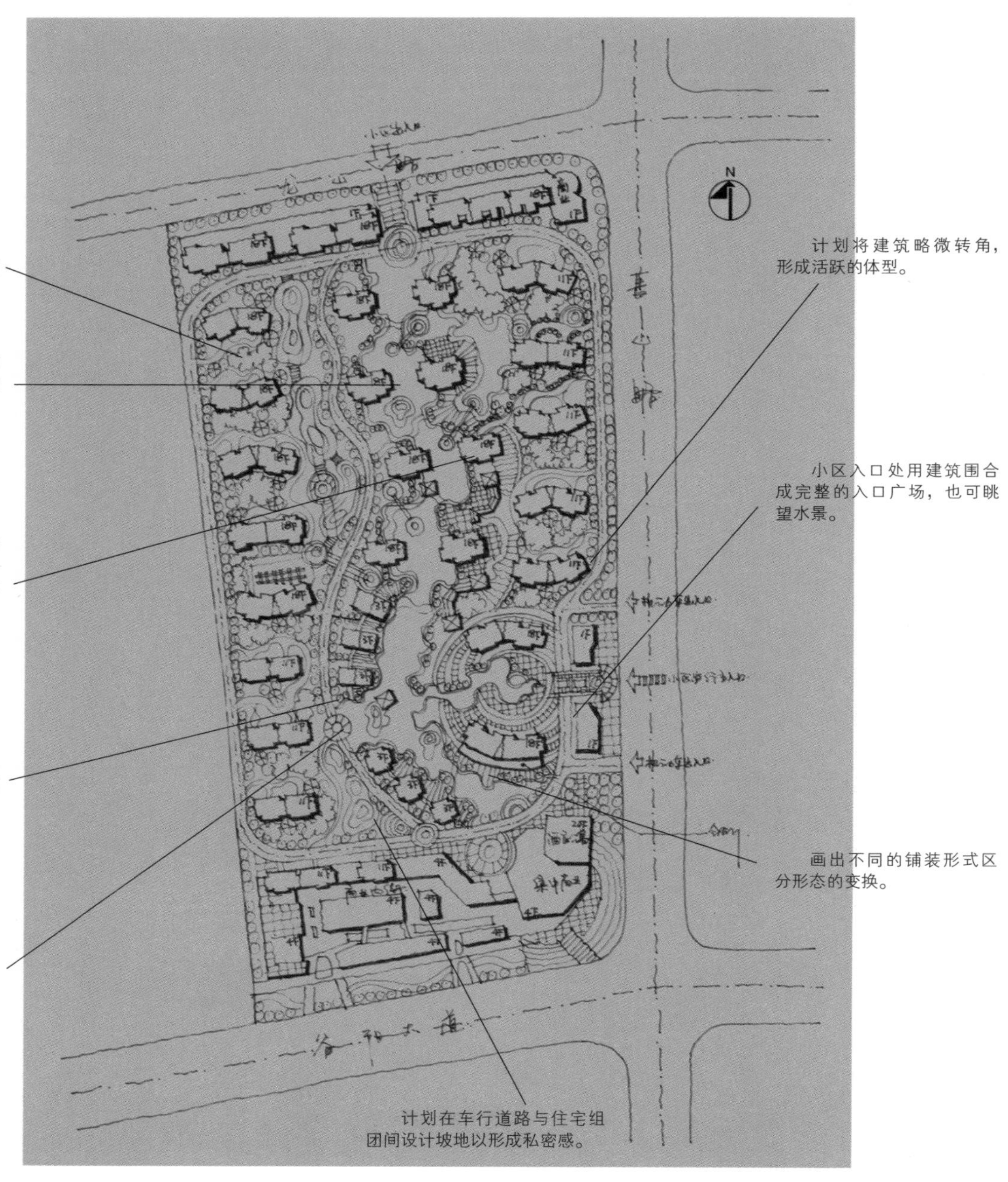

宅间绿地以绿化为主，画出串联小区干道和入户门厅的小路。

在整个居住区的中部布置贯穿南北的景观水系，增加该小区的景观特色。

刻意地将建筑前后交错布置，这样对日照较为有利，也避免形成中部呆板的建筑立面和天际线。

在绘制水系轮廓线时，注意形态的蜿蜒曲折，形成在小环境中丰富的空间感和层次感。

临水空间是景观设计的重点区域，布置栈道、平台、亭廊、广场等。

计划将建筑略微转角，形成活跃的体型。

小区入口处用建筑围合成完整的入口广场，也可眺望水景。

画出不同的铺装形式区分形态的变换。

计划在车行道路与住宅组团间设计坡地以形成私密感。

绘制目标

本次草图的目的是在上一稿草图的基础上对规划布局及景观设计进行细化。

方案一

终稿草图

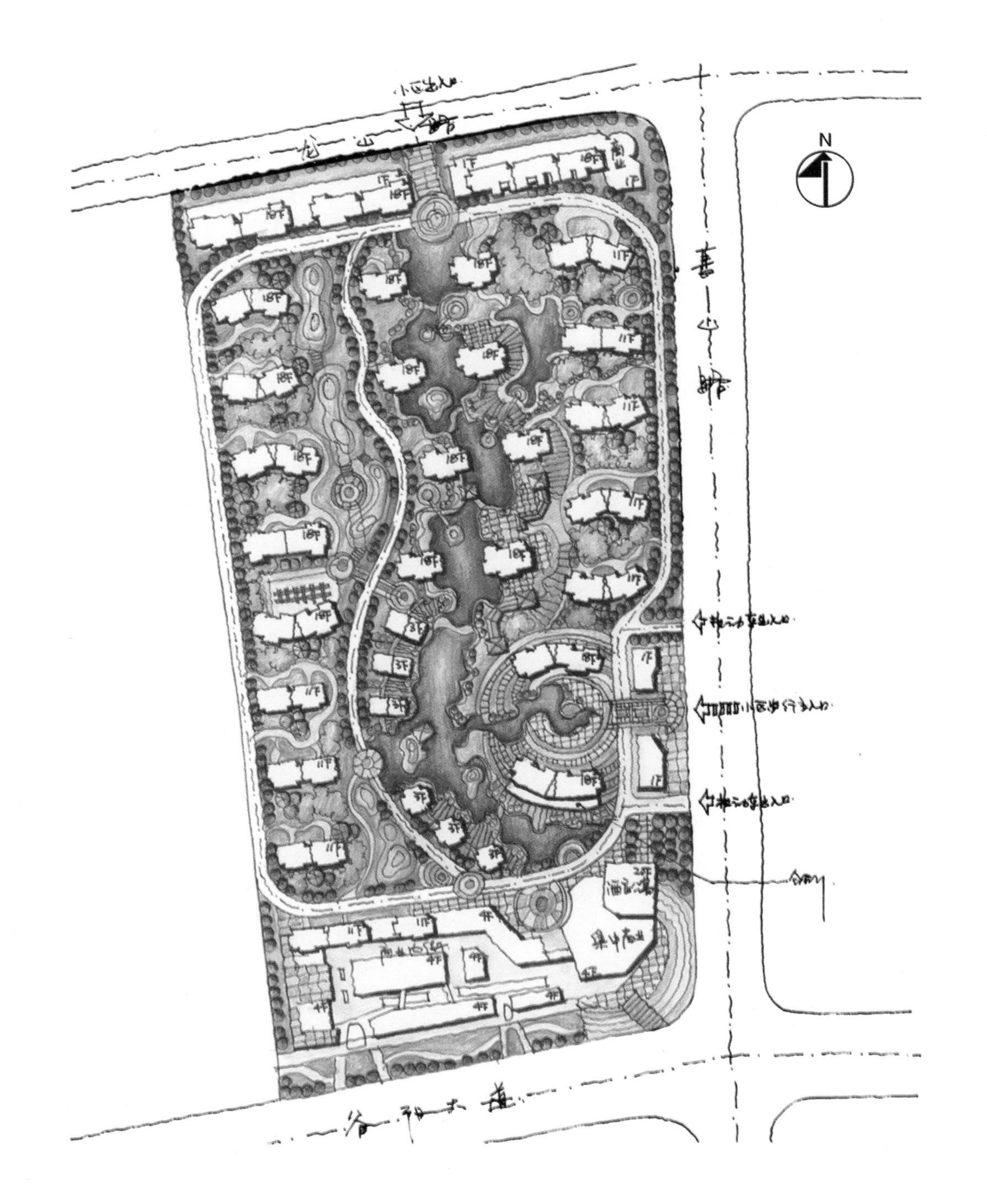

日照分析

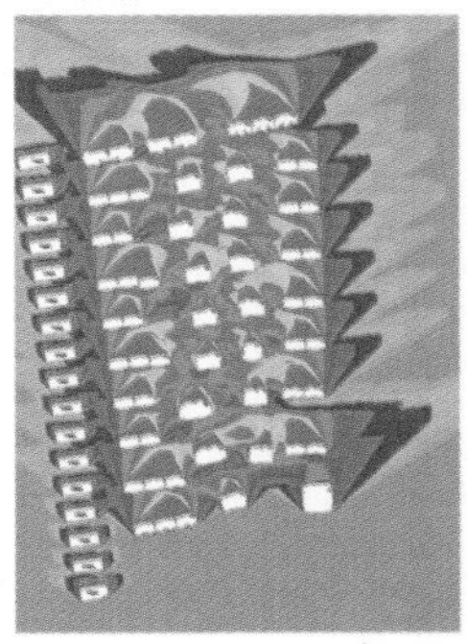

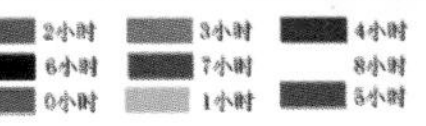

重点表现内容

1. 空间结构
2. 路网体系
3. 建筑布局
4. 中部景观带
5. 商业布局
6. 出入口空间

方案二

规划草图

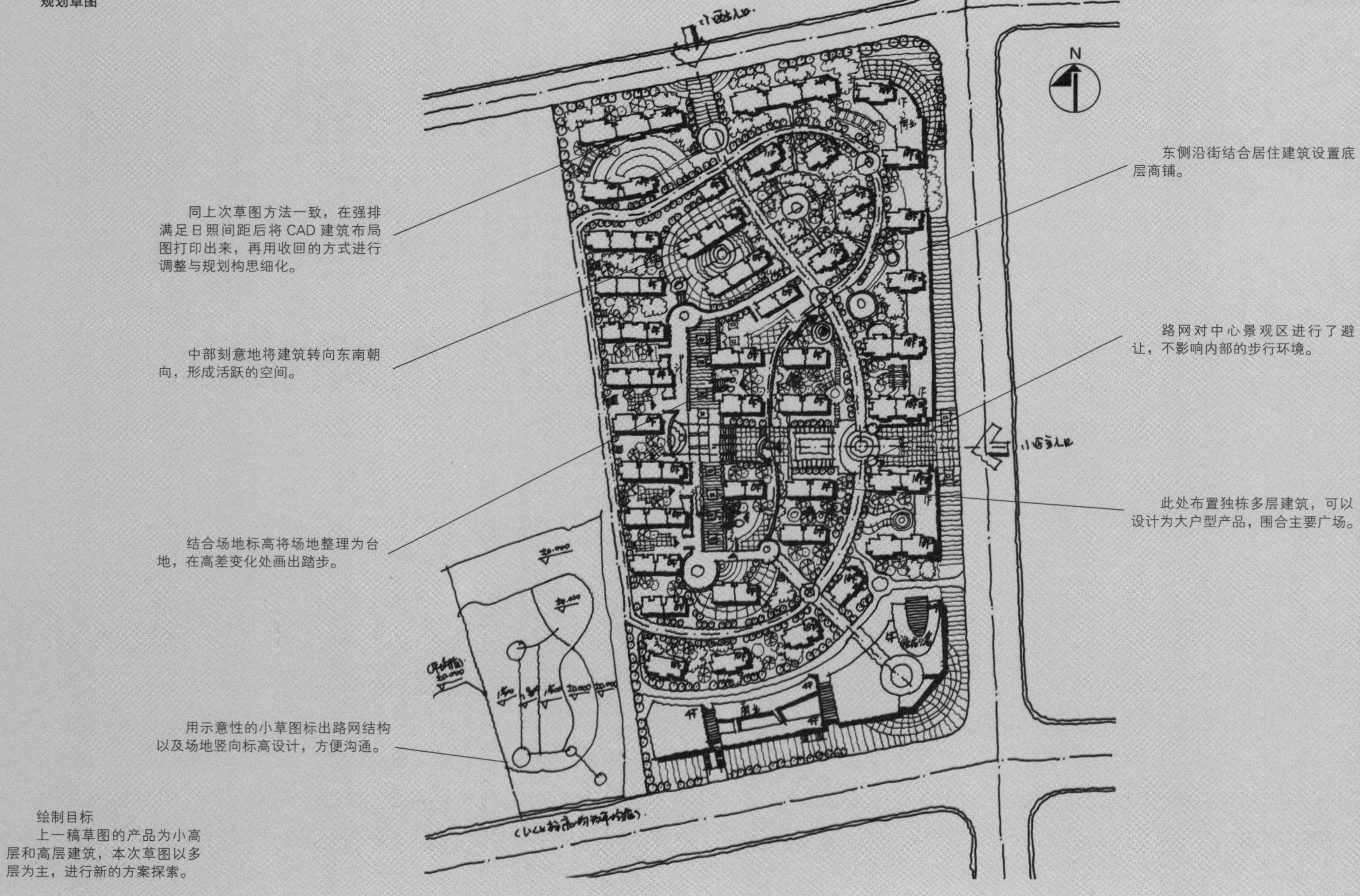

同上次草图方法一致，在强排满足日照间距后将CAD建筑布局图打印出来，再用收回的方式进行调整与规划构思细化。

中部刻意地将建筑转向东南朝向，形成活跃的空间。

结合场地标高将场地整理为台地，在高差变化处画出踏步。

用示意性的小草图标出路网结构以及场地竖向标高设计，方便沟通。

东侧沿街结合居住建筑设置底层商铺。

路网对中心景观区进行了避让，不影响内部的步行环境。

此处布置独栋多层建筑，可以设计为大户型产品，围合主要广场。

绘制目标

上一稿草图的产品为小高层和高层建筑，本次草图以多层为主，进行新的方案探索。

方案二

终稿平面草图

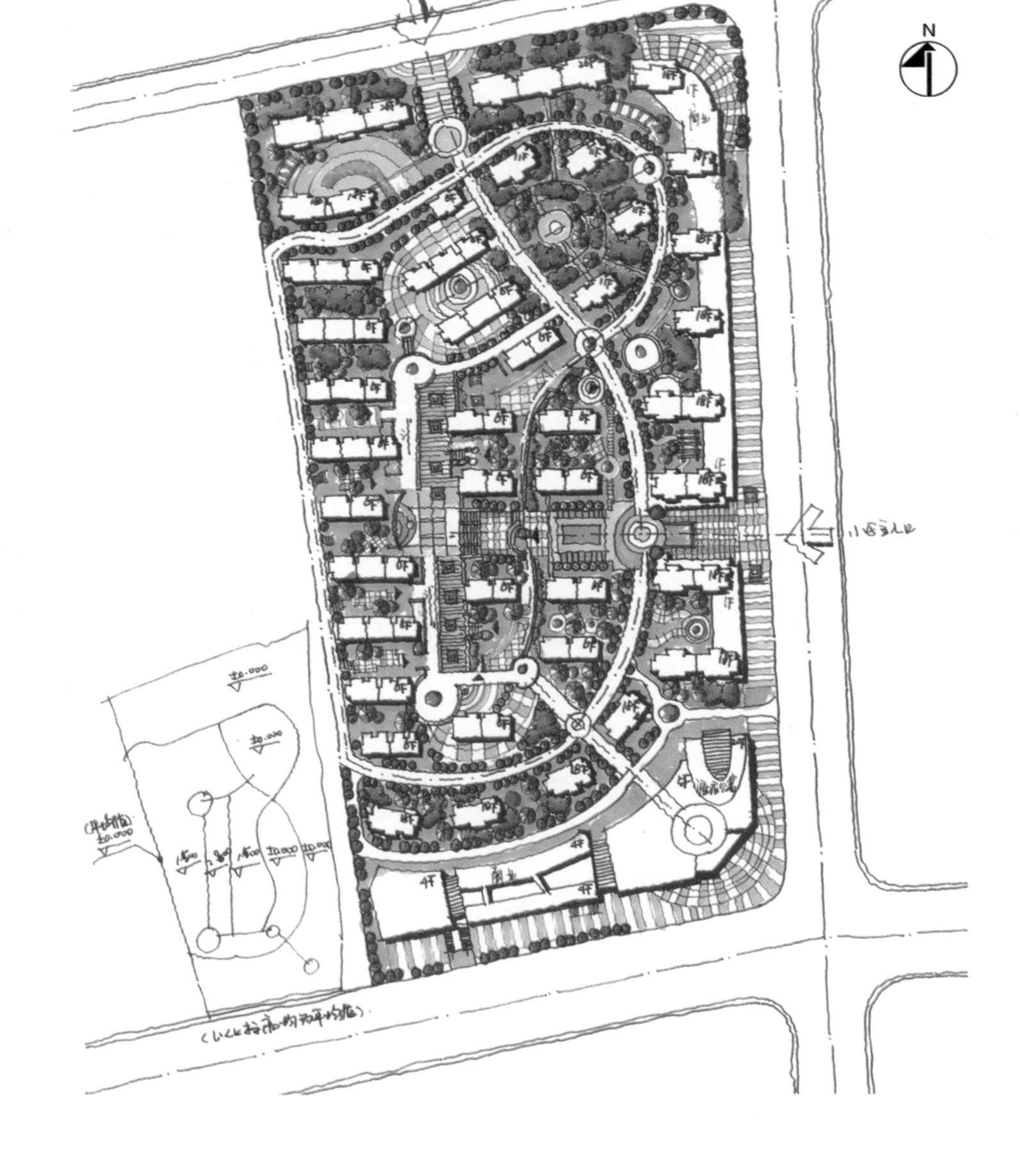

重点表现内容

1. 路网骨架
2. 建筑布局
3. 空间轴线
4. 商业布局

方案二

终稿鸟瞰草图

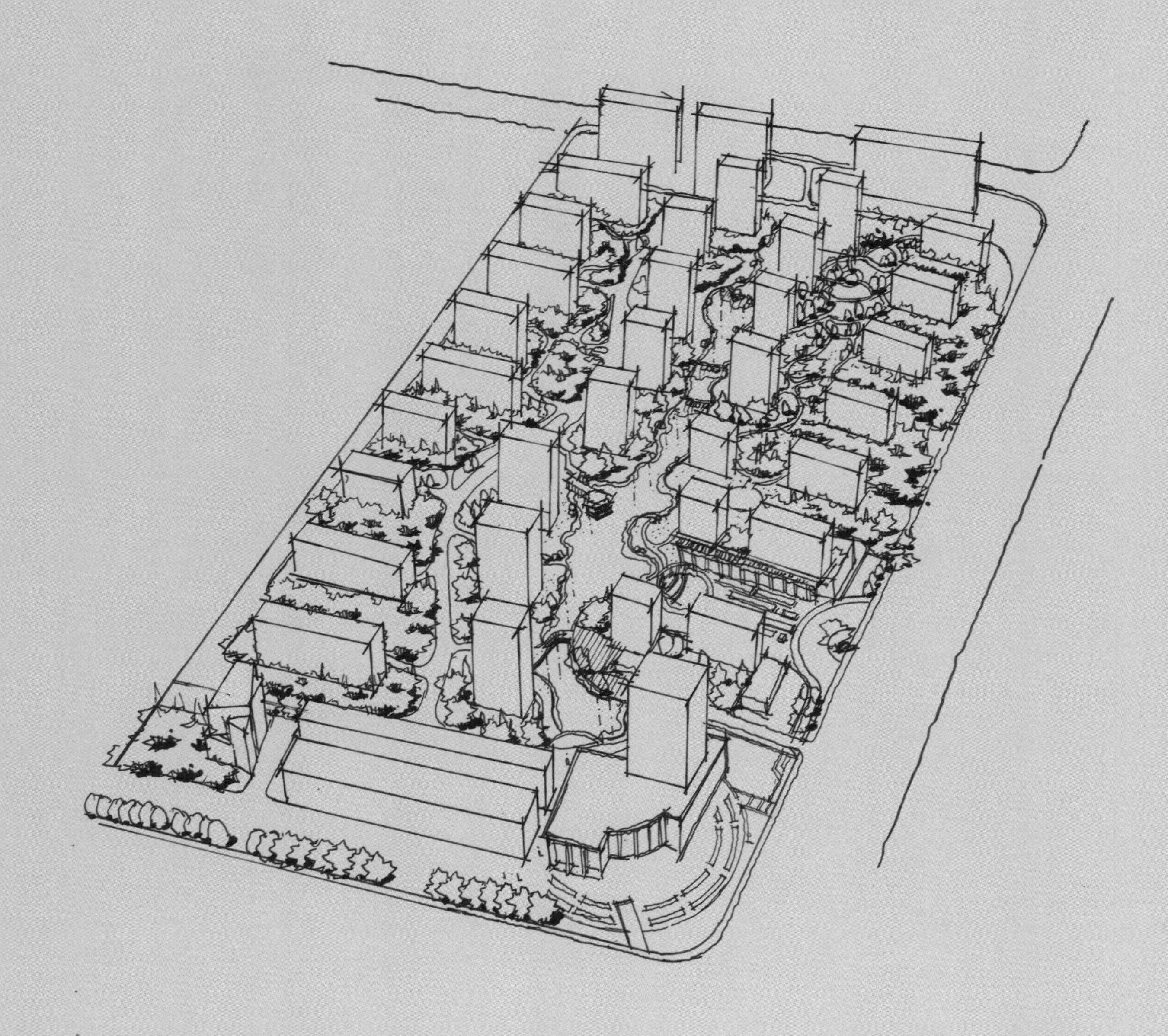

重点表现内容

1. 整体空间感
2. 空间轴线
3. 入口及街角空间
4. 商业布局

案例 9——居住小区规划设计 -2

方案一

第一稿规划草图

规划设计条件
建筑高度 <60 m
建筑密度 <25%
容积率 <2.50

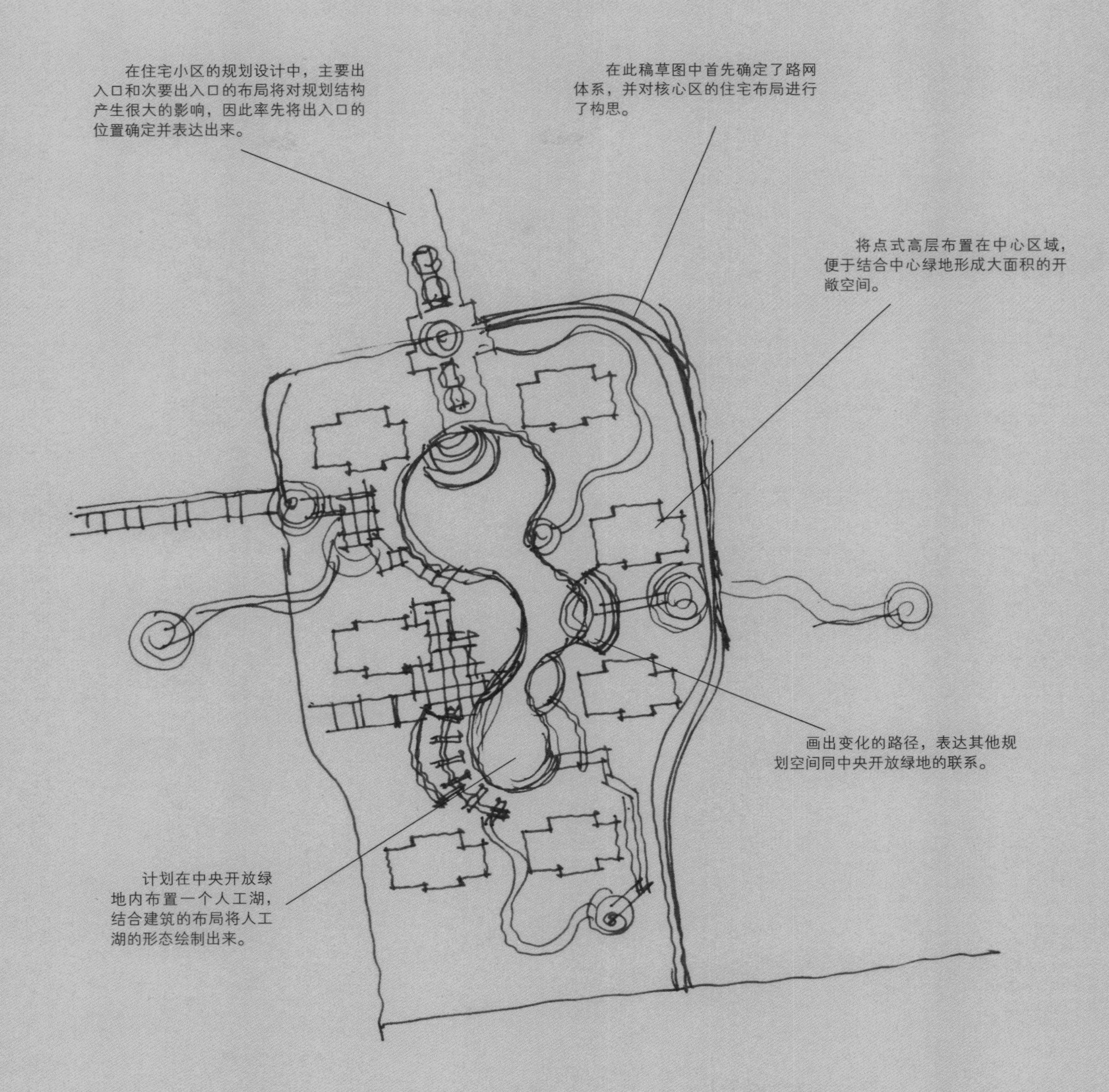

在住宅小区的规划设计中，主要出入口和次要出入口的布局将对规划结构产生很大的影响，因此率先将出入口的位置确定并表达出来。

在此稿草图中首先确定了路网体系，并对核心区的住宅布局进行了构思。

将点式高层布置在中心区域，便于结合中心绿地形成大面积的开敞空间。

画出变化的路径，表达其他规划空间同中央开放绿地的联系。

计划在中央开放绿地内布置一个人工湖，结合建筑的布局将人工湖的形态绘制出来。

项目介绍

该项目位于苏北某市，规划用地位于该市经济开发区，东临开发区大道，与城市公园隔路相望，西侧现有一在售楼盘。基地内地势平坦，用地条件良好。

方案一

第二稿规划草图

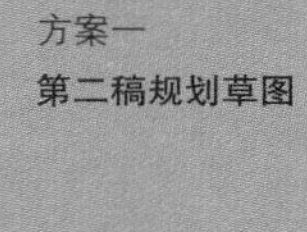

将中部景观轴的规划设计构思通过变化的水系表达出来。

经济技术指标

总用地面积：81 045 m^2

总建筑面积：201 883 m^2

容积率：2.49

绿地率：29%

住宅部分建筑面积：178 230 m^2

公建部分建筑面积：23 653 m^2

商业部分建筑面积：21 747 m^2

机动车停车位：1 069 个

居住户数：约 1 660 户

居住人口：约 5 312 人

计划在该住宅小区的东侧和南侧布置底层商业，画出底商的形态。

绘制出规划结构中可能形成的景观节点。

考虑清楚各栋住宅的入户方向后，画出入户道路。

N

绘制目标

在形成初步结构构思后，利用电脑进行了较为精确的建筑布局规划并测算了日照间距。此稿草图的目的是在强排基础上理顺规划结构。

方案一

第三稿规划草图

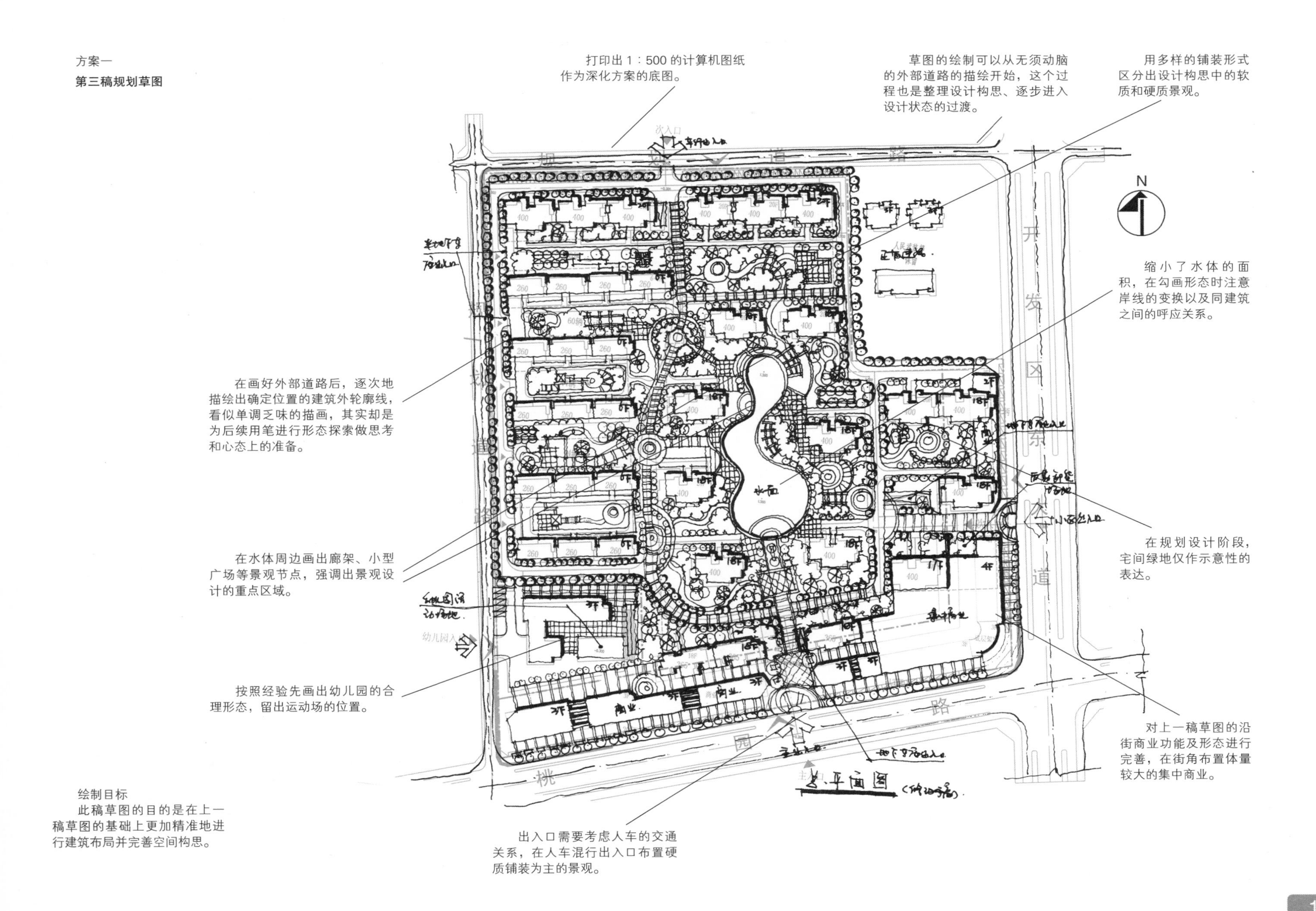

打印出 1：500 的计算机图纸作为深化方案的底图。

草图的绘制可以从无须动脑的外部道路的描绘开始，这个过程也是整理设计构思、逐步进入设计状态的过程。

用多样的铺装形式区分出设计构思中的软质和硬质景观。

缩小了水体的面积，在勾画形态时注意岸线的变换以及同建筑之间的呼应关系。

在画好外部道路后，逐次地描绘出确定位置的建筑外轮廓线，看似单调乏味的描画，其实却是为后续用笔进行形态探索做思考和心态上的准备。

在规划设计阶段，宅间绿地仅作示意性的表达。

在水体周边画出廊架、小型广场等景观节点，强调出景观设计的重点区域。

按照经验先画出幼儿园的合理形态，留出运动场的位置。

对上一稿草图的沿街商业功能及形态进行完善，在街角布置体量较大的集中商业。

绘制目标

此稿草图的目的是在上一稿草图的基础上更加精准地进行建筑布局并完善空间构思。

出入口需要考虑人车的交通关系，在人车混行出入口布置硬质铺装为主的景观。

方案一

终稿草图

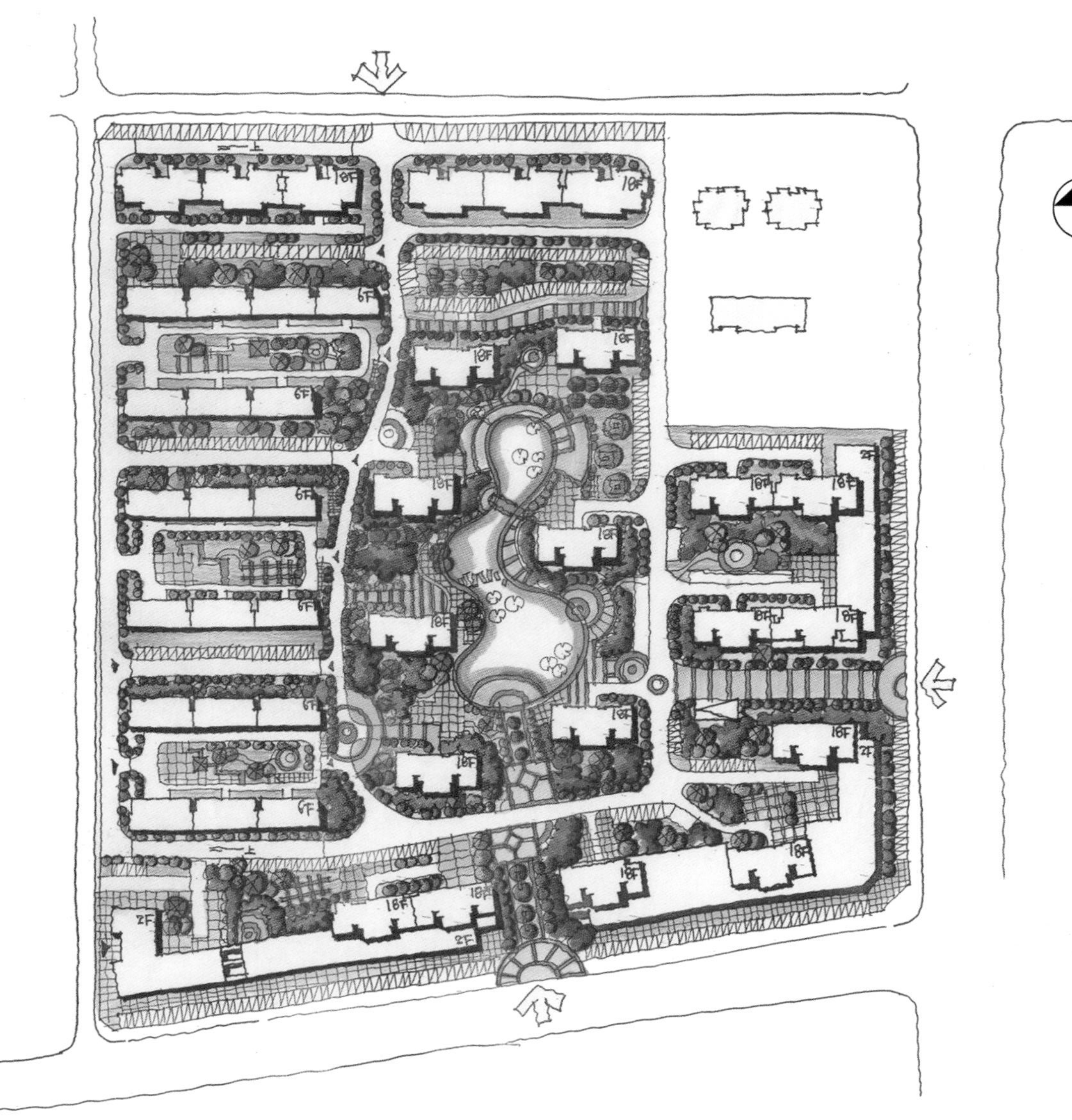

重点表现内容

1. 路网骨架
2. 规划轴线
3. 建筑布局
4. 景观空间

方案二

终稿草图

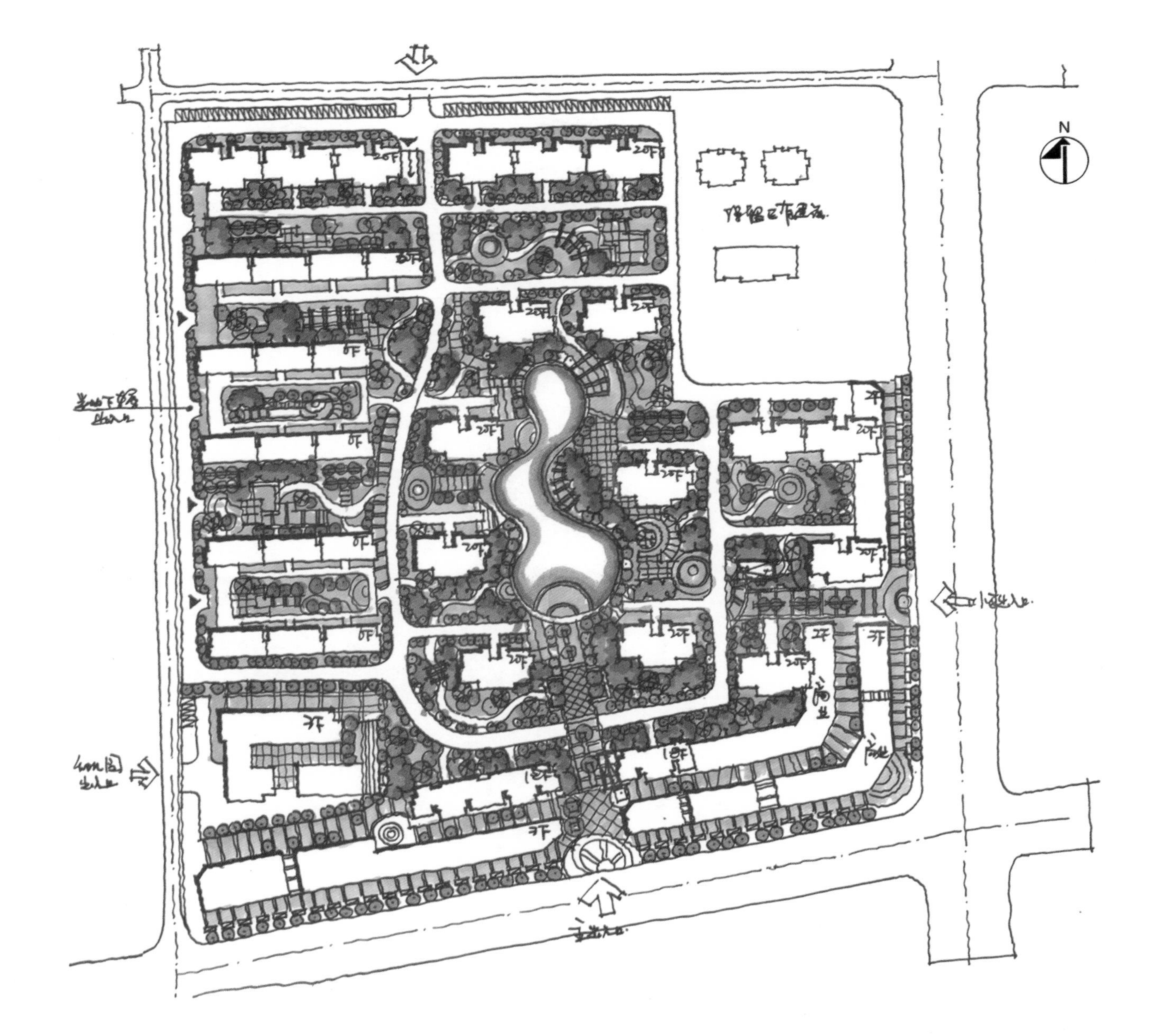

绘制目标

此稿草图在南侧增加了幼儿园，并将沿街底层商业改为步行街形式。

方案三

终稿草图

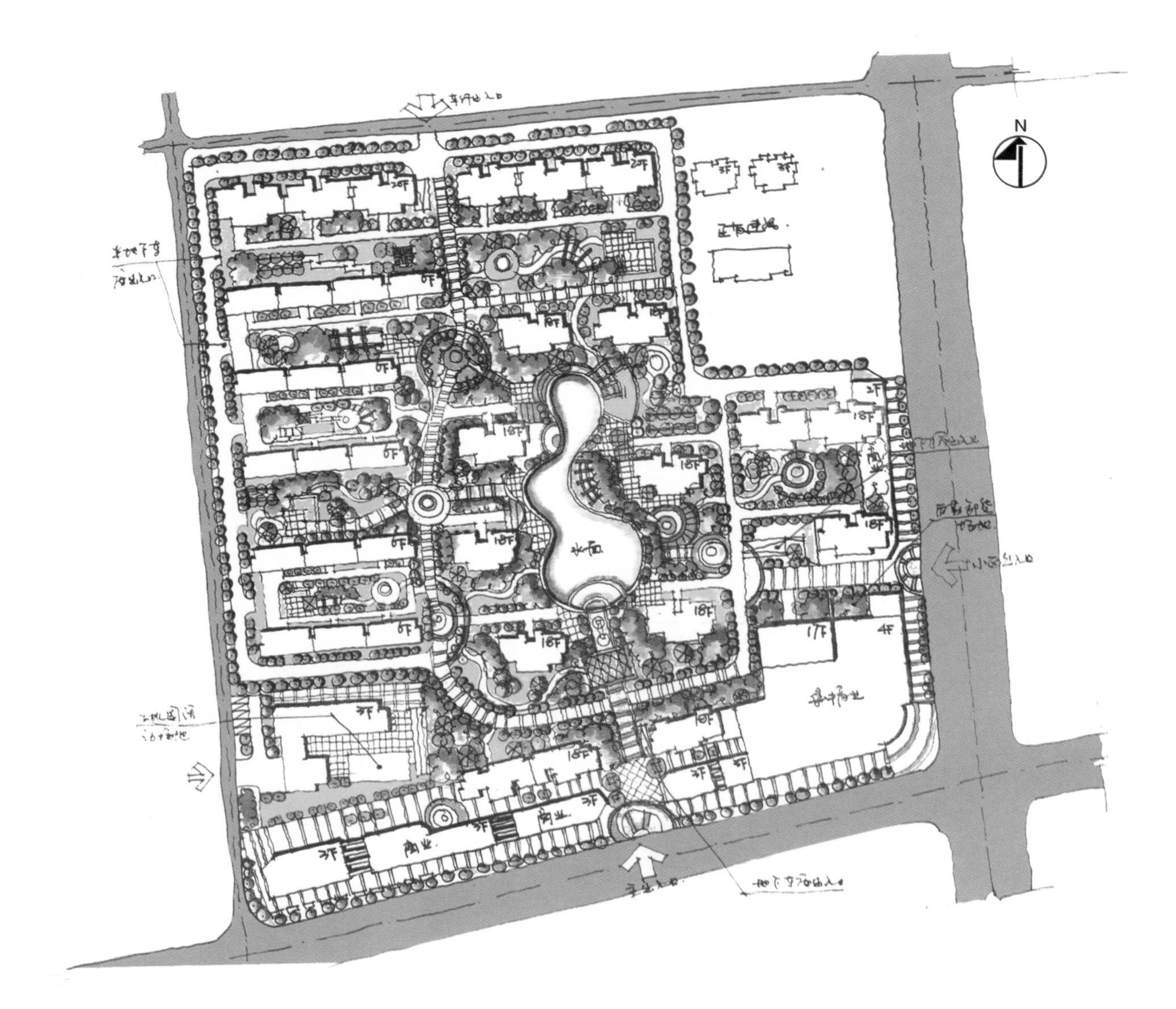

绘制目标

此稿草图将上一稿草图东南角的步行商业街改为集中商业，并对东侧入口处住宅进行了新的布局。

方案四

终稿草图

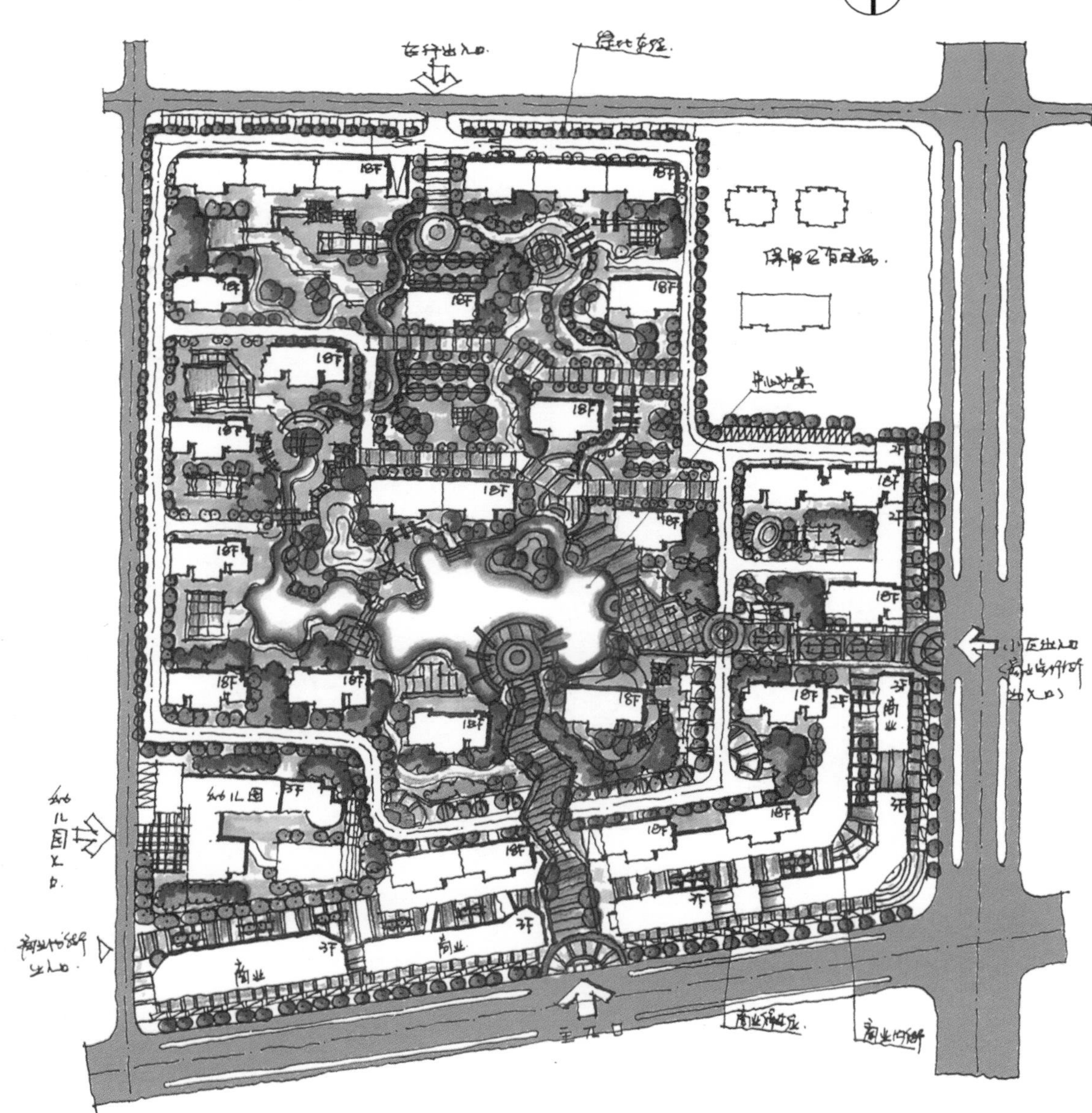

绘制目标

此稿草图增加了点式高层的数量，中央景观区面积也随之扩大，空间层次更加丰富。

案例 10——居住小区规划设计 -3

第一稿规划草图

经济技术指标
总用地面积：94 421 m^2
总建筑面积：343 443 m^2
容积率：3.60
建筑密度：29.18%
绿地率：30%

该地块比较方正，计划布置大平层户型，先按照日照建筑标准进行建筑布局。

在勾画过程中，大脑里随时闪现出对景观的构思，也轻松地画出来。

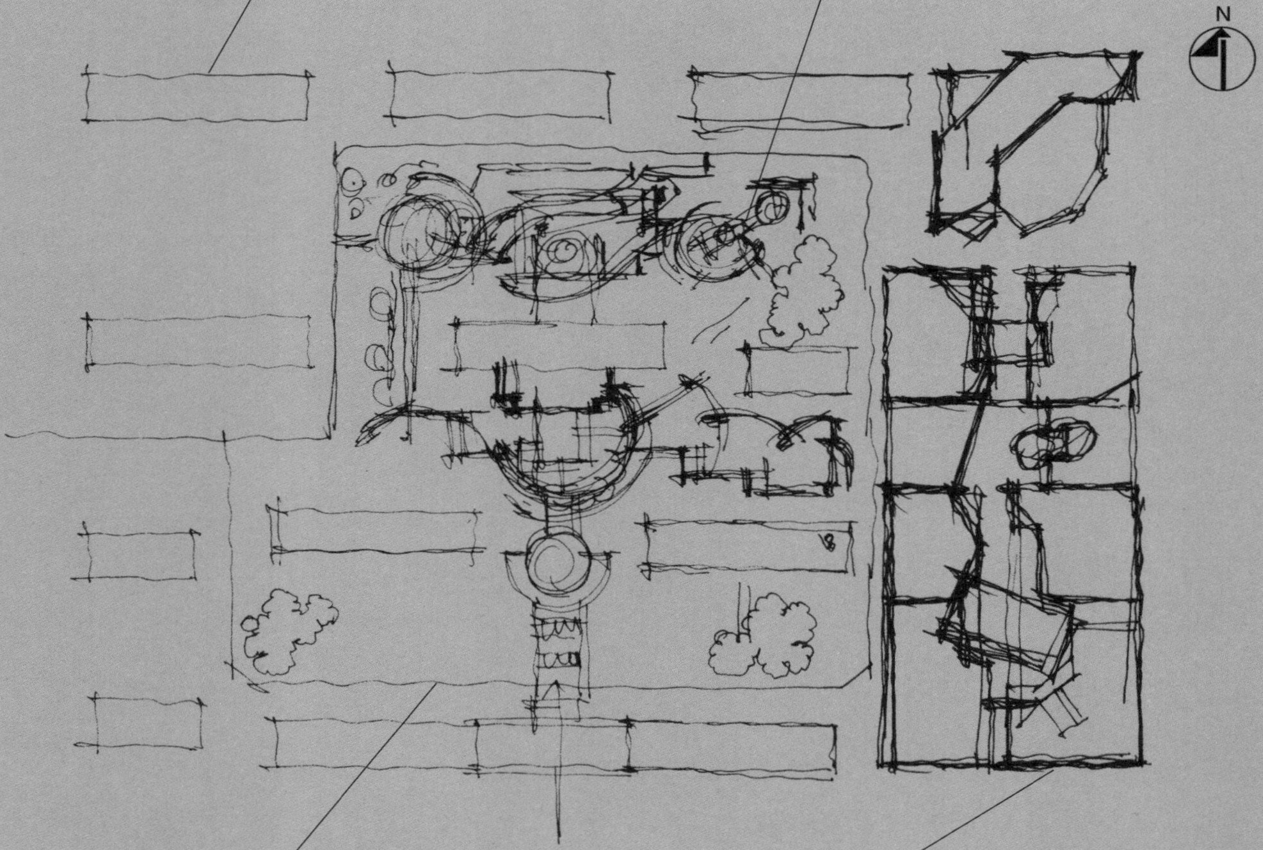

N

项目介绍

该项目位于北方海边某城市。规划场地东侧为城市主干道，其他三面由城市次干道环绕。用地周边均为已建成居住区。

结合建筑布局进行路网规划，计划布置简单清晰的道路网，用单线表示出来。

地块东侧安排公寓和商业街区，尝试性地对建筑体块进行切割，探索空间变化的可能性。

第二稿规划草图

将商业空间调整至用地西侧和北侧，临城市次干道。

为了改变连续商业界面带来的单调秩序，试图将沿街建筑打碎，形成丰富的可进入空间，但是这样也势必会减少商业面积。

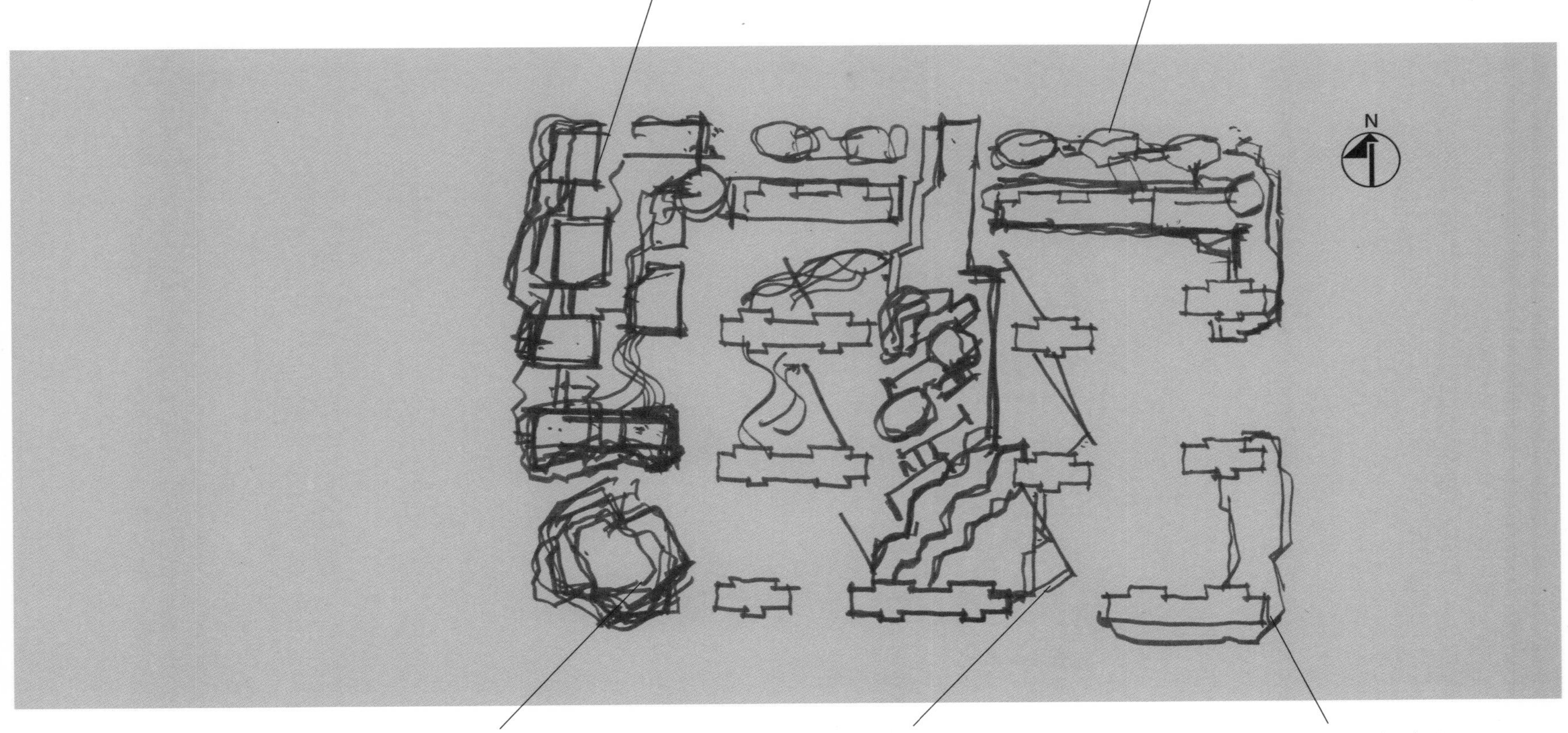

将高层公寓调整至地块南侧，减少对用地空间的日照影响。

尝试用几何形的构图提炼小区结构，将景观的构思整合起来。

这一稿草图的构思都是探索性的，所以笔触也充满弹性，不必强调细节的精准。

绘制目标

沿街商业的布局将对小区的功能、品质以及后期城市界面的形成产生影响。本次草图试图调整商业空间的位置，进行第二方案的尝试。

第三稿规划草图

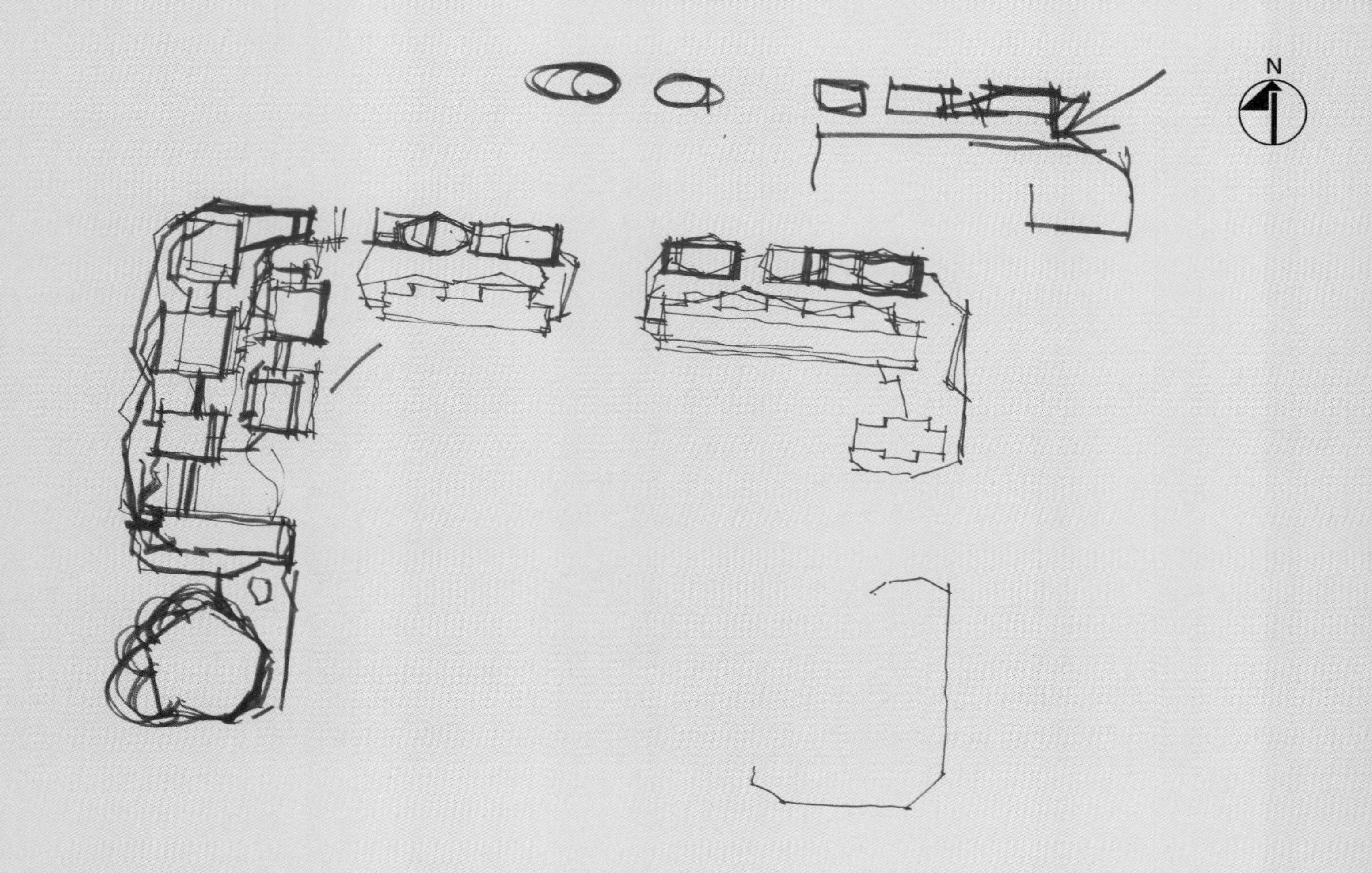

绘制目标

本次草图的目的是在上一稿草图的基础上对沿街商业街区部分进行细化，继续探索此规划方案的可行性。

第四稿规划草图

将集中商业安排在场地西北角，方便独立组织较大的人流。画出椭圆形的形态，形成内部小广场，改变街区尽头的封闭感。

将北侧商业街区设计为连续的独立体块，画出丰富的入口空间。

依据空间形态画出可能出现的小型广场，用铺装的线形进行强调。

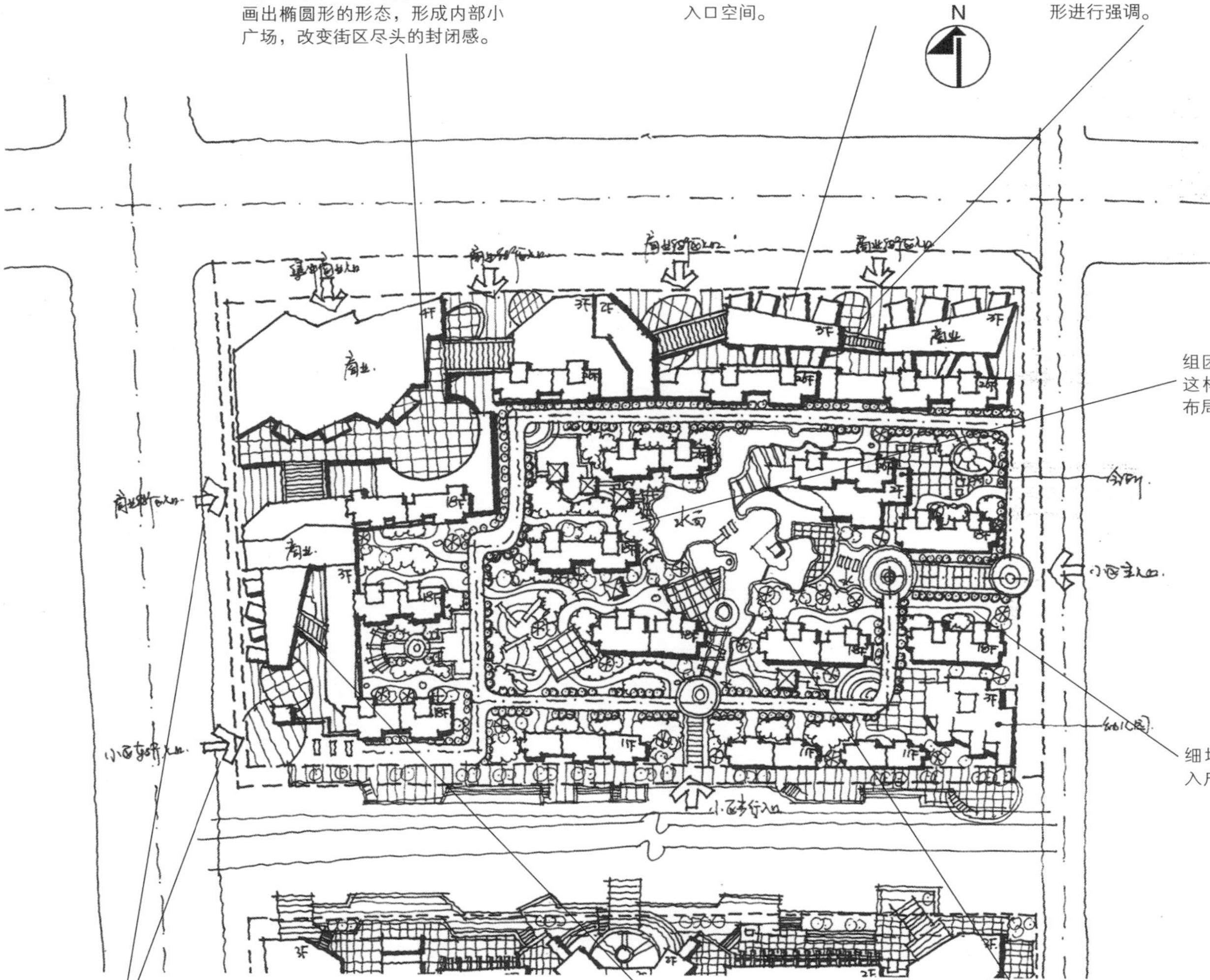

软质的绿化空间用组团树的方式表达出来，这样也可以强调建筑的布局。

梳理入户道路，仔细地画出每一个单元的入户空间。

绘制目标

本稿草图的目标是对在用地西北布置商业街区的规划设计方案进行细化表达，为同甲方沟通做准备。

西侧道路流线复杂，需要同时解决商业街区人行出入与居住小区车行出入通道。详细地画出分隔不同功能空间的构筑物，表达对道路功能划分的设计构思。

此处结合居住区入口形成服务邻里的商业街区，切割建筑以形成尺度合适的空间感。

对中央景观进行设计，布局一个尺度适中的水体，曲折的岸线也联系了丰富的活动空间。

第五稿规划草图

主要表达内容

1. 住宅户型安排与布局
2. 沿街商业空间布局
3. 路网体系
4. 景观构思

绘制目标

对初次构思草图进行细化设计与表达。

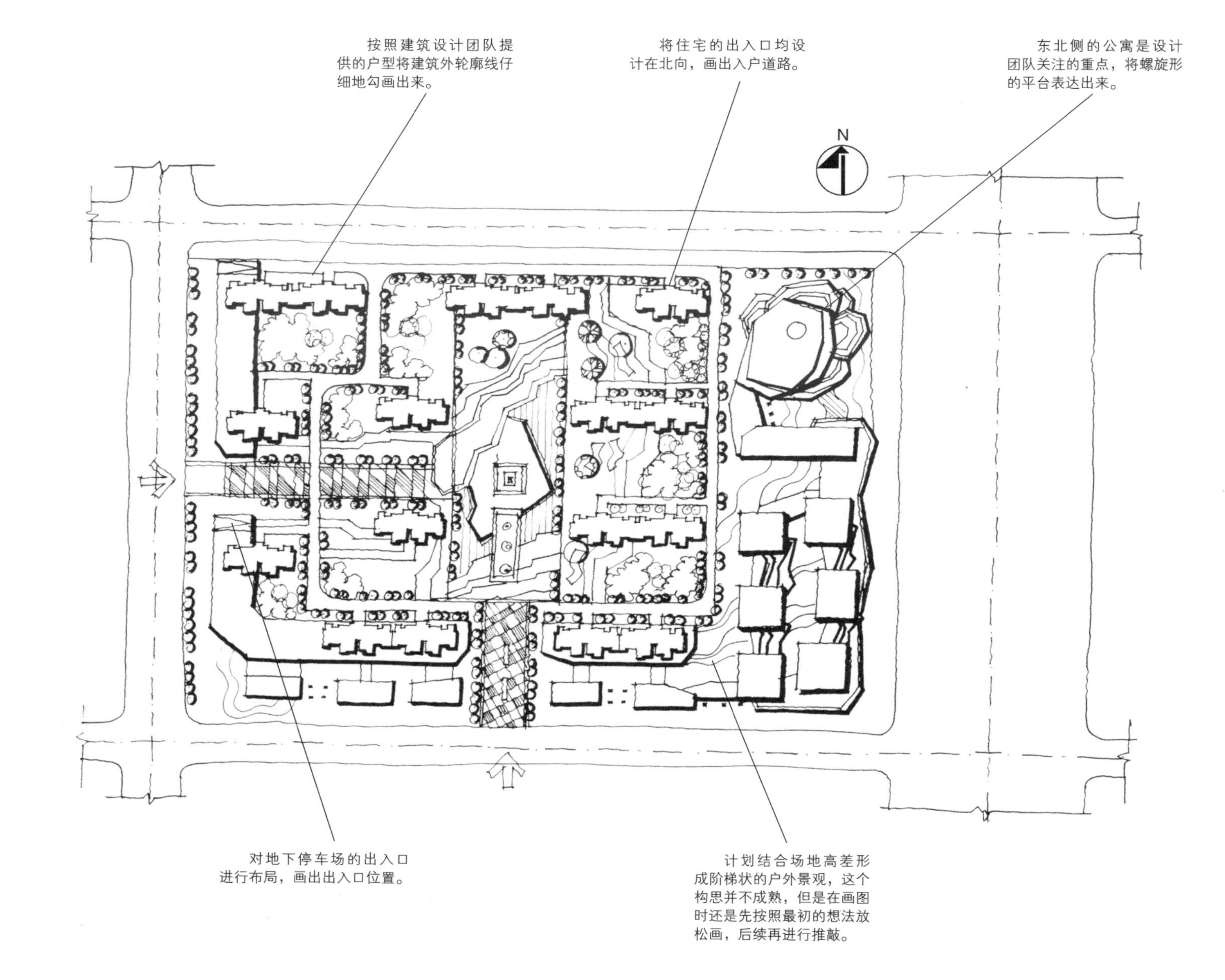

终稿草图

重点表现内容

1. 空间布局
2. 空间轴线
3. 路网体系
4. 景观概念

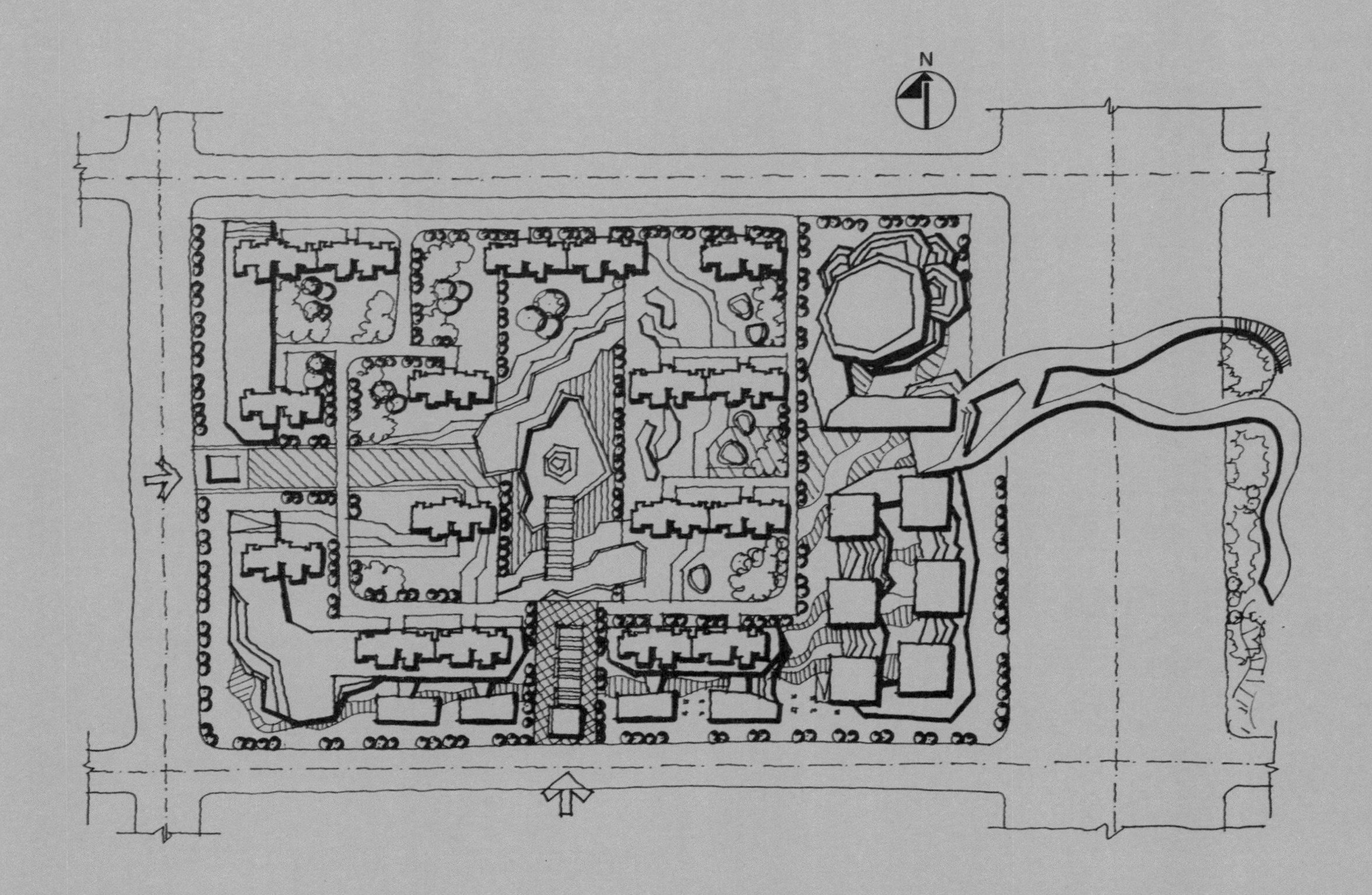

案例 11——居住小区规划设计 -4

第一稿规划草图

绘图步骤

1. 根据当地规范确定日照间距
2. 根据控规要求确定建筑层数
3. 计算楼间距后进行建筑布局
4. 梳理规划结构与路网体系
5. 进行景观构思与表达

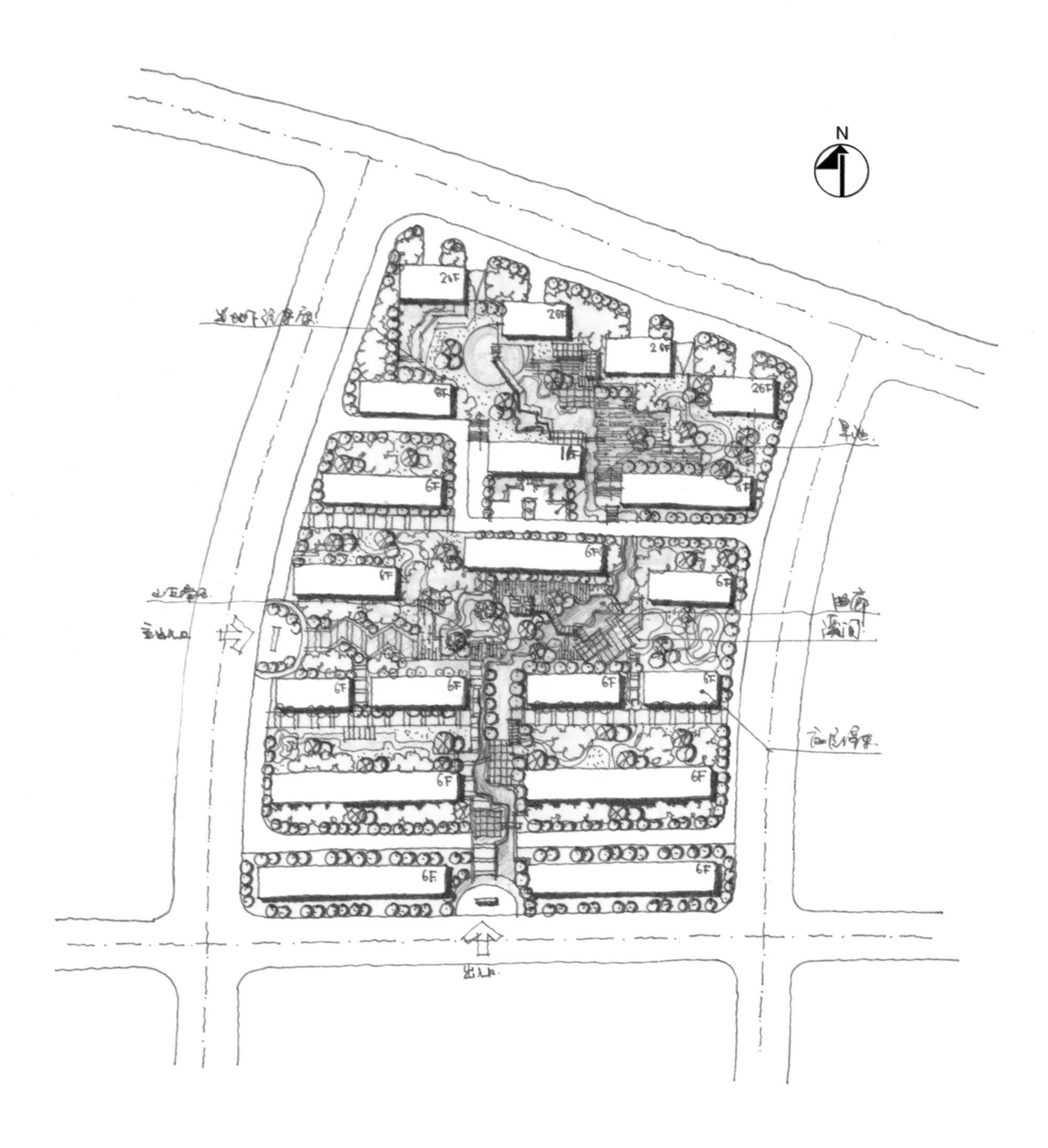

绘制目标

这是在接到设计任务书后快速完成的规划设计方案，帮助甲方测算容积率，并帮助设计团队形成对设计地块的初步定位。

第二稿规划草图

表达内容

1. 户型安排与建筑布局
2. 车行道路系统
3. 人行与入户道路系统
4. 机动车停车位
5. 消防登高面
6. 景观水系
7. 景观节点
8. 景观构筑物
9. 绿化设计构思

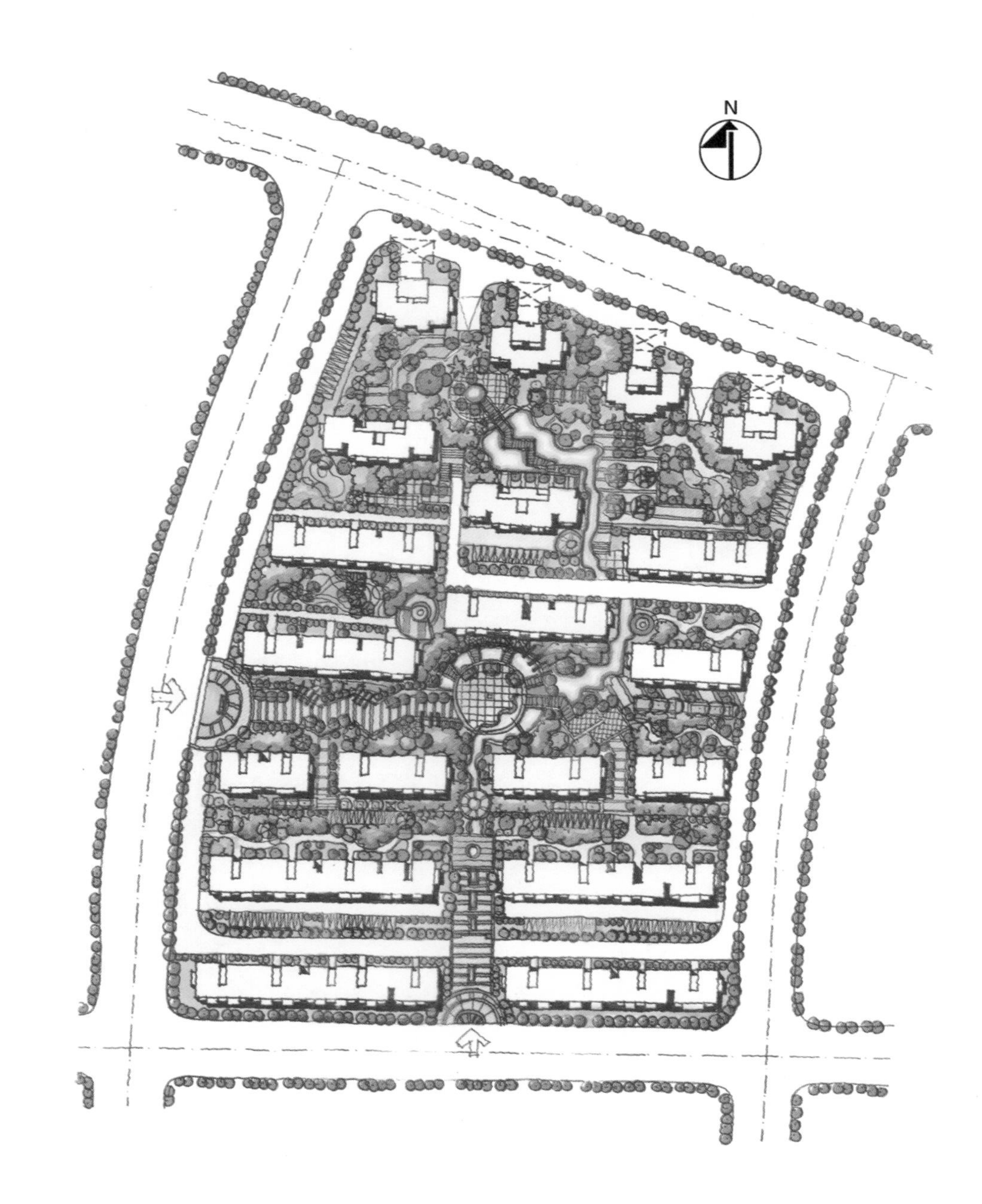

绘制目标

本次草图的目的是在上一稿草图的基础上对建筑、空间与景观构思进行细化。详细考虑车行流线、人行流线、停车空间、消防登高面、入户道路的布局。

案例 12——旅游服务区规划设计

第一稿规划草图

项目介绍

该项目位于苏南某地，场地北部为湖泊型风景区。拟在场地内规划一个以游客服务中心为核心的综合服务片区，为景区游客提供全方位的服务。

功能要求

1. 游客服务中心
2. 五星级商务酒店
3 会议中心
4. 娱乐综合体
5. 游客集散中心
6. 旅游主题酒店
7. 商业及院线

第一稿草图的主要作用是对各个功能体块的尺度用图纸的方式进行认知和把握，了解空间图底关系，为后续的规划设计做准备。

初步对功能分区进行构思。计划将游客集散中心设置于场地东北角，与场地北侧的景区有最直接、方便的联系。

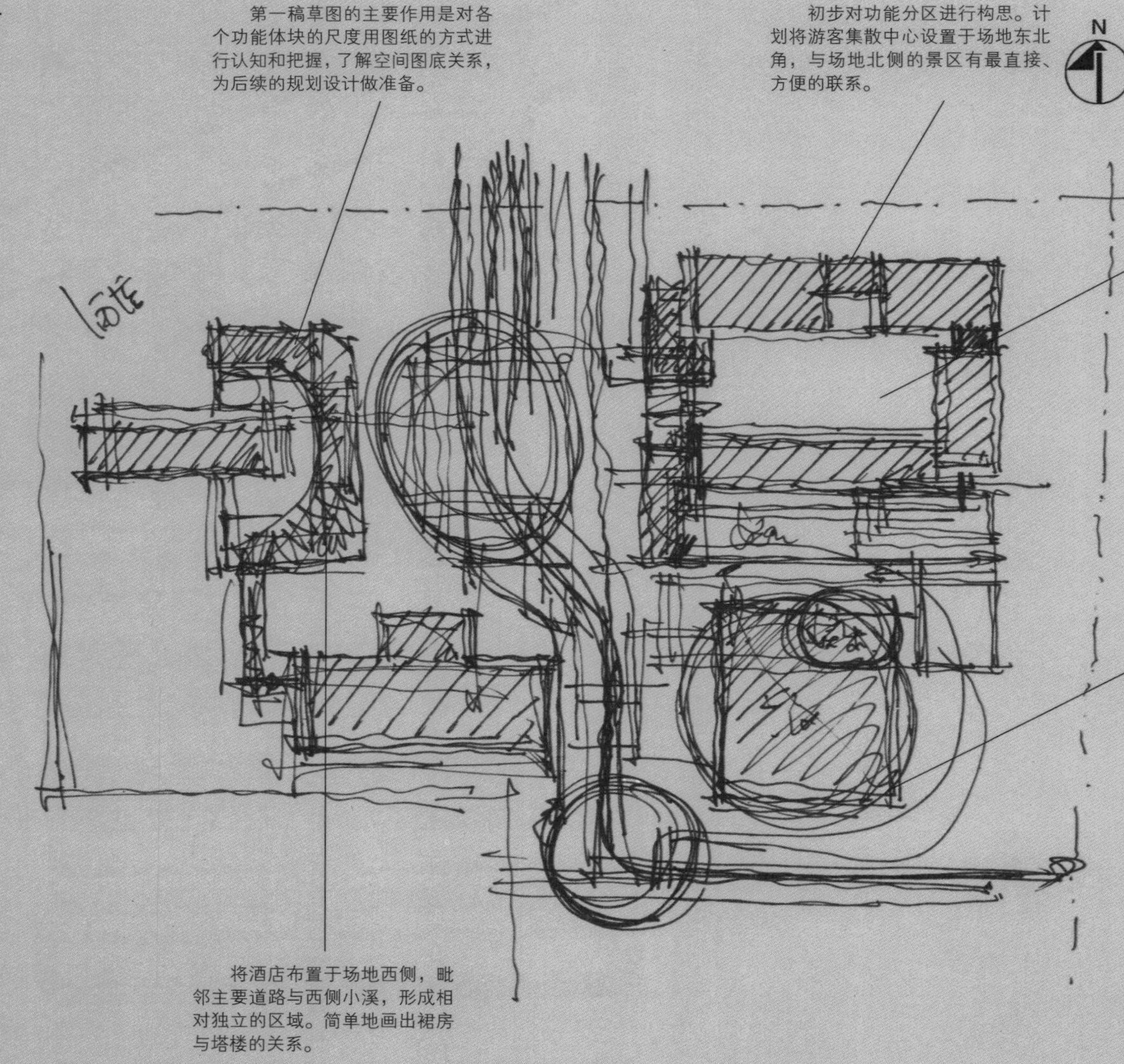

由于景区配套的停车场面积较大，所以考虑用建筑将其围合起来，减少停车场不良景观对主干道街景以及北侧景区的不良影响。

在场地南侧，计划将配套商业与酒店的娱乐服务设施结合布置，形成综合的商业组团。

将酒店布置于场地西侧，毗邻主要道路与西侧小溪，形成相对独立的区域。简单地画出裙房与塔楼的关系。

绘制目标

1. 用地分析
2. 功能分区
3. 初步构思表达

绘制步骤

1. 打印 1：500 场地现状总平面图作为底图
2. 描画场地边界
3. 测算各个主要功能体块的尺度，将其用最简单的形态表达在图纸上
4. 基于场地条件进行功能分区并示意性地构思道路体系

第二稿规划草图

经济技术指标
总用地面积：116 000 m^2
总建筑面积：122 570 m^2
容积率：0.90
建筑密度：28.60%
绿地率：35%

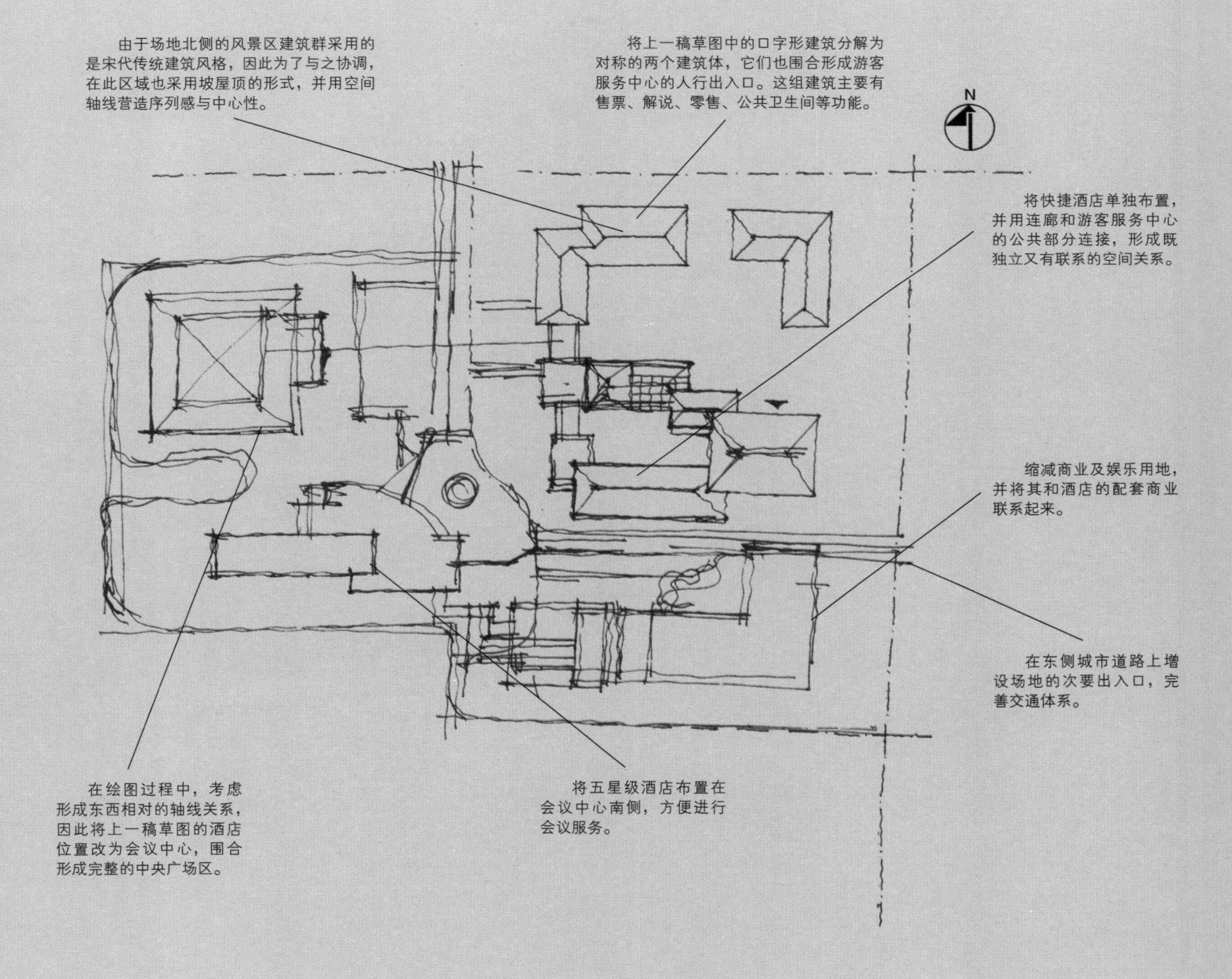

绘制目标
1. 功能分区
2. 主要道路系统
3. 主要建筑形态
4. 景观结构构思

第三稿规划草图

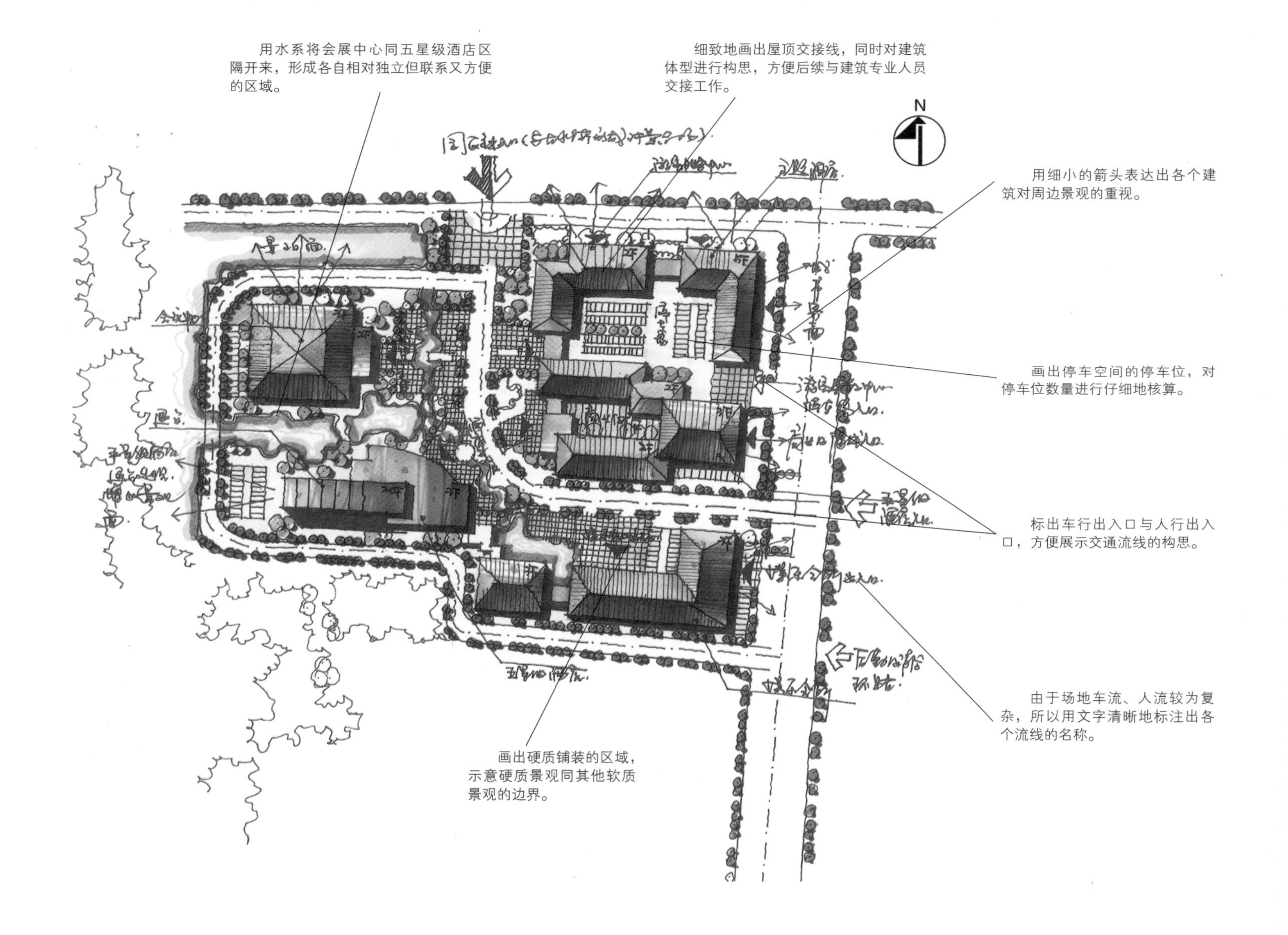

绘制目标

1. 场地出入口
2. 建筑形态
3. 车行道路网
4. 硬质广场与水景
5. 停车空间

第四稿规划草图

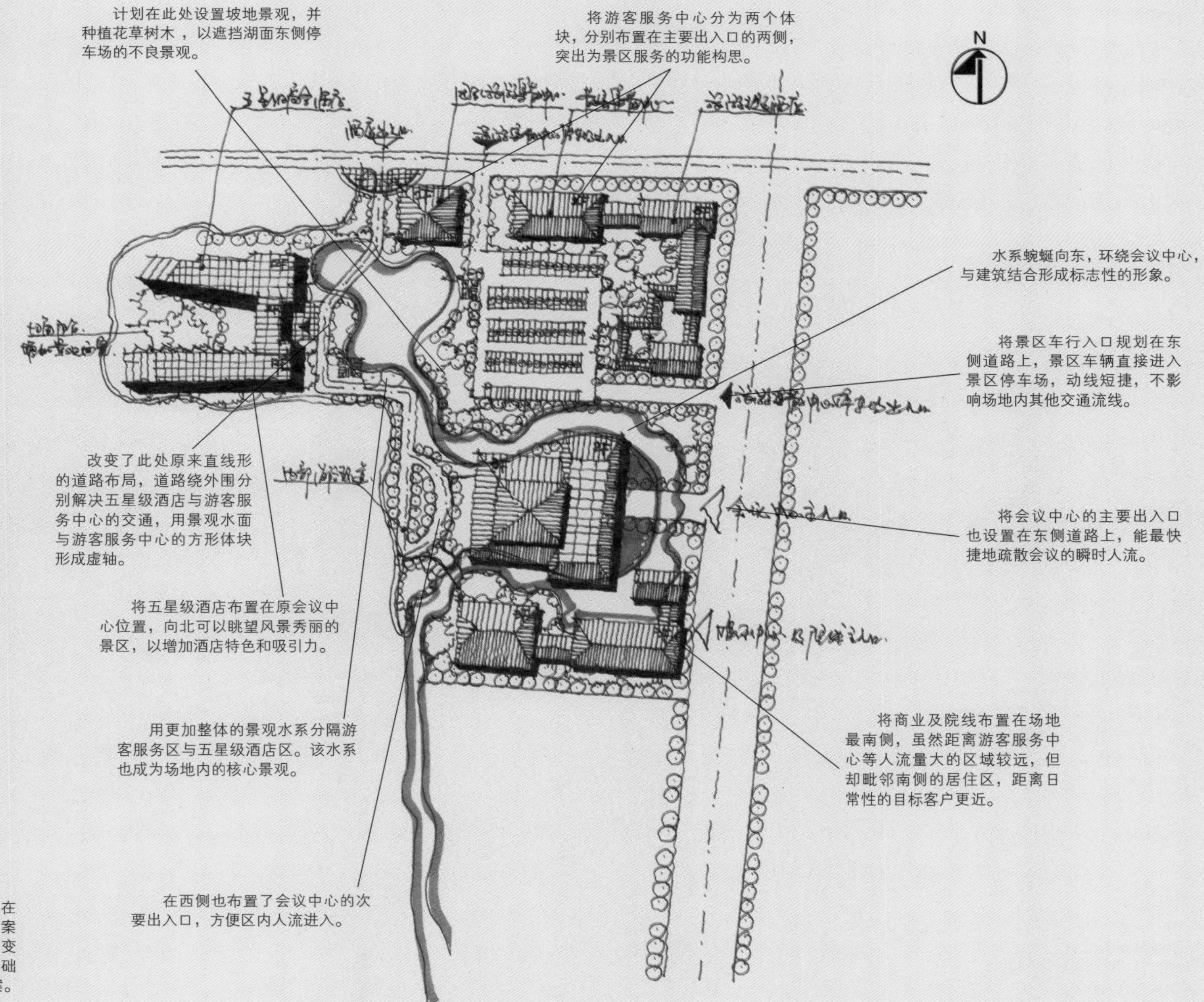

绘制目标

由于用地界限调整，所以快速地在方案一的基础上形成了新的构思。方案二重新对功能分区进行了调整，并改变了场地的整体结构，在前次方案的基础上快速地形成新的构思以选择最优方案。

鸟瞰草图

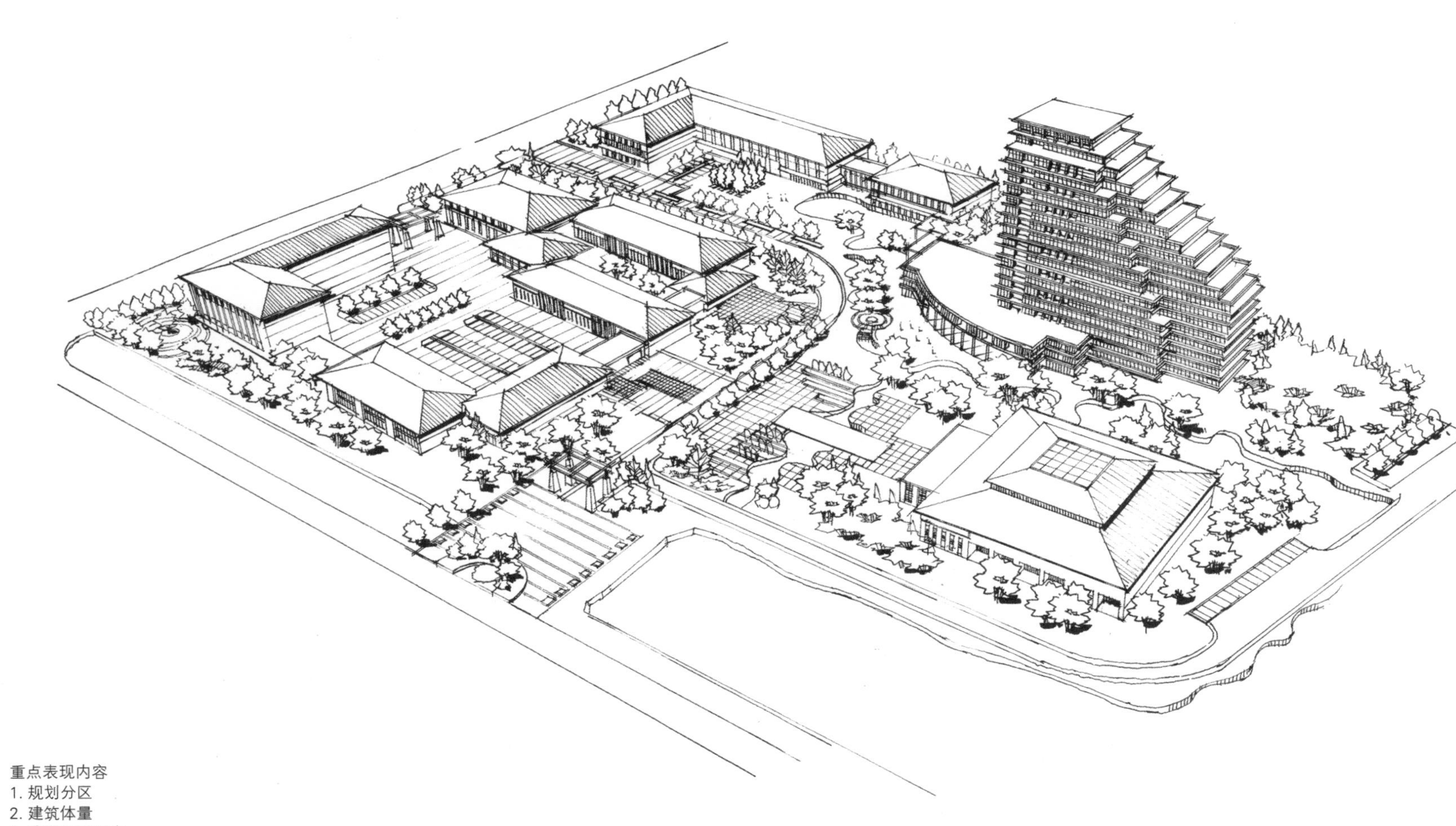

重点表现内容
1. 规划分区
2. 建筑体量
3. 建筑屋顶形态
4. 酒店建筑的退台处理
5. 建筑对空间的围合

案例 13——滨江码头区规划设计

规划分析图

项目介绍

该项目位于南方长江沿岸，由于长江大坝的建设，江岸出现季节性消落带，对江岸景观造成很大影响。项目要求对原陈旧的滨江风光带进行整治，并对重要景观节点进行重新设计。

功能要求

1. 停车场
2. 滨江广场
3. 滨江步道
4. 配套小型零售建筑

绘制目标

1. 规划现状分析
2. 规划定位
3. 流线分析

绘制步骤

1. 打印 1：2 000 场地现状总平面图作为底图
2. 描画现状重要景观节点
3. 对重要串联路径进行规划
4. 分析待设计场地的特征
5. 勾画待设计场地的设计构思

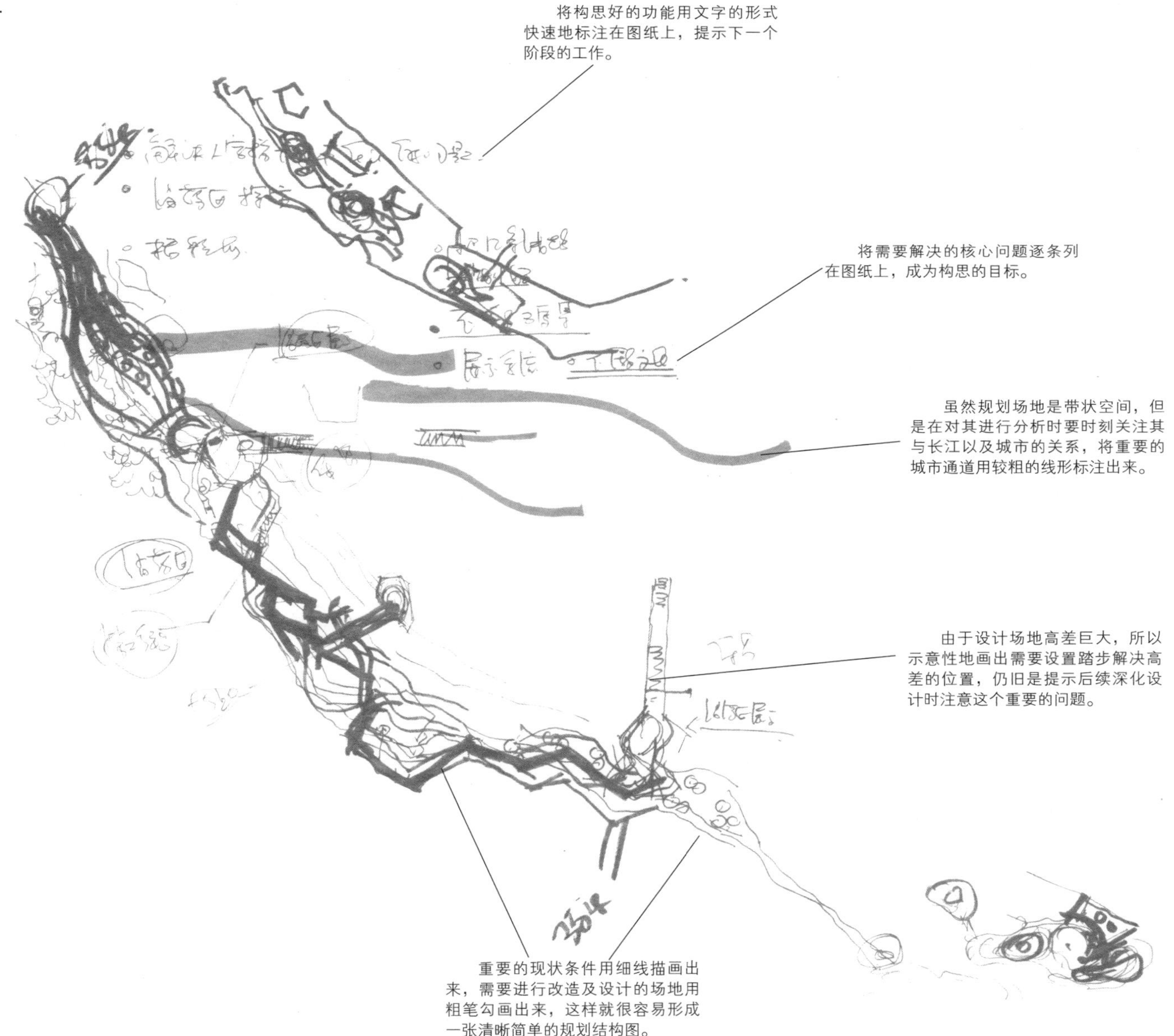

将构思好的功能用文字的形式快速地标注在图纸上，提示下一个阶段的工作。

将需要解决的核心问题逐条列在图纸上，成为构思的目标。

虽然规划场地是带状空间，但是在对其进行分析时要时刻关注其与长江以及城市的关系，将重要的城市通道用较粗的线形标注出来。

由于设计场地高差巨大，所以示意性地画出需要设置踏步解决高差的位置，仍旧是提示后续深化设计时注意这个重要的问题。

重要的现状条件用细线描画出来，需要进行改造及设计的场地用粗笔勾画出来，这样就很容易形成一张清晰简单的规划结构图。

第一稿规划草图

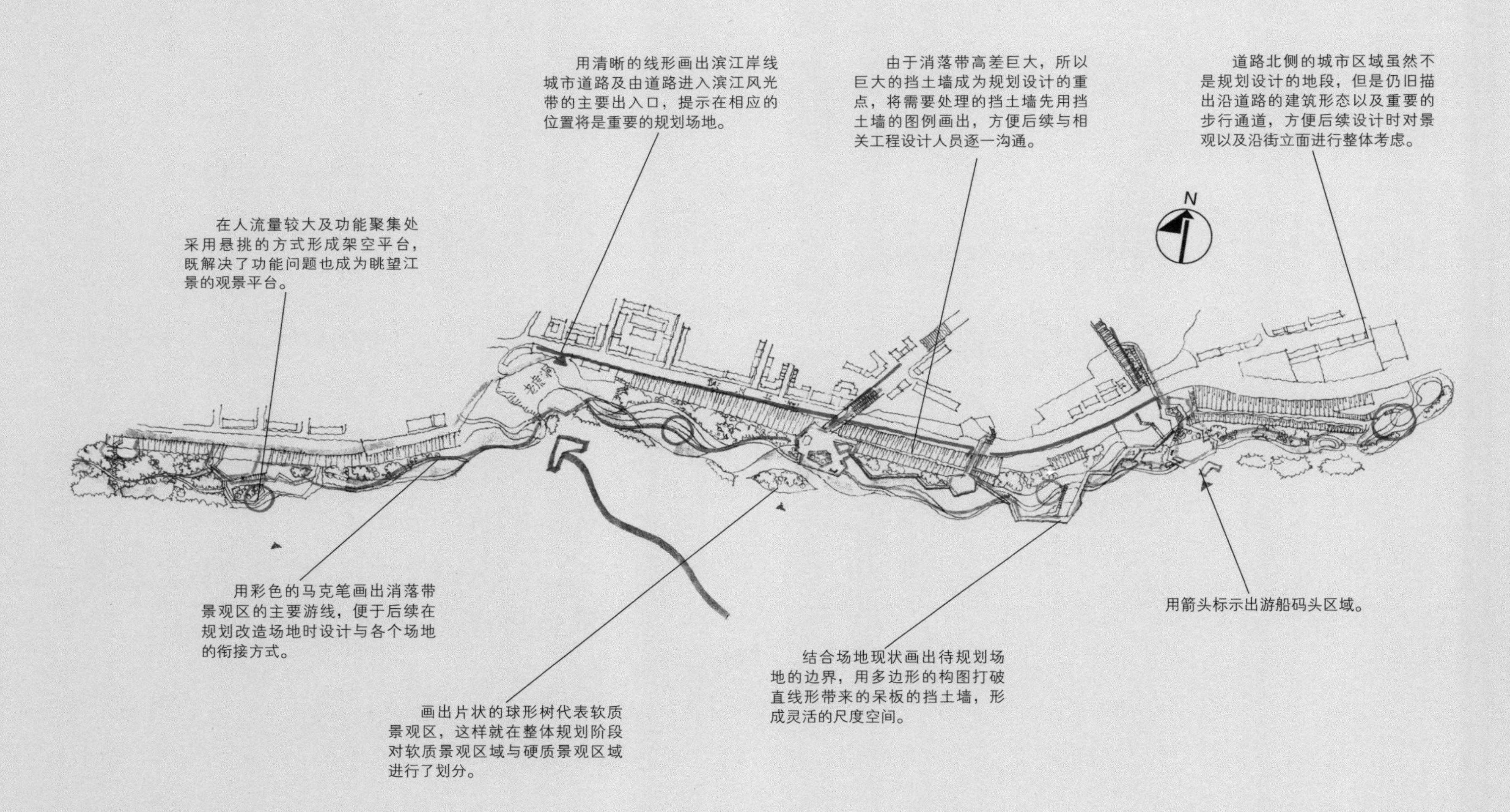

绘制目标

1. 串联场地的交通系统
2. 重要改造区域的边界线
3. 各改造场地的功能分区
4. 景观结构概念

第二稿规划草图

绘制目标

本次草图的目的是形成供深入沟通的规划线稿。用手绘和电脑绘制相结合的方式快速地形成较为规范的沟通成果

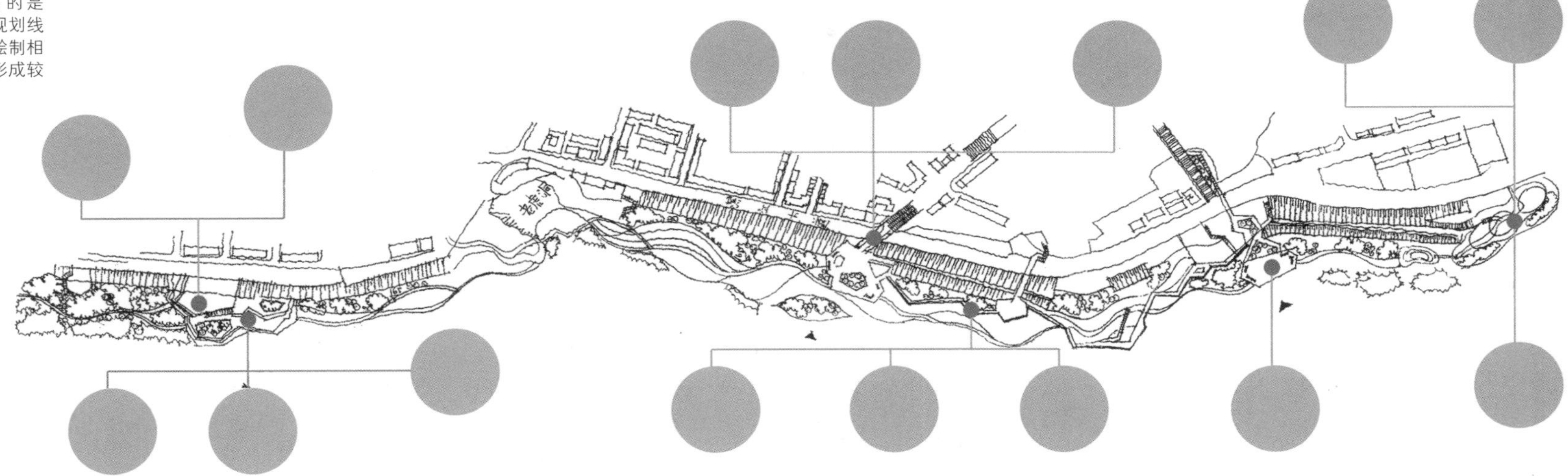

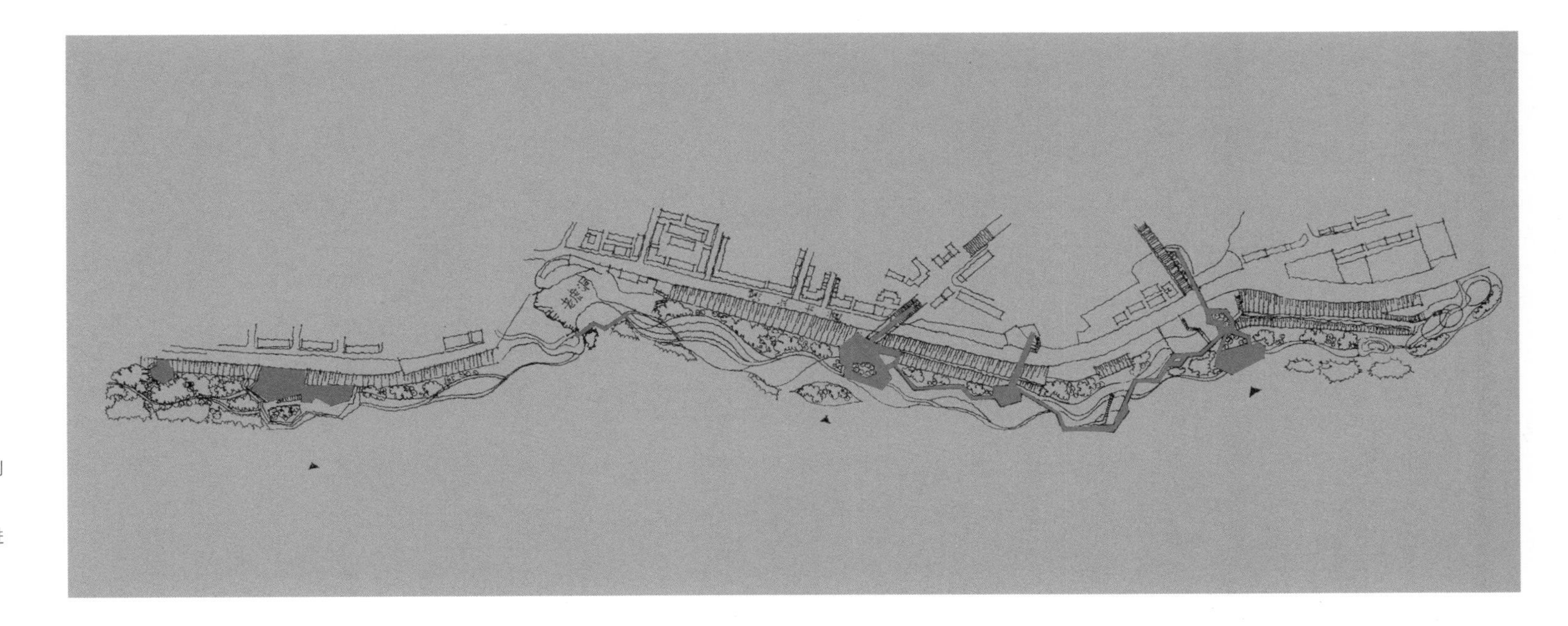

绘制步骤

1. 用手绘的方式绘制规划图纸的线稿

2. 将草图扫描为图像格式

3. 在 PSD 软件里按需要进行填充与其他处理

第三稿规划草图

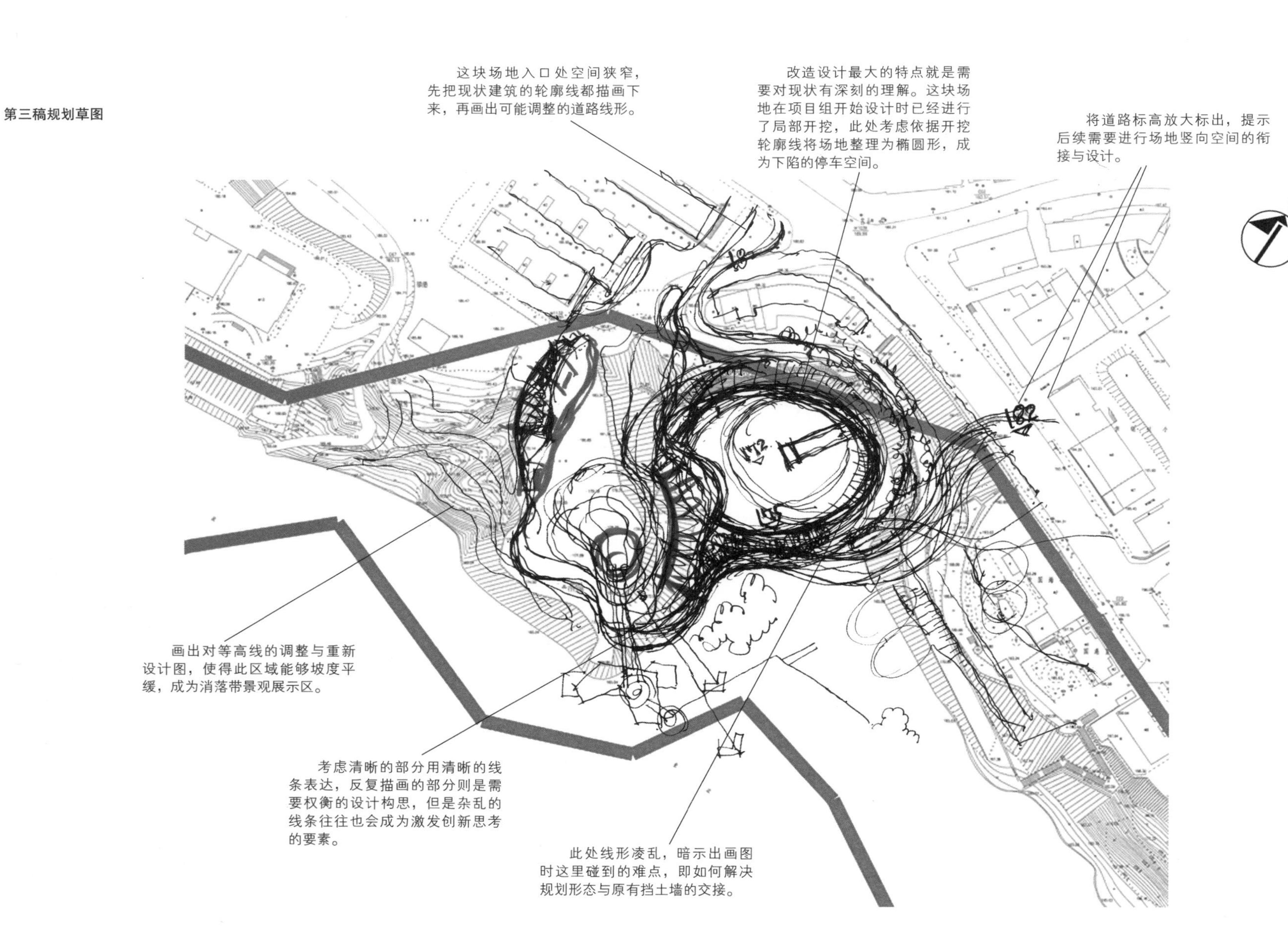

绘制目标

1. 各功能区布局
2. 各功能区形态
3. 与城市空间的交接

第四稿规划草图

仔细描出上一稿草图已经确定下来的椭圆形停车场的线形。

画出挡土墙位置，计划不改变挡土墙的形态，将进入停车场的道路设置在挡土墙墙角标高处。

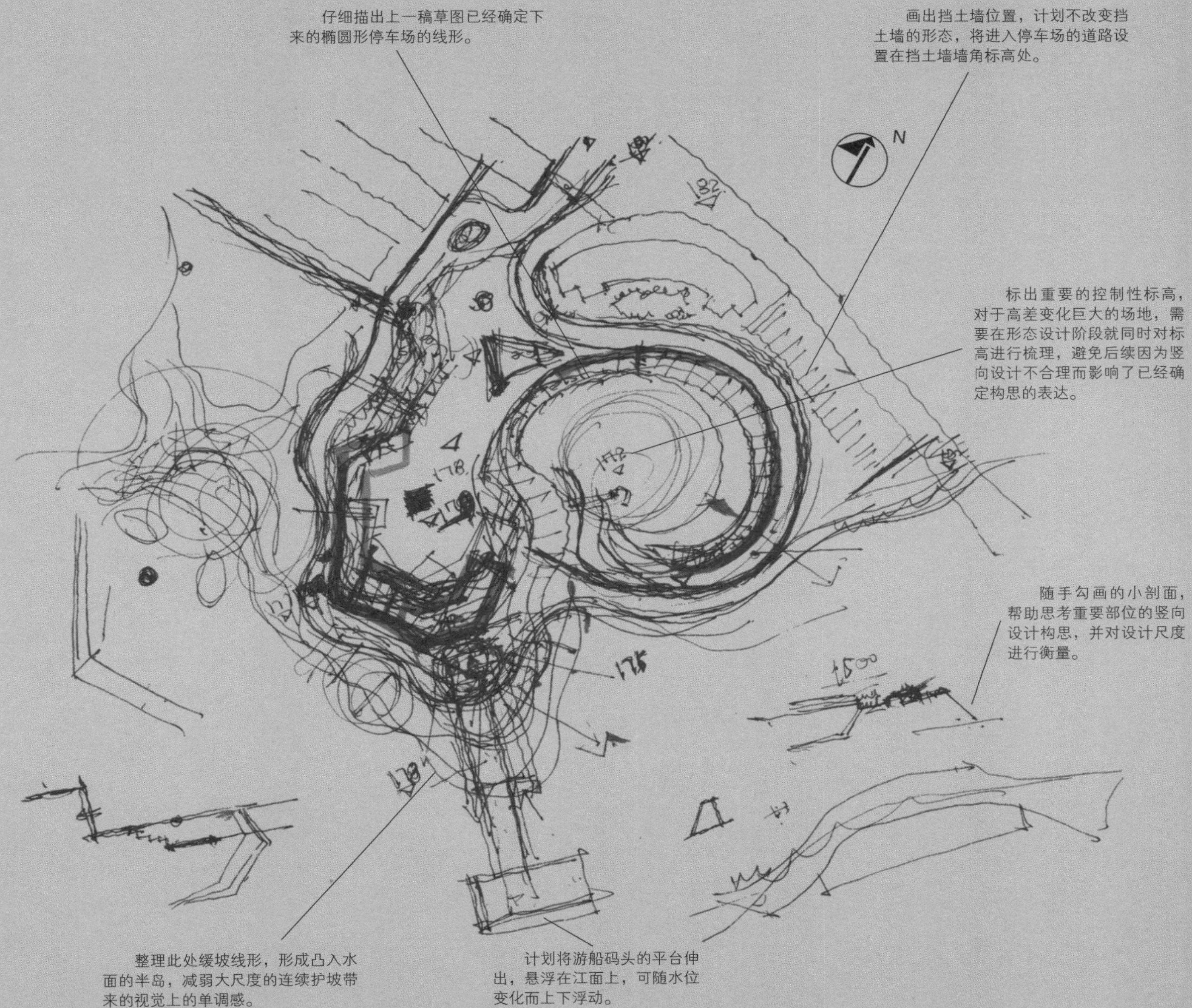

标出重要的控制性标高，对于高差变化巨大的场地，需要在形态设计阶段就同时对标高进行梳理，避免后续因为竖向设计不合理而影响了已经确定构思的表达。

随手勾画的小剖面，帮助思考重要部位的竖向设计构思，并对设计尺度进行衡量。

绘制目标

1. 椭圆形停车场的形态及交通
2. 配套服务建筑的布局与形态
3. 游船码头的设计
4. 重要景观构思

整理此处缓坡线形，形成凸入水面的半岛，减弱大尺度的连续护坡带来的视觉上的单调感。

计划将游船码头的平台伸出，悬浮在江面上，可随水位变化而上下浮动。

第五稿规划草图

为了增加由主要平台进入的活动空间，计划在消落带的坡地上面悬挑出一个三角形的休息平台。

入口部分设计一个绿岛将人行入口与进入机动车的车流分隔开来。

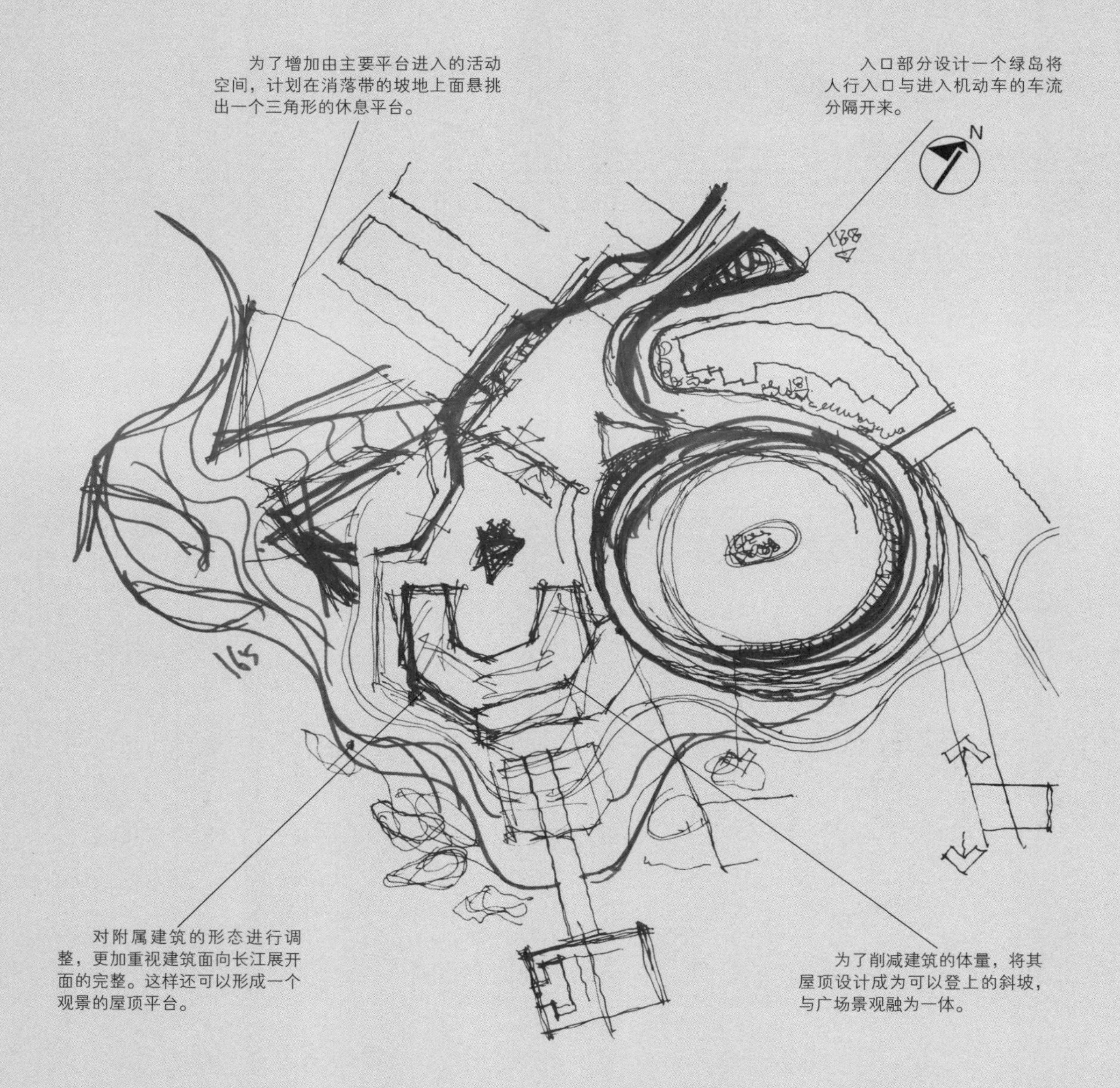

对附属建筑的形态进行调整，更加重视建筑面向长江展开面的完整。这样还可以形成一个观景的屋顶平台。

为了削减建筑的体量，将其屋顶设计成为可以登上的斜坡，与广场景观融为一体。

绘制目标

1. 场地出入口与城市街道的衔接
2. 配套服务建筑的布局与形态
3. 消落带景观区的休闲空间
4. 内部的流线与道路

第六稿规划草图

绘制目标

本次草图的目的是在基本完善的手绘草图基础上进行计算机图纸的绘制。

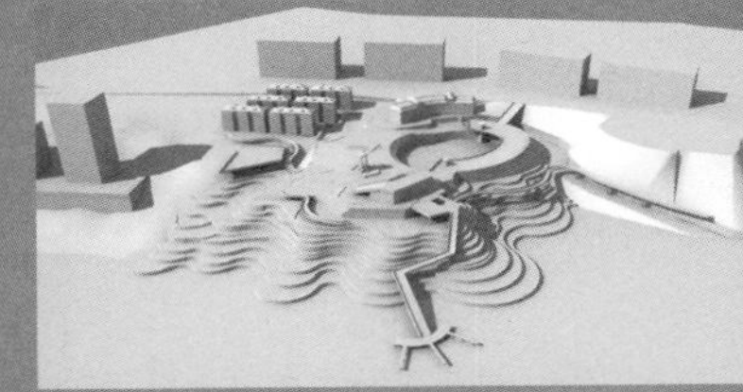

绘图步骤

1. 扫描手绘草图
2. 将其导入 CAD 软件
3. 在 CAD 软件里，将其覆盖在现状图下，并缩放至合适大小
4. 按照先结构后细节的顺序逐一在 CAD 里进行绘制

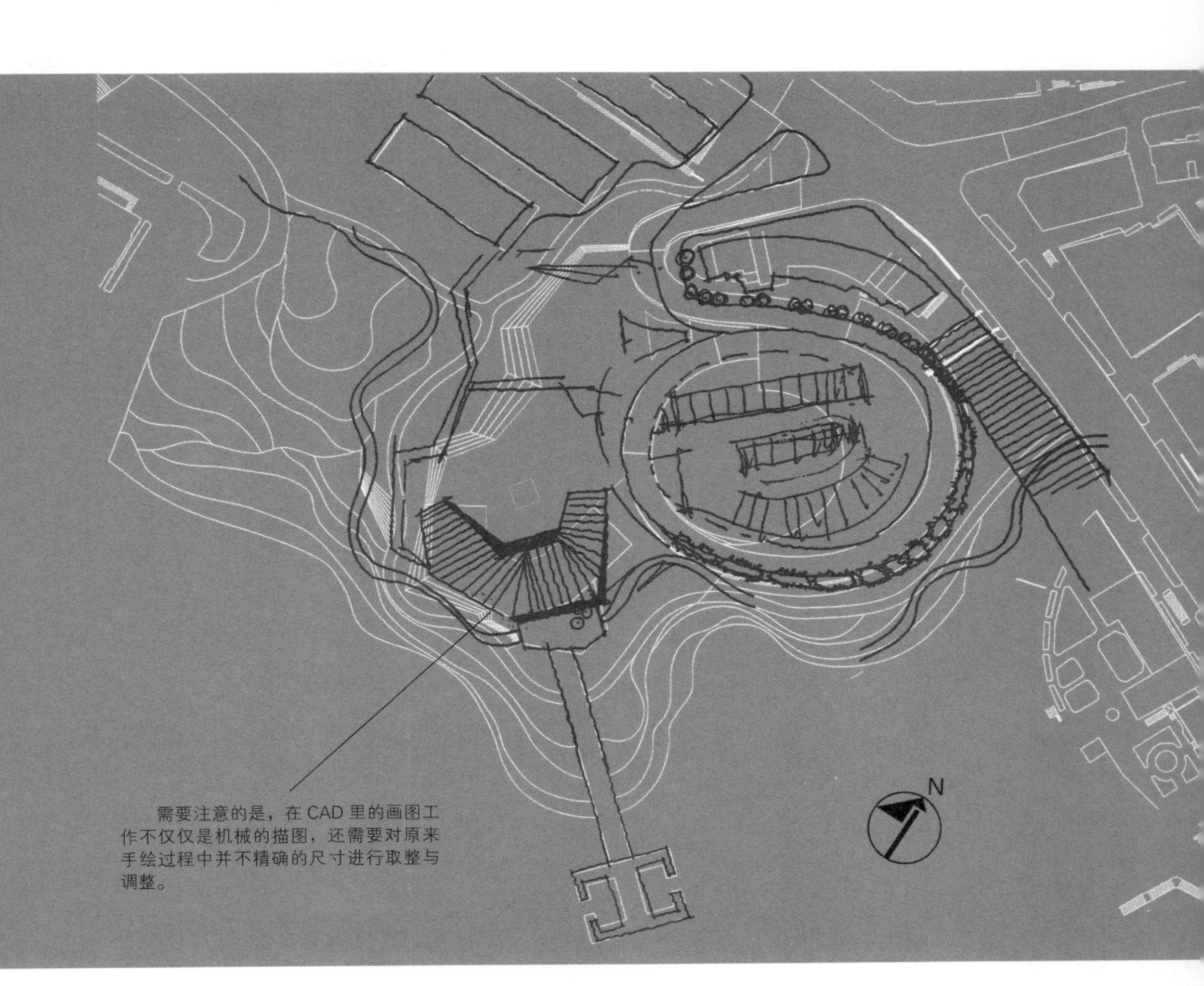

需要注意的是，在 CAD 里的画图工作不仅仅是机械的描图，还需要对原来手绘过程中并不精确的尺寸进行取整与调整。

第七稿规划草图

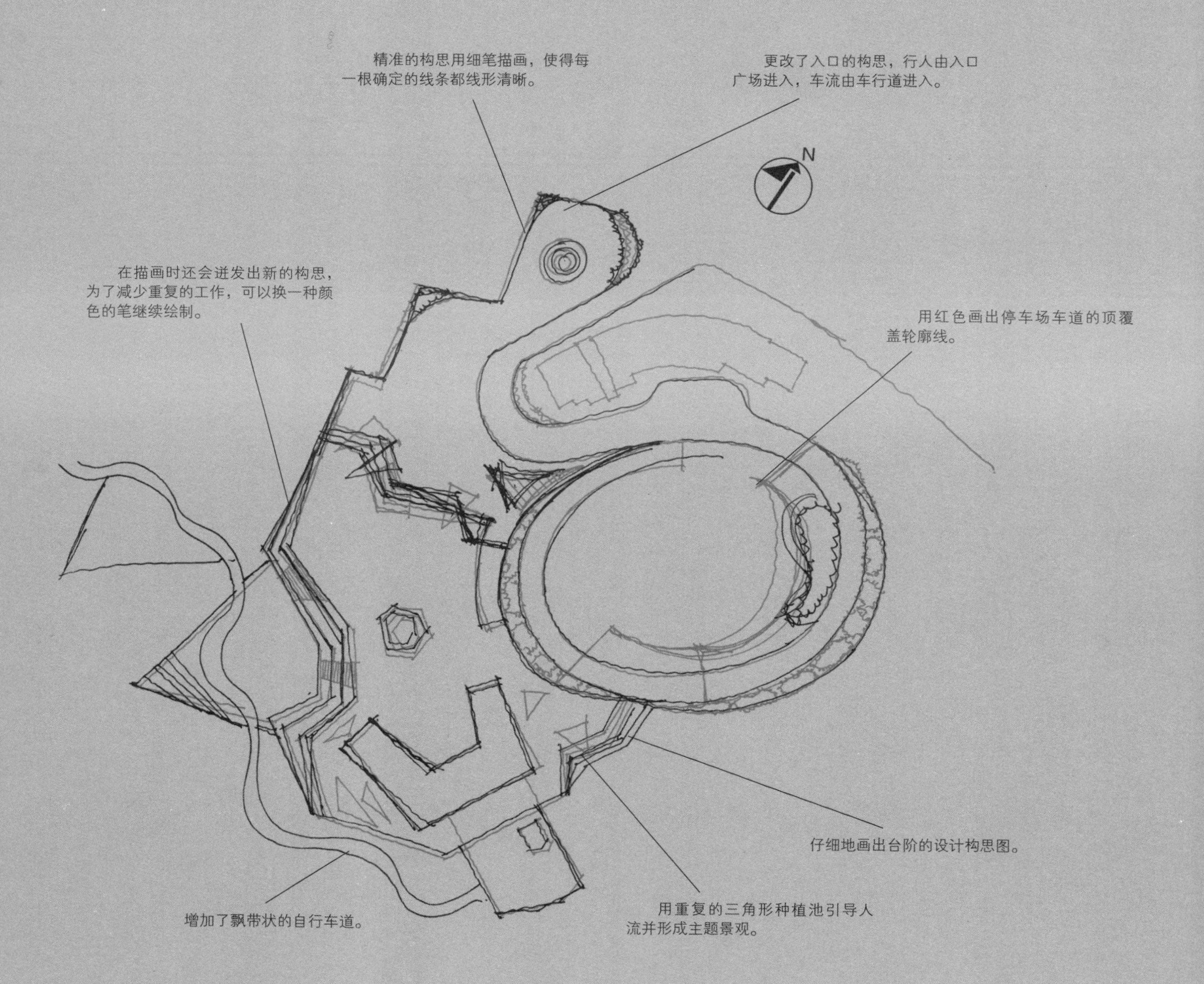

绘制目标

本次草图的目的是用较细的绘图笔把确定下来的构思仔细地描绘下来，为后续进入计算机制图做准备。

终稿草图

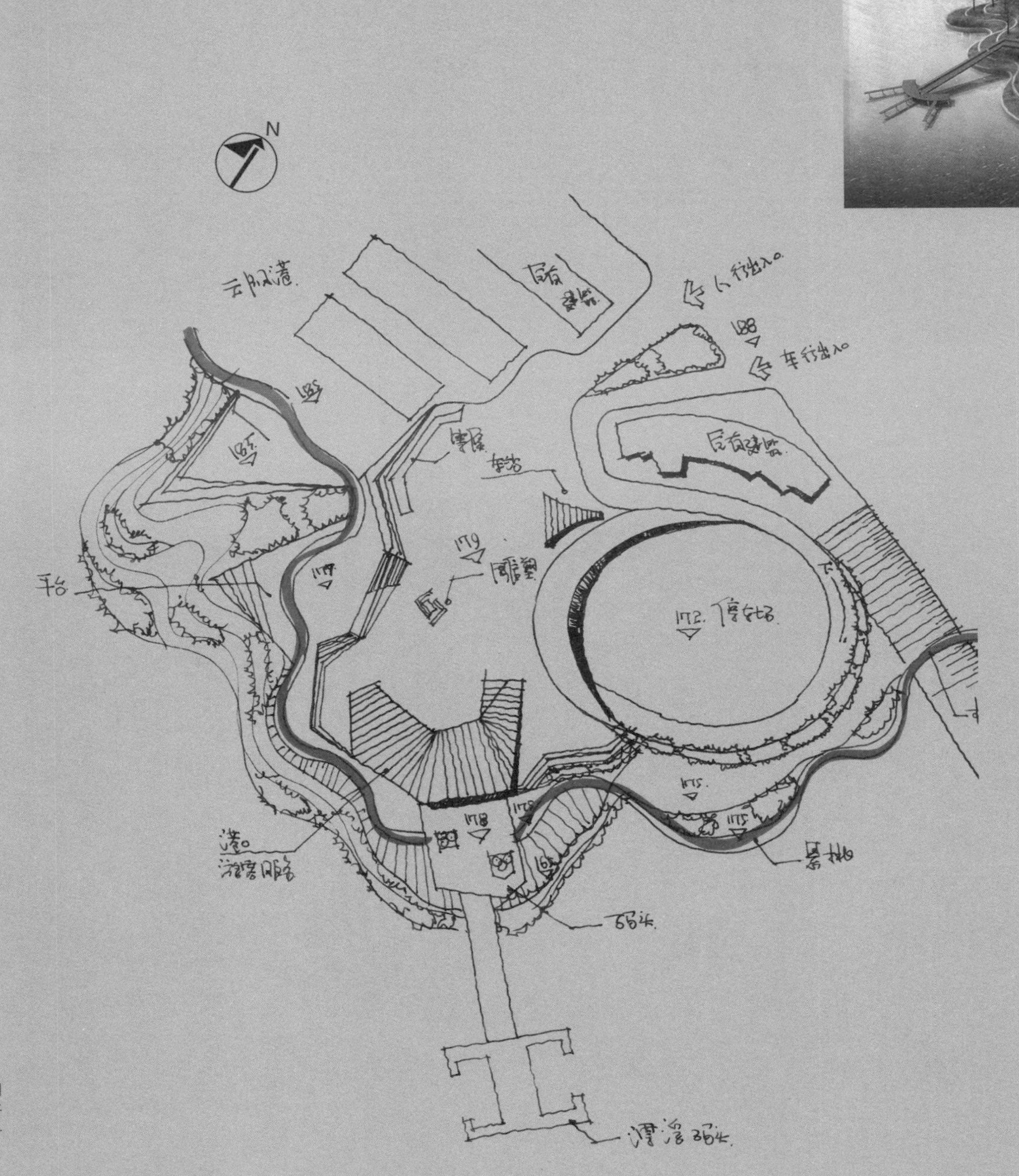

绘制目标

本次草图的目的是用较细的绘图笔把确定下来的构思仔细地描绘下来，为后续进入计算机制图做准备。

案例 14——游船码头综合服务区规划设计

场地分析图

项目介绍

该项目位于长江沿岸，由于三峡大坝的修建，该区域会出现季节性消落带，场地高差巨大，为规划设计带来了很大的难度。

功能要求

1. 游船码头
2. 售票厅
3. 餐厅及超市
4. 酒店

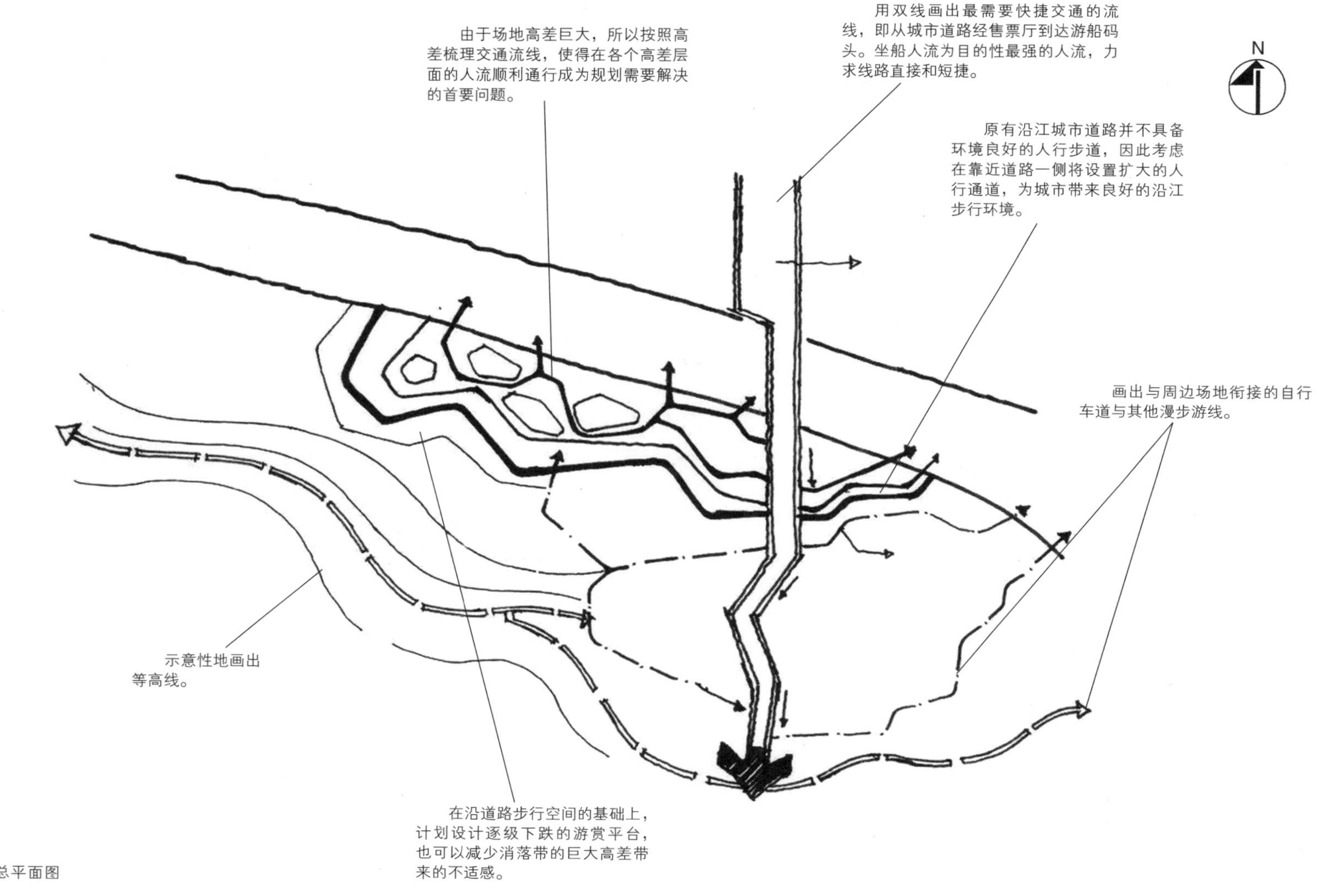

绘制目标

1. 流线分析
2. 布局构思

绘制步骤

1. 打印 1：300 场地现状总平面图作为底图
2. 描画现状道路与场地界限
3. 画出各高差层面交通流线

第一稿规划草图

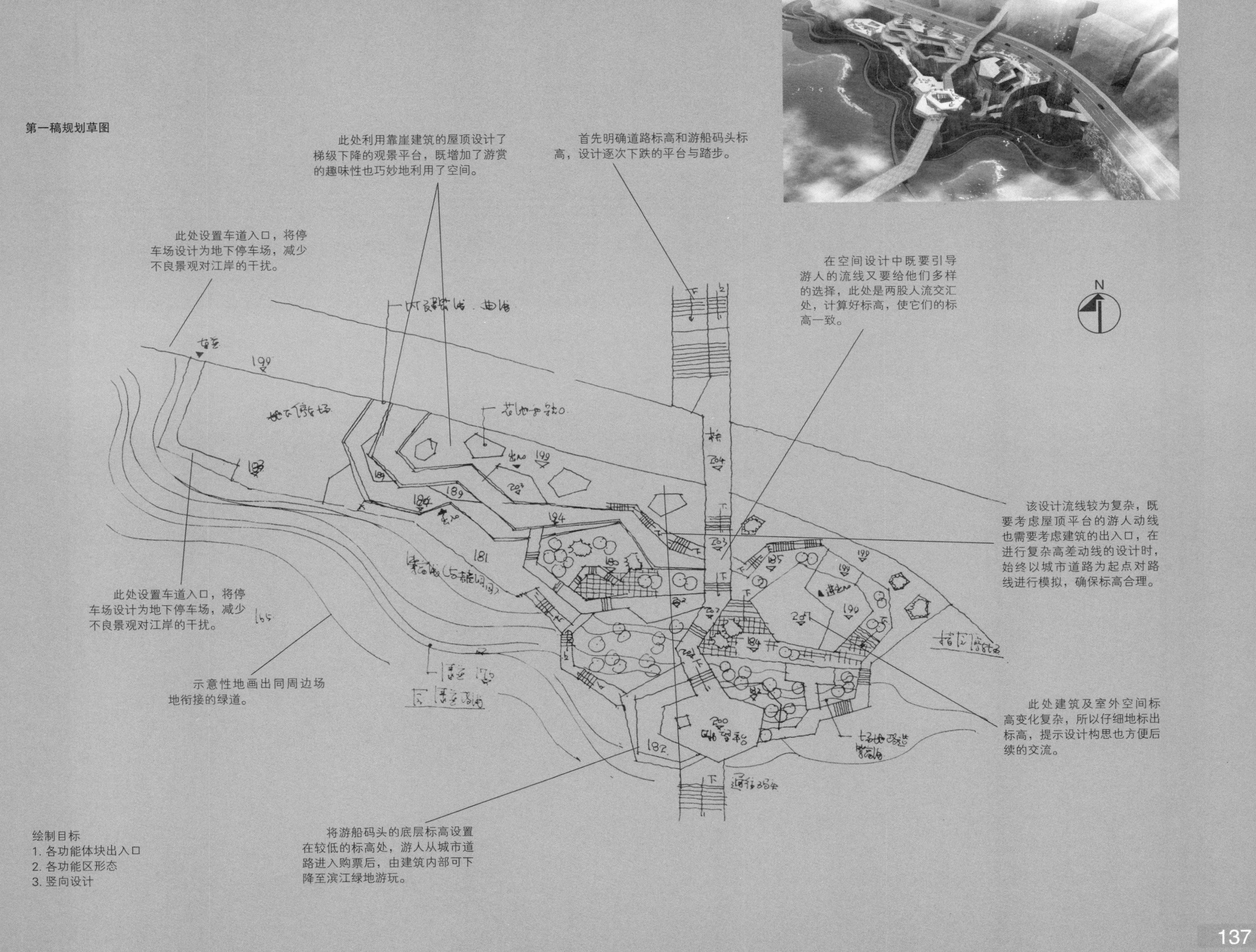

绘制目标

1. 各功能体块出入口
2. 各功能区形态
3. 竖向设计

终稿平面草图

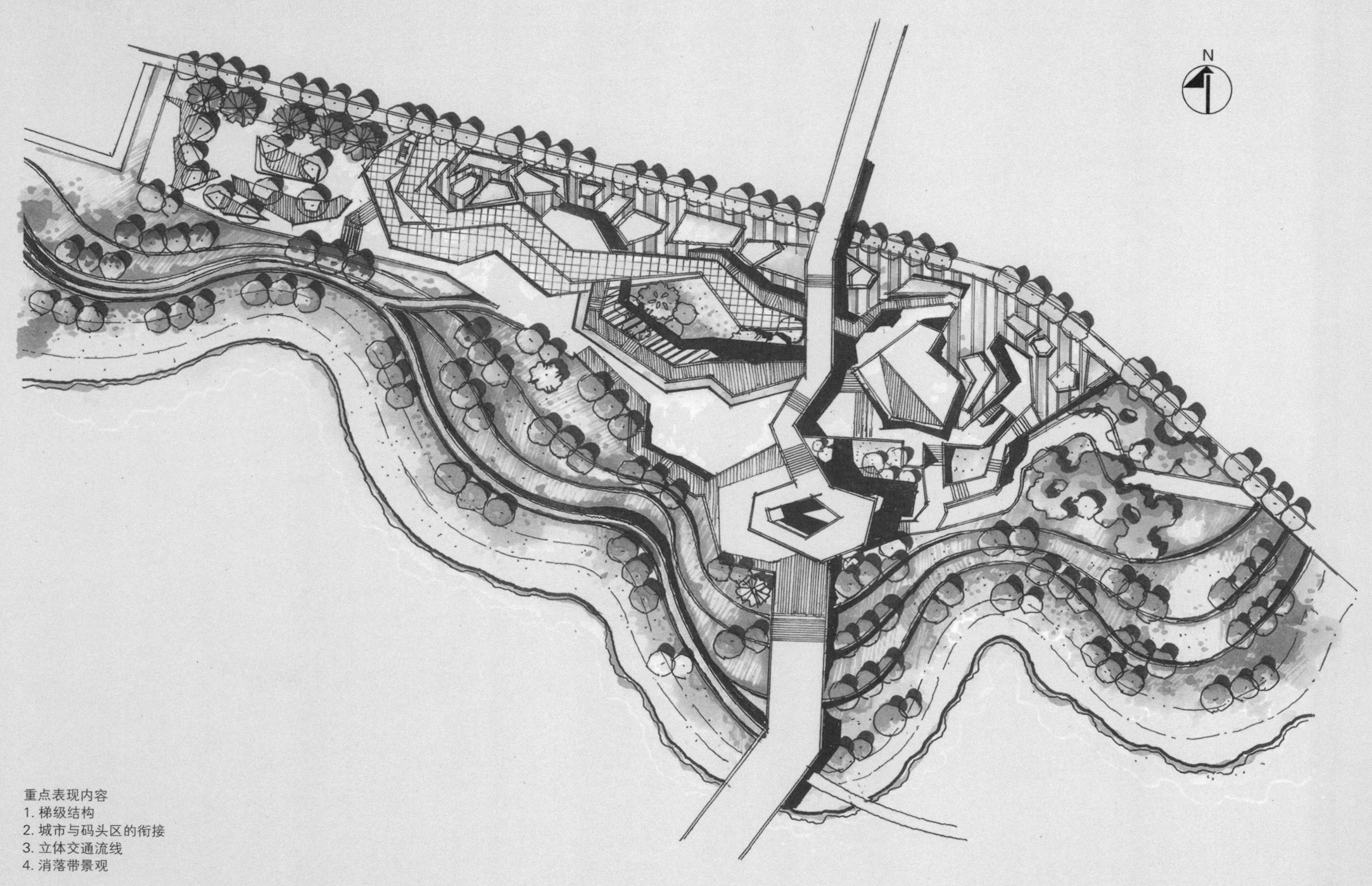

重点表现内容

1. 梯级结构
2. 城市与码头区的衔接
3. 立体交通流线
4. 消落带景观

终稿鸟瞰草图

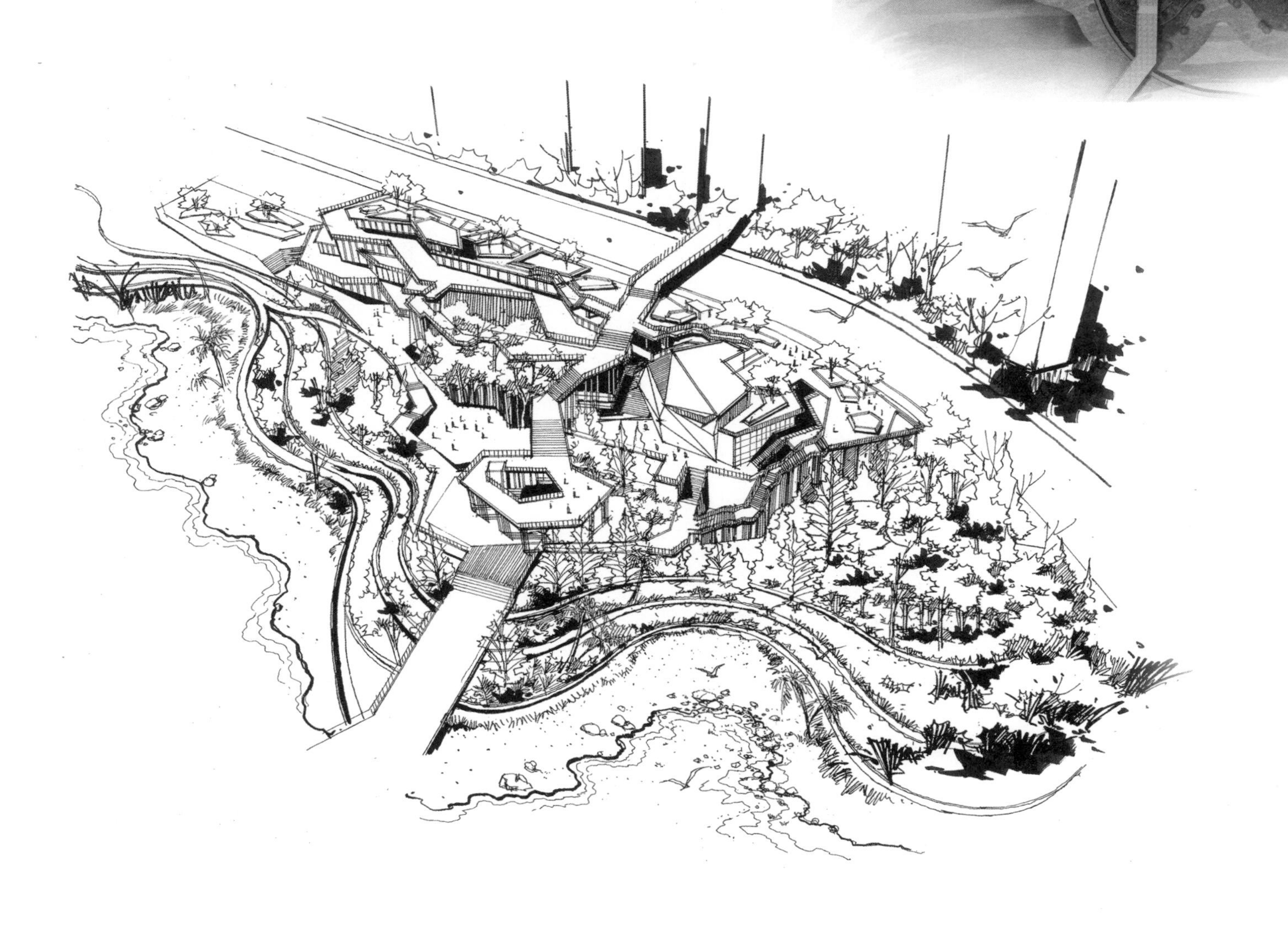

重点表现内容
1. 立体空间层级
2. 立体交通流线
3. 不同标高的高差衔接
4. 阶梯状消落带景观
5. 丰富的空间氛围

案例 15——某产教融合基地规划设计

第一稿规划草图

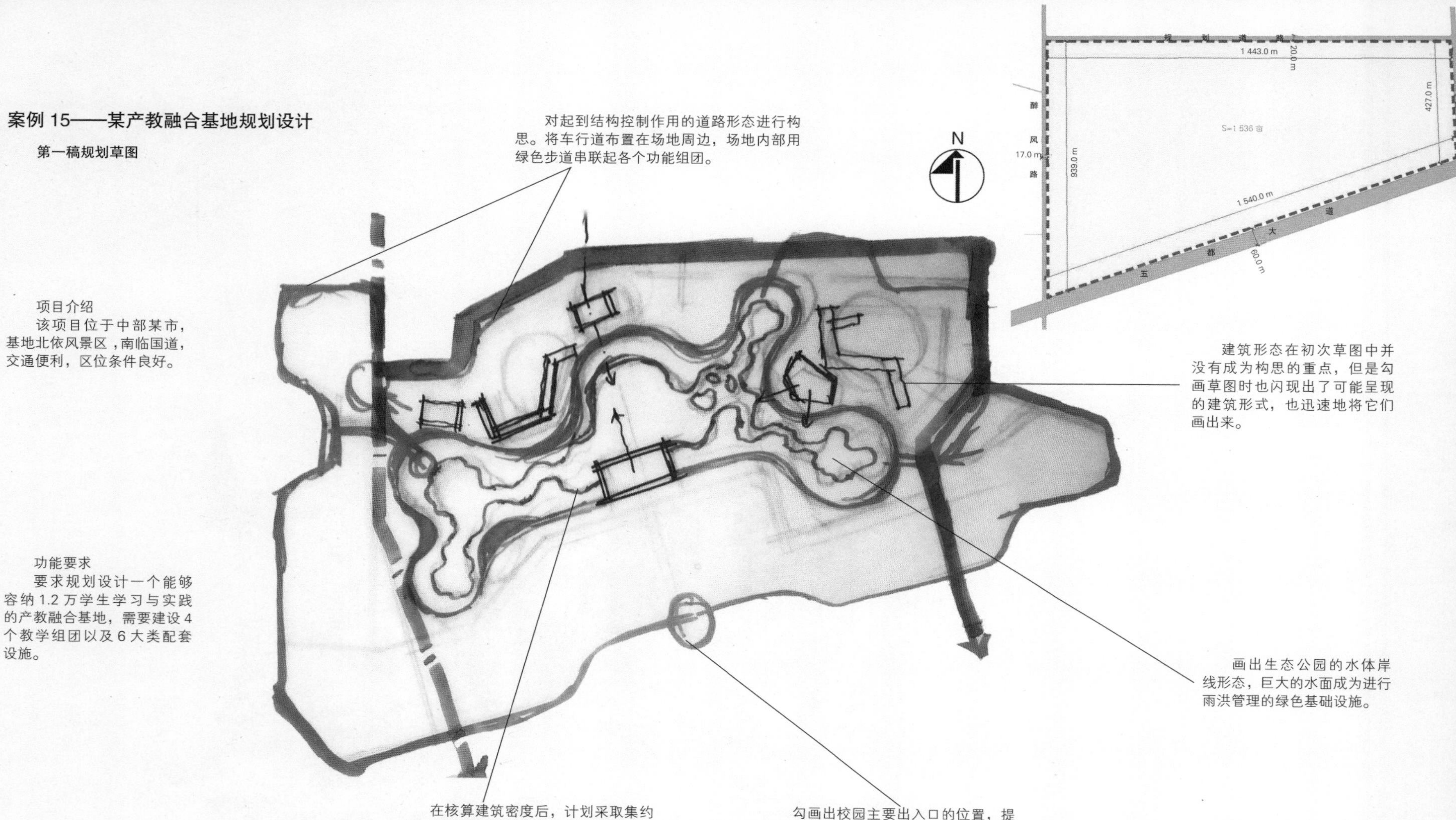

对起到结构控制作用的道路形态进行构思。将车行道布置在场地周边，场地内部用绿色步道串联起各个功能组团。

项目介绍

该项目位于中部某市，基地北依风景区，南临国道，交通便利，区位条件良好。

建筑形态在初次草图中并没有成为构思的重点，但是勾画草图时也闪现出了可能呈现的建筑形式，也迅速地将它们画出来。

功能要求

要求规划设计一个能够容纳 1.2 万学生学习与实践的产教融合基地，需要建设 4 个教学组团以及 6 大类配套设施。

画出生态公园的水体岸线形态，巨大的水面成为进行雨洪管理的绿色基础设施。

在核算建筑密度后，计划采取集约式的规划布局概念。在场地中部规划一个生态公园，将功能组团用地布置在生态公园周边。

勾画出校园主要出入口的位置，提示在规划设计时，需要重视校园轴线同出入口的呼应关系。

经济技术指标

总用地面积：1 024 000 m^2

总建筑面积：409 300 m^2

容积率：0.40

建筑密度：15%

绿地率：60%

绘制步骤

1. 打印 1:1 000 场地现状总平面图作为底图

2. 分析场地空间特征

4. 确定规划结构

5. 核算建筑用地，构思整体空间形态

第二稿规划草图

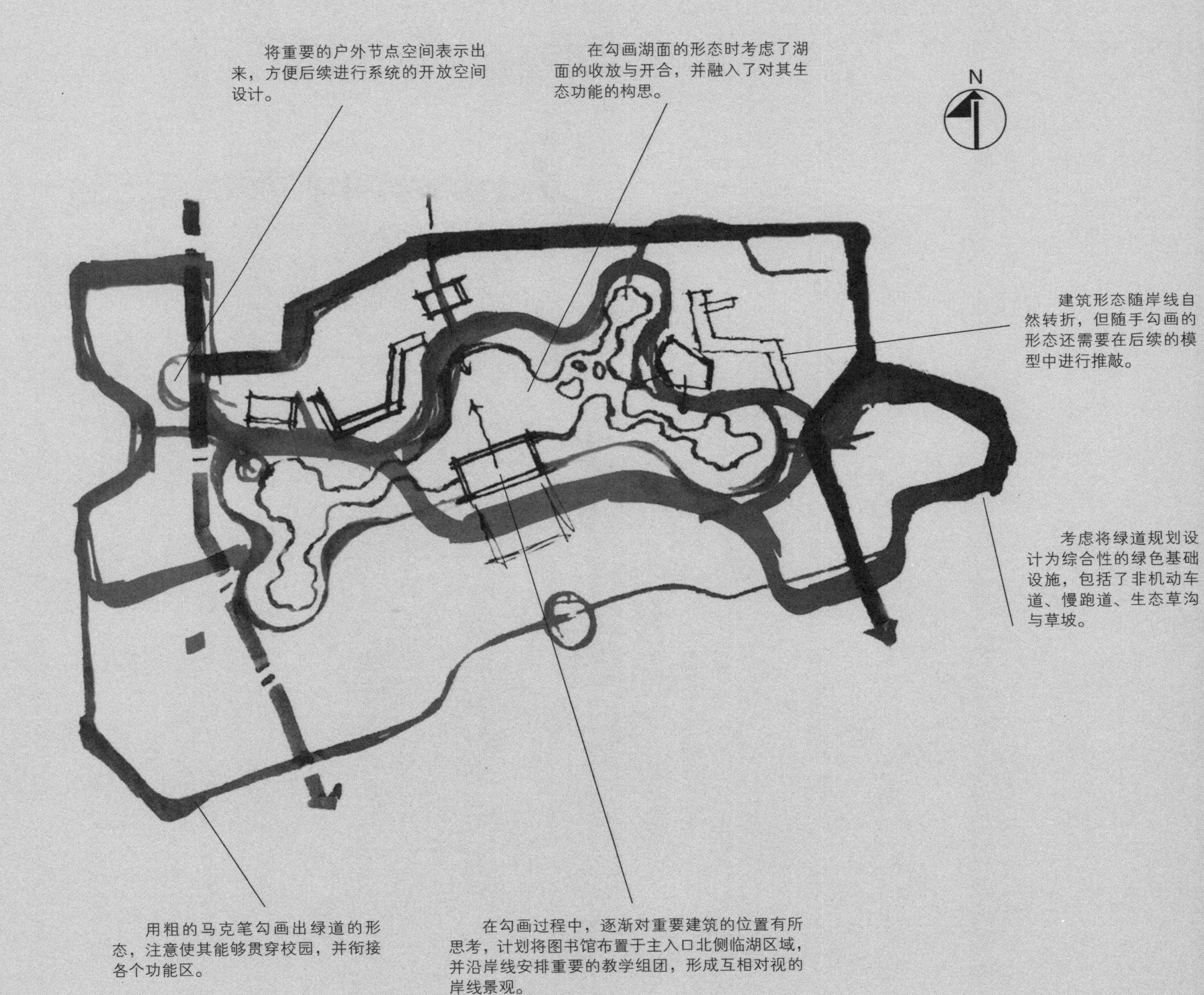

绘制目标

在上一稿草图的基础上继续对规划结构进行优化，强化了绿道及线性绿色基础设施的构思。

第三稿草图

重点表现内容
1. 用地划分
2. 道路体系
3. 功能组团
4. 景观结构

画出概念构思时构想的“触媒中心”，每个组团都布局了一个多功能空间，成为激发融合性科研和教学活动的空间载体。

在核算好各功能组团的用地后，画出外围道路网的形态，这也成为重要功能组团的用地界限。

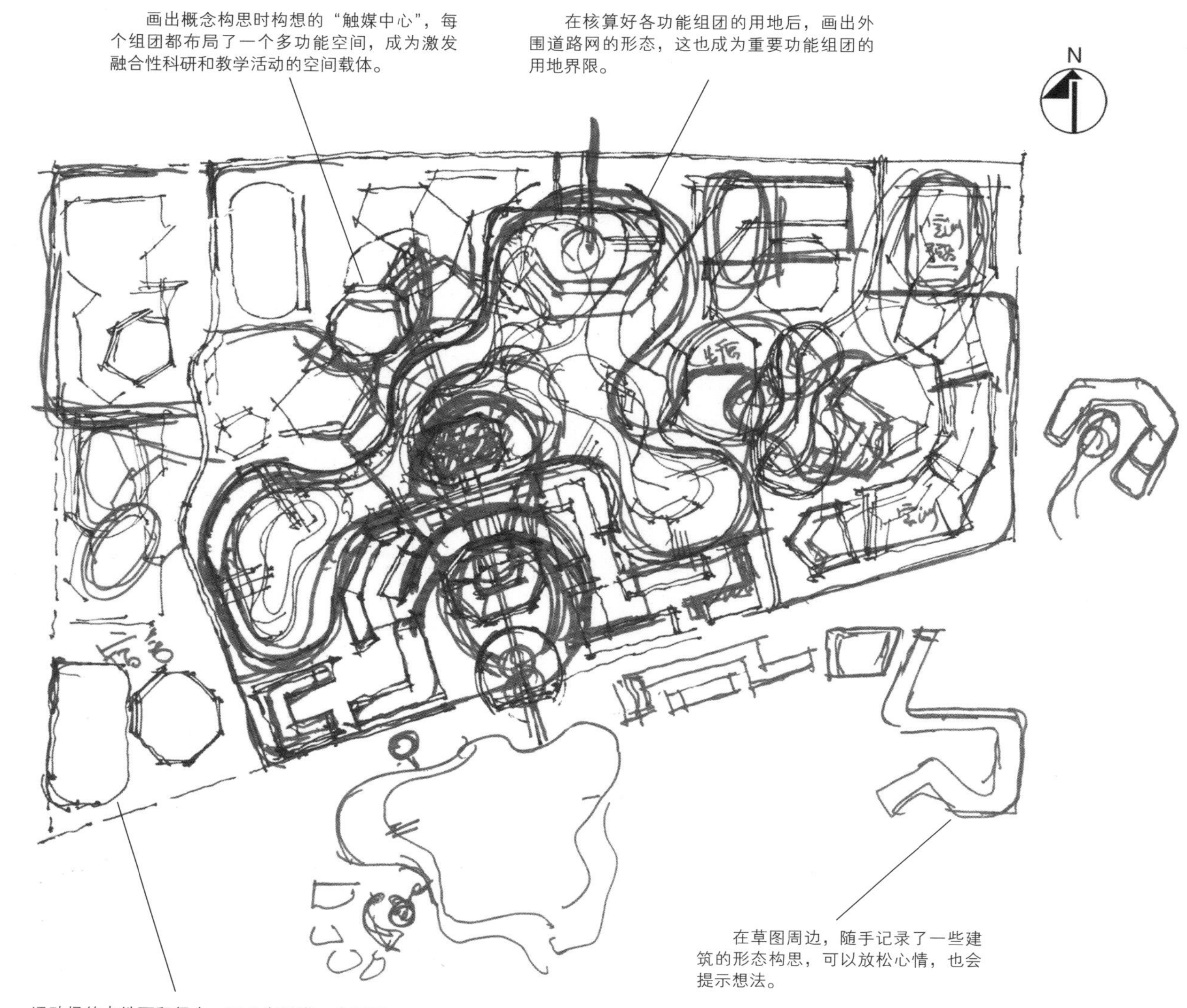

在草图周边，随手记录了一些建筑的形态构思，可以放松心情，也会提示想法。

运动场的占地面积很大，而且有噪声，会对周边功能区产生干扰，所以需要尽早地确定它们的位置，并较为精准地按比例画出运动场的大小，以免对后续规划造成不良的影响。

第四稿草图

重点表现内容

此稿草图表达的内容基本同上一稿草图一致，只是将模糊的构思用清晰的线条明确下来。

画出上一稿草图基本确定的生态公园的外围形态，这样也限定了周边建筑功能组团的用地界限。

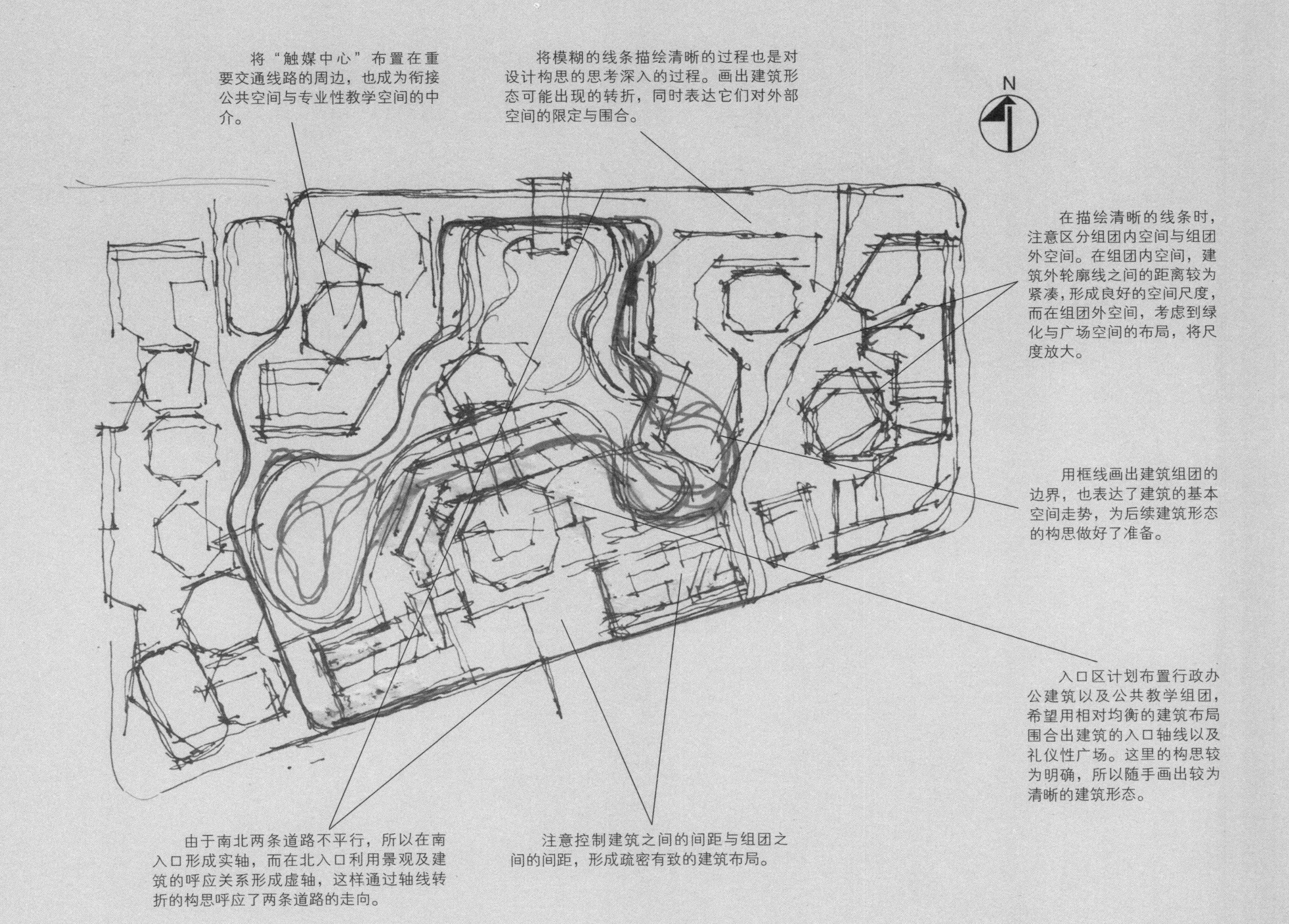

将“触媒中心”布置在重要交通线路的周边，也成为衔接公共空间与专业性教学空间的中介。

将模糊的线条描绘清晰的过程也是对设计构思的思考深入的过程。画出建筑形态可能出现的转折，同时表达它们对外部空间的限定与围合。

在描绘清晰的线条时，注意区分组团内空间与组团外空间。在组团内空间，建筑外轮廓线之间的距离较为紧凑，形成良好的空间尺度，而在组团外空间，考虑到绿化与广场空间的布局，将尺度放大。

用框线画出建筑组团的边界，也表达了建筑的基本空间走势，为后续建筑形态的构思做好了准备。

入口区计划布置行政办公建筑以及公共教学组团，希望用相对均衡的建筑布局围合出建筑的入口轴线以及礼仪性广场。这里的构思较为明确，所以随手画出较为清晰的建筑形态。

由于南北两条道路不平行，所以在南入口形成实轴，而在北入口利用景观及建筑的呼应关系形成虚轴，这样通过轴线转折的构思呼应了两条道路的走向。

注意控制建筑之间的间距与组团之间的间距，形成疏密有致的建筑布局。

第五稿草图

重点表现内容
1. 组团形态
2. 建筑形态
3. 支路路网

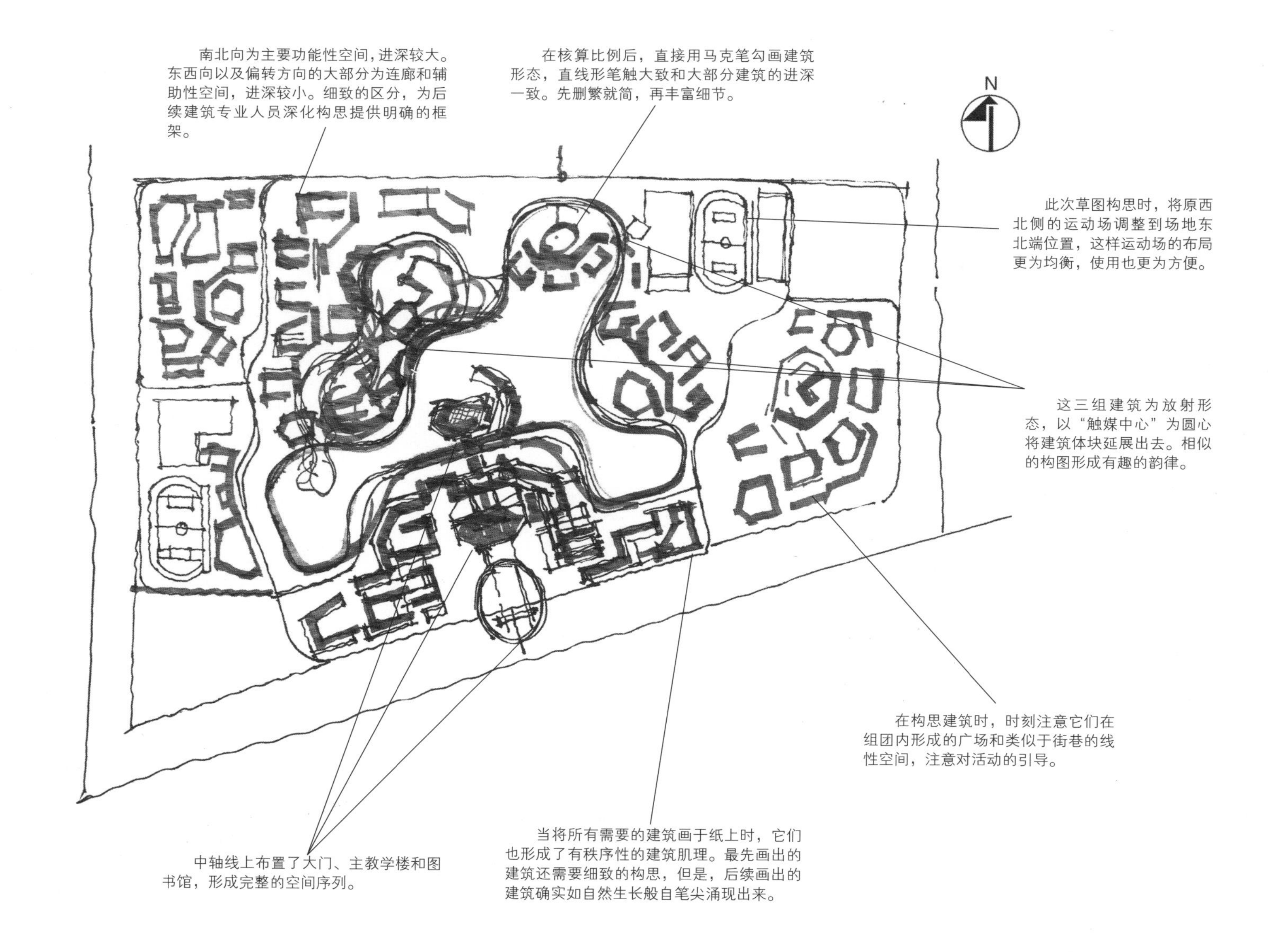

慢行系统分析图

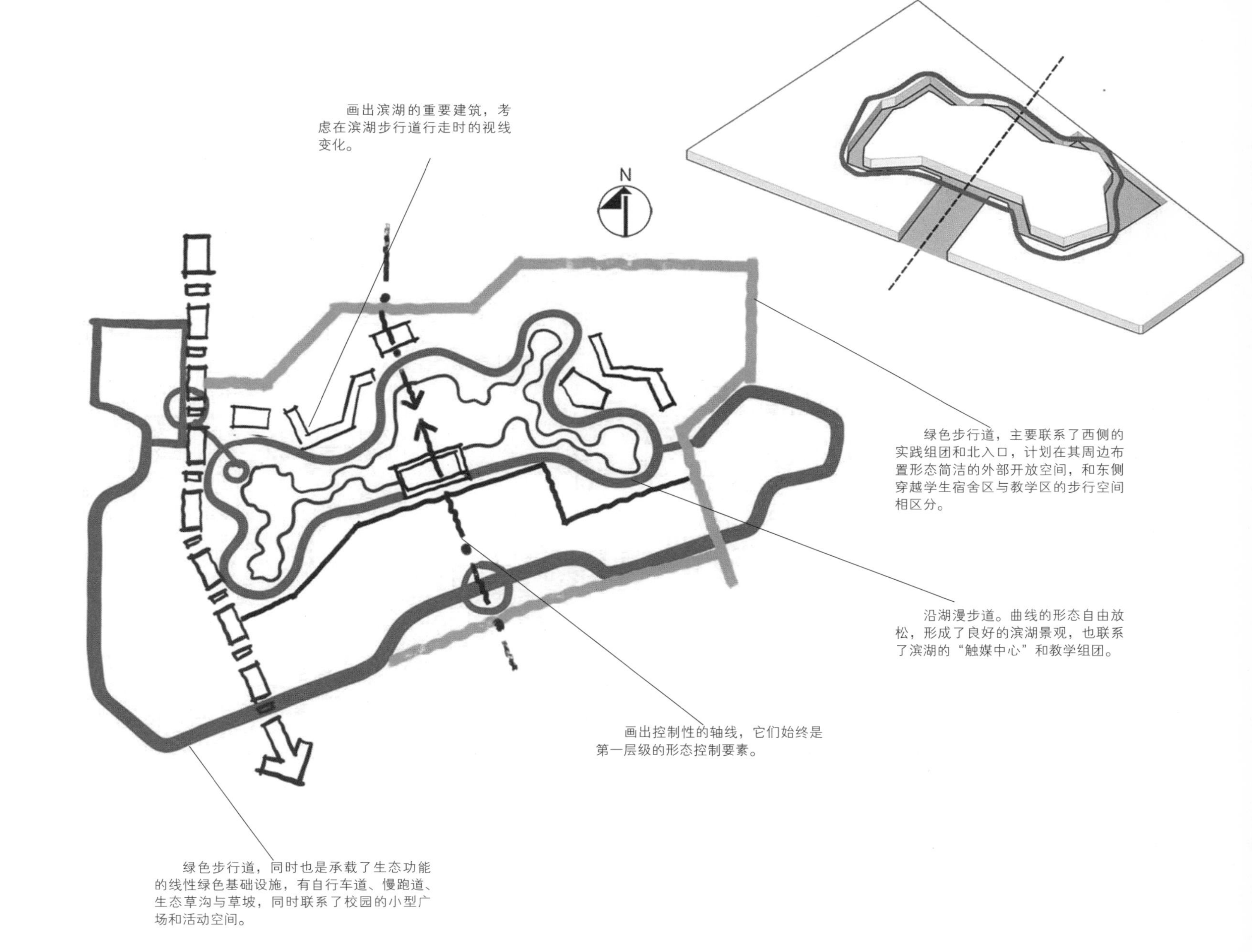
画出滨湖的重要建筑，考虑在滨湖步行道行走时的视线变化。
N
绿色步行道，主要联系了西侧的实践组团和北入口，计划在其周边布置形态简洁的外部开放空间，和东侧穿越学生宿舍区与教学区的步行空间相区分。
沿湖漫步道。曲线的形态自由放松，形成了良好的滨湖景观，也联系了滨湖的“触媒中心”和教学组团。
画出控制性的轴线，它们始终是第一层级的形态控制要素。
绿色步行道，同时也是承载了生态功能的线性绿色基础设施，有自行车道、慢跑道、生态草沟与草坡，同时联系了校园的小型广场和活动空间。

功能分区图

学生宿舍区，布置于场地西侧，有西入口保证学生进出方便。

后勤服务区，后续深入设计时发现此分析图预留用地过大，进行了调整。

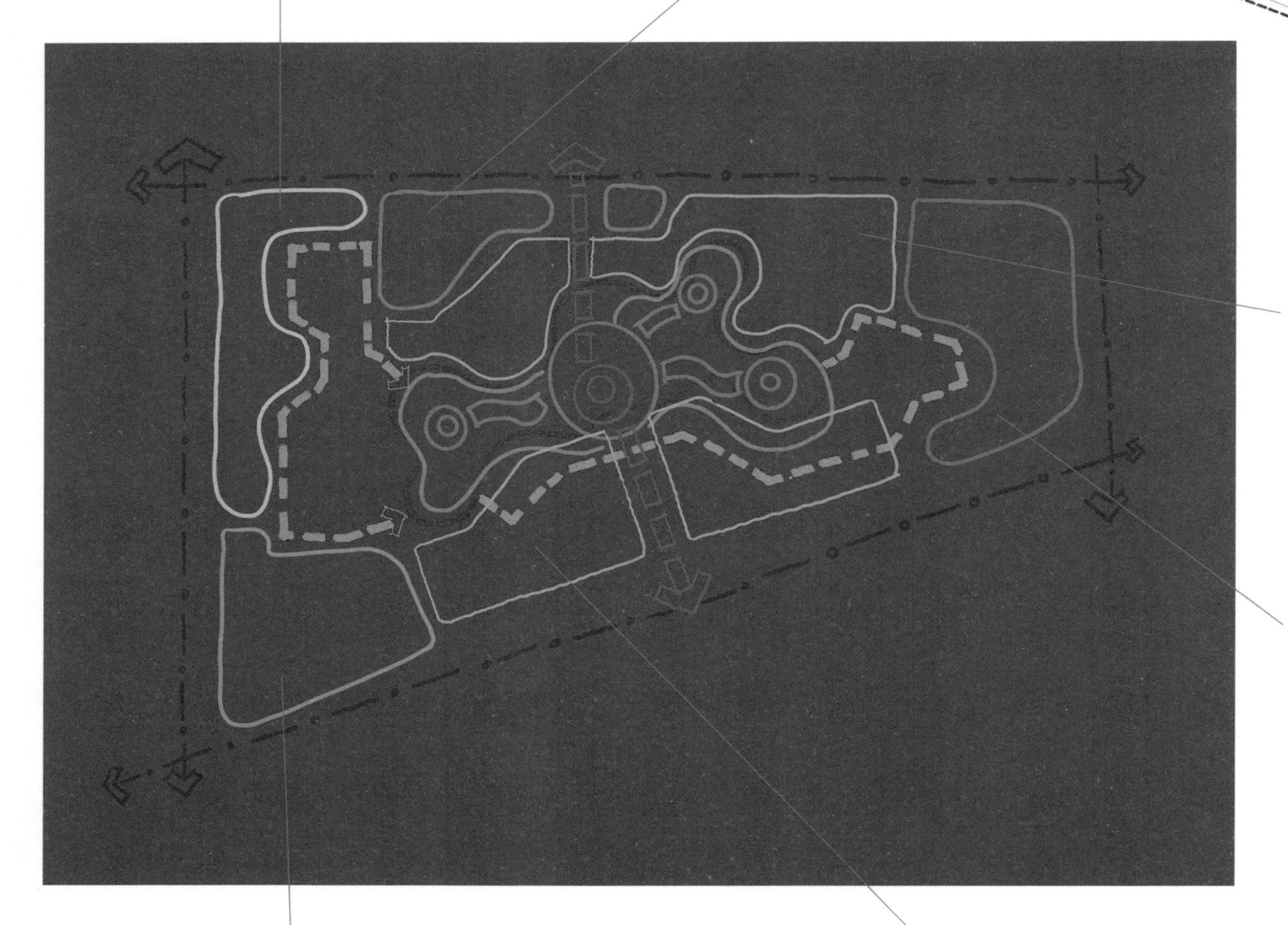

教学组团，沿湖布置，相对独立也联系方便，形成了既灵活也高效的教学空间。

实践组团，毗邻西入口，相对独立，且距离西部已经形成的产业园较近，便于形成良好的交流互动氛围。

体育运动区，布置了体育场与体育馆，毗邻南部主要道路，可以形成良好的校园建筑界面，也方便单独开口。

校前区，布置了行政办公建筑与主教学楼，沿着南端道路东西向展开。

总平面构思草图

将前期的各个分项构思综合表达在一张图纸上。

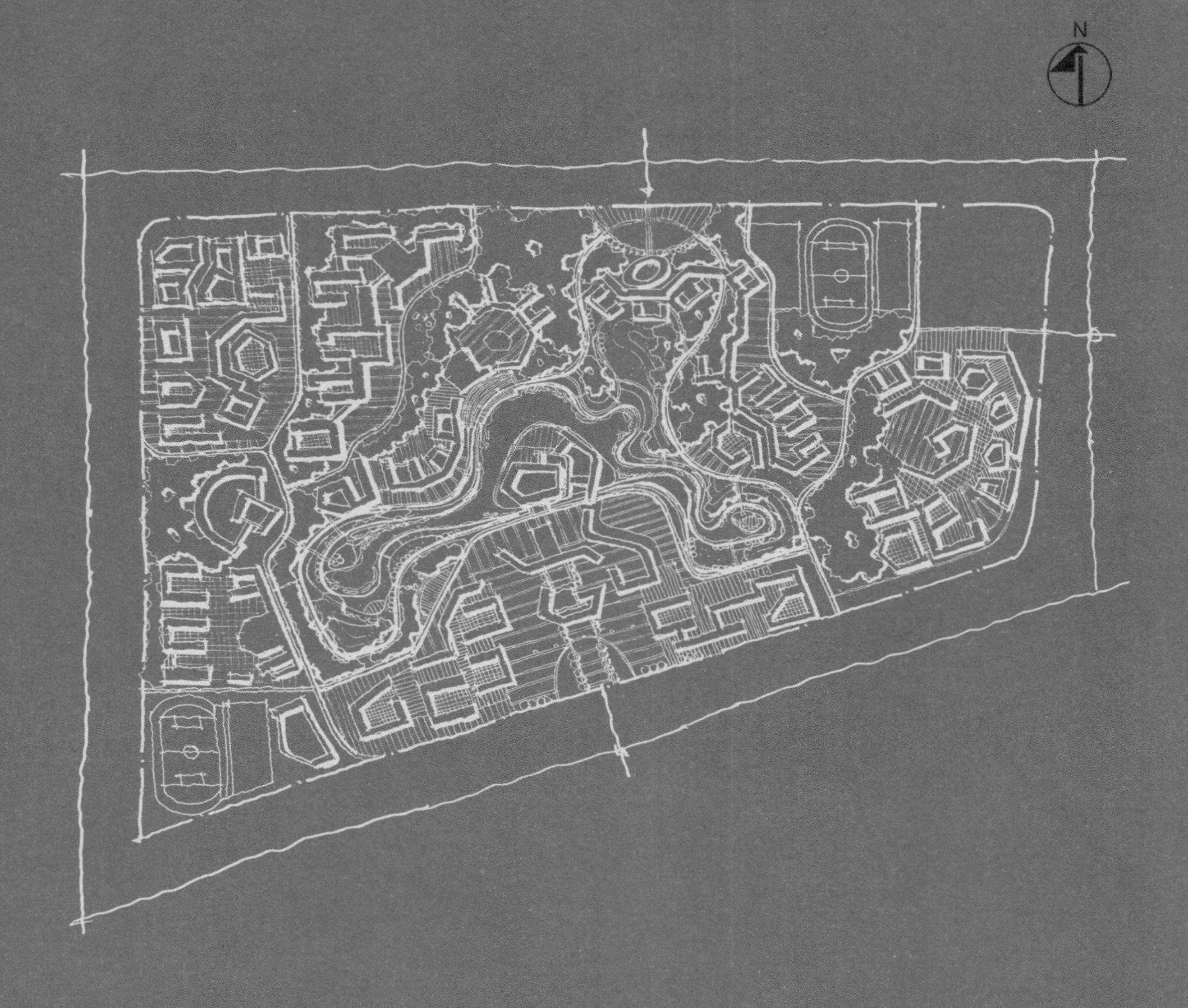

总平面构思草图

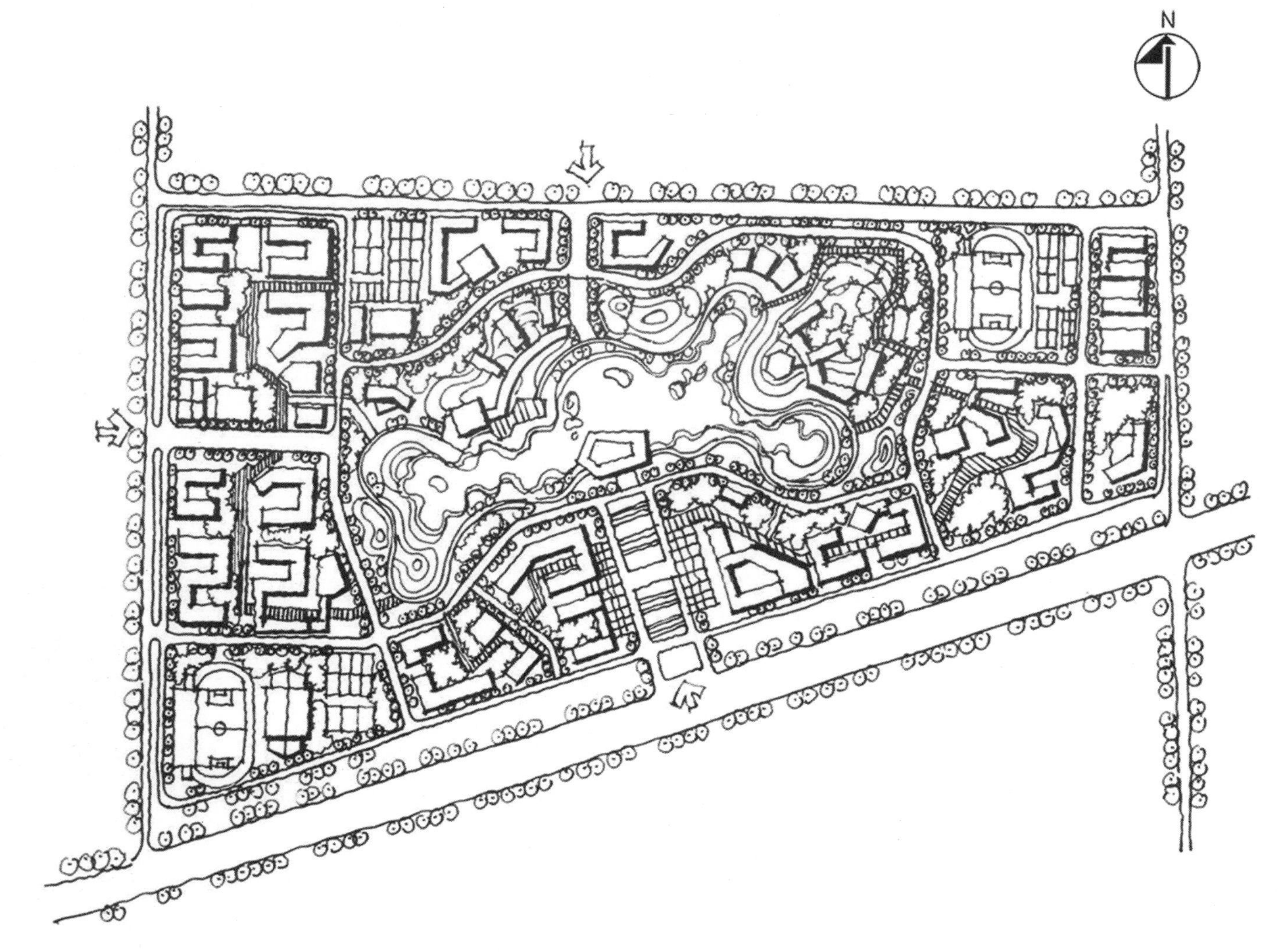

绘制目标

在建筑设计专业人员完成了单体设计后，将原来草图中的建筑单体进行替换，形成完整的构思草图，这样，外部空间的用地界限与构思也得以深入下去。

总平面构思草图

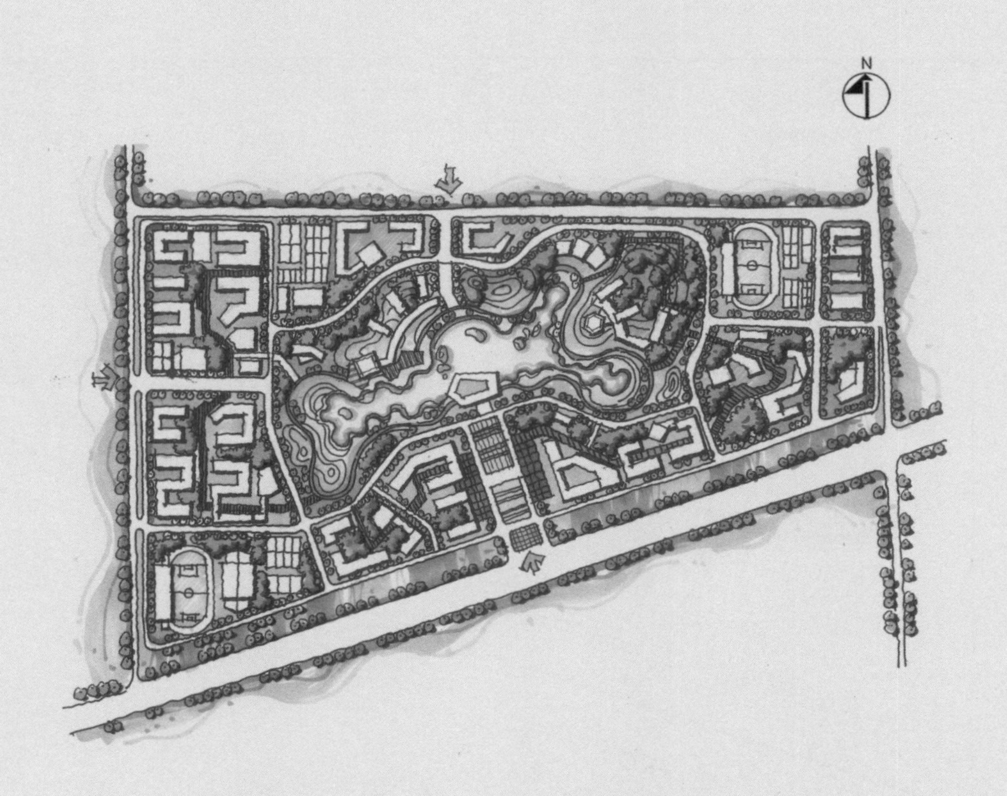

绘制目标

在上一稿草图上用马克笔上色，形成可以与各个专业深入沟通的阶段性图纸。

核心区构思草图

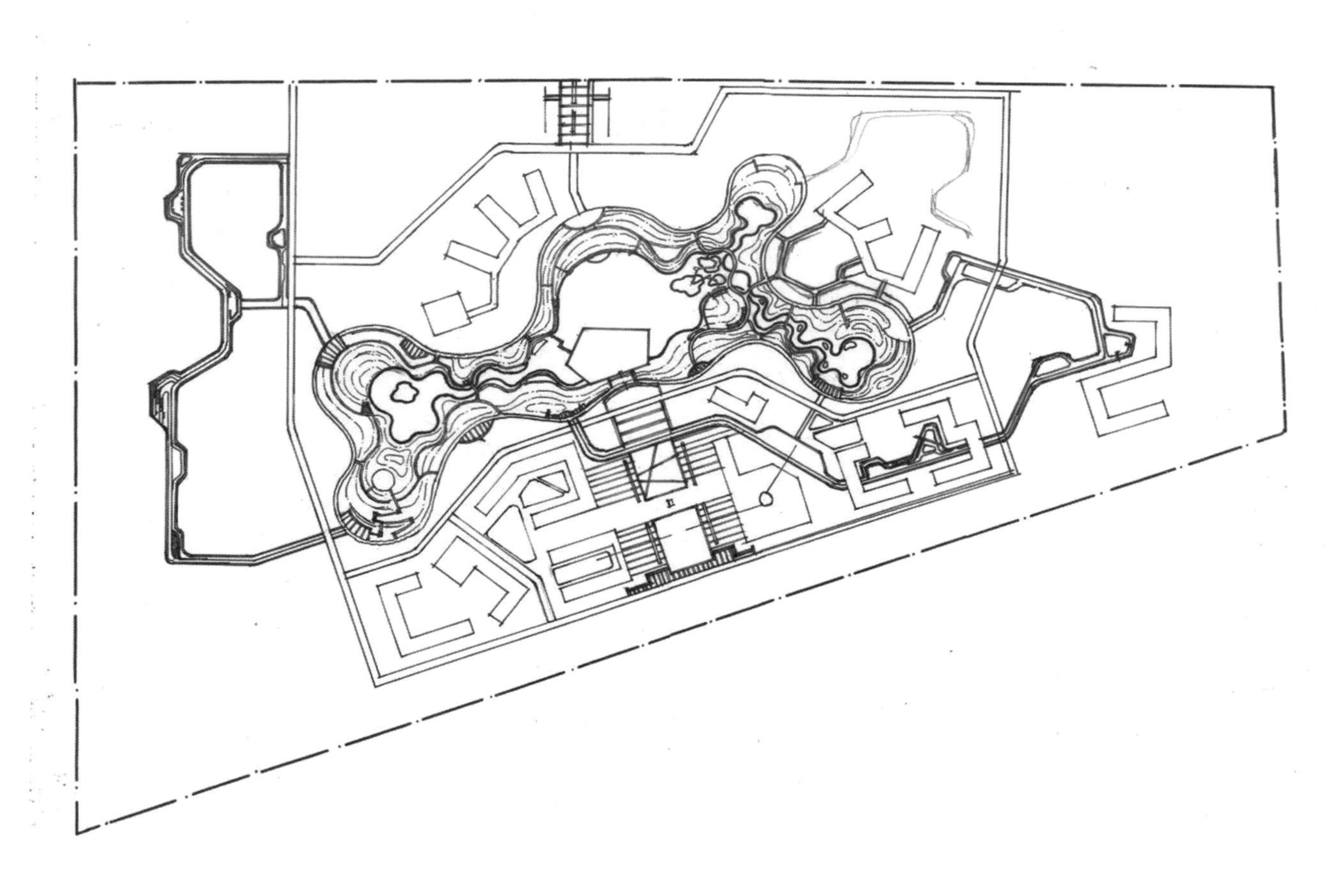

绘制目标

对核心区的景观进行构思，因为此方案的规划特点为采取集约式建筑用地并预留中央生态公园，所以在规划阶段就将生态公园的构思表达出来，以期保证后续深化时规划构思的完整性。

案例 16——某历史地段更新改造设计

现状分析图

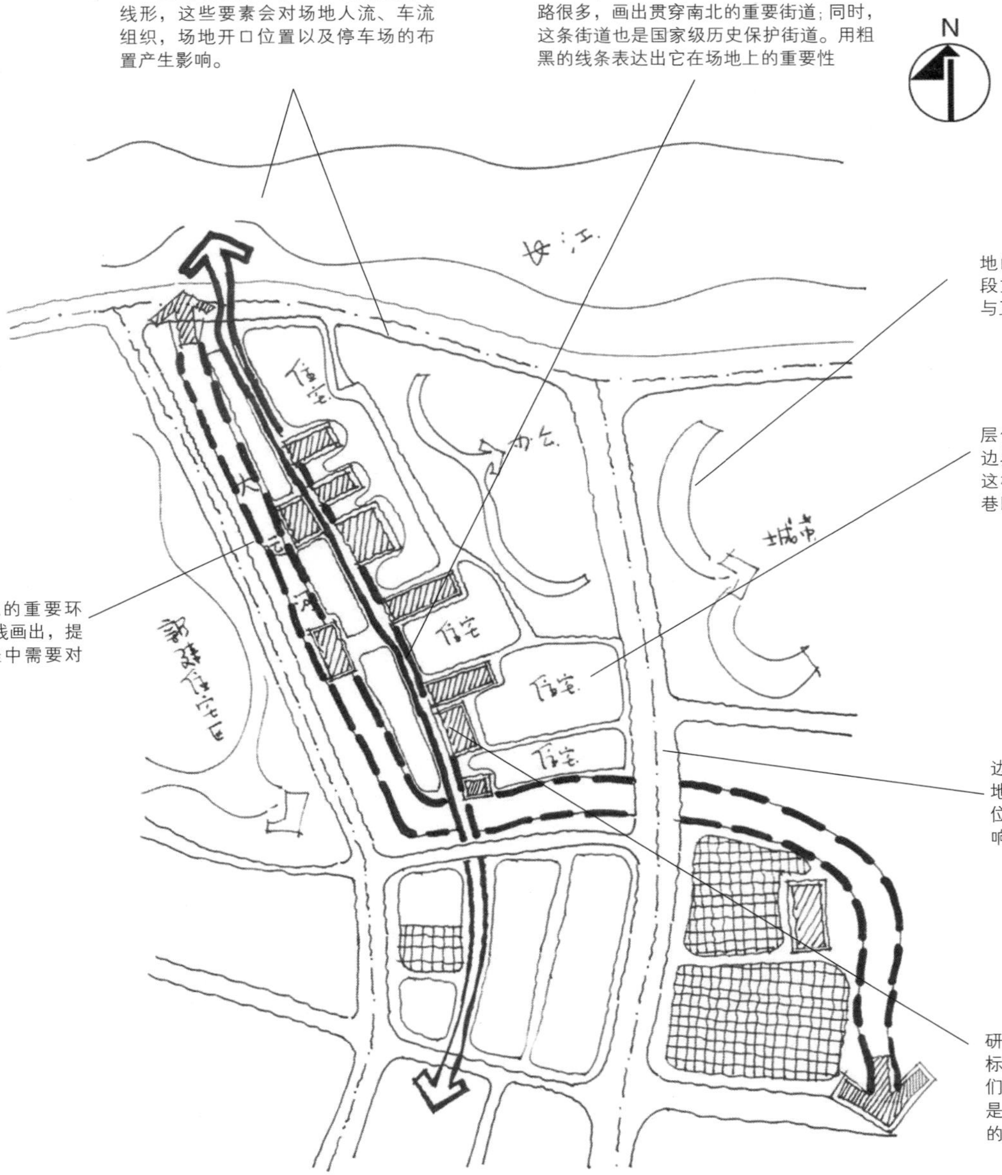

项目介绍

该项目位于江南某市中心城区。

北依长江，大运河从场地内穿过。场地内有历史性保护街道一条以及市级历史文物保护建筑若干。项目力求通过更新改造设计，改善人居环境，激发社区活力，在传承历史文化的基础上承载一定的当代城市生活功能。

经济技术指标

总用地面积：18.28 hm^2

总建筑面积：110 432 m^2

容积率：0.42

建筑密度：43%

绿地率：16.62%

规划要求

1. 改善人居环境
2. 传承历史文脉
3. 保护历史街道与历史建筑
4. 植入新的城市功能

画出场地外围长江以及周边道路线形，这些要素会对场地人流、车流组织，场地开口位置以及停车场的布置产生影响。

现状场地内道路体系很不完善，断头路很多，画出贯穿南北的重要街道；同时，这条街道也是国家级历史保护街道。用粗黑的线条表达出它在场地上的重要性

用简要的线条表达周边场地的用地功能，需要在规划阶段重视与周边场地功能的衔接与互动。

场地大面积的建筑均为单层住宅，在调研了各个组团的边界后，将它们画在草图纸上。这样，就同时提示了现状的街巷以及小组团的位置。

大运河是场地的重要环境要素，用粗黑虚线画出，提示在规划设计过程中需要对其做出回应。

画出场地外围长江以及周边道路线形，这些要素会对场地人流、车流组织，场地开口位置以及停车场的布置产生影响。

历史地段更新项目现状调研的工作量巨大，在草图纸上标出重要的历史建筑位置，它们是规划重要的现状要素，也是后续进行场地历史文脉研究的重要起点。

现状建筑肌理分析图

现场建筑大部分为传统形式的民居，包括四合院、三合院以及沿街的一字形建筑，将它们描绘在草图纸上，看似是单调乏味的体力工作，其实是对建筑形式的研究和记忆。

滨运河空间是一个狭长地带，且由于运河的存在，对其功能、空间都将有不同的构思。把现状运河边的建筑也描画出来，形成脑海中的清晰印象。

这里的合院住宅保护较为完整，加建少，挑选建筑质量优秀的房屋描画出来，它们形成了清晰的图底关系。

在历史过程中，还出现了一些形态特殊的建筑，体量较大，将它们也描绘出来，考虑未来的更新改造。

此处为 20 世纪 50 年代建设的多层住宅，描画出来后，可以清晰地看到它们形成了另外一种肌理。

场地周边建筑由于毗邻道路，大部分均已改做商业用途，其建筑体量也较大，把它们画出来思考更新改造的思路。

N

绘制目标

通过徒手描绘的方式研究现状建筑肌理，熟悉特色类型的建筑布局以及特殊建筑的形态及功能，为后续规划设计做准备。

道路系统规划草图

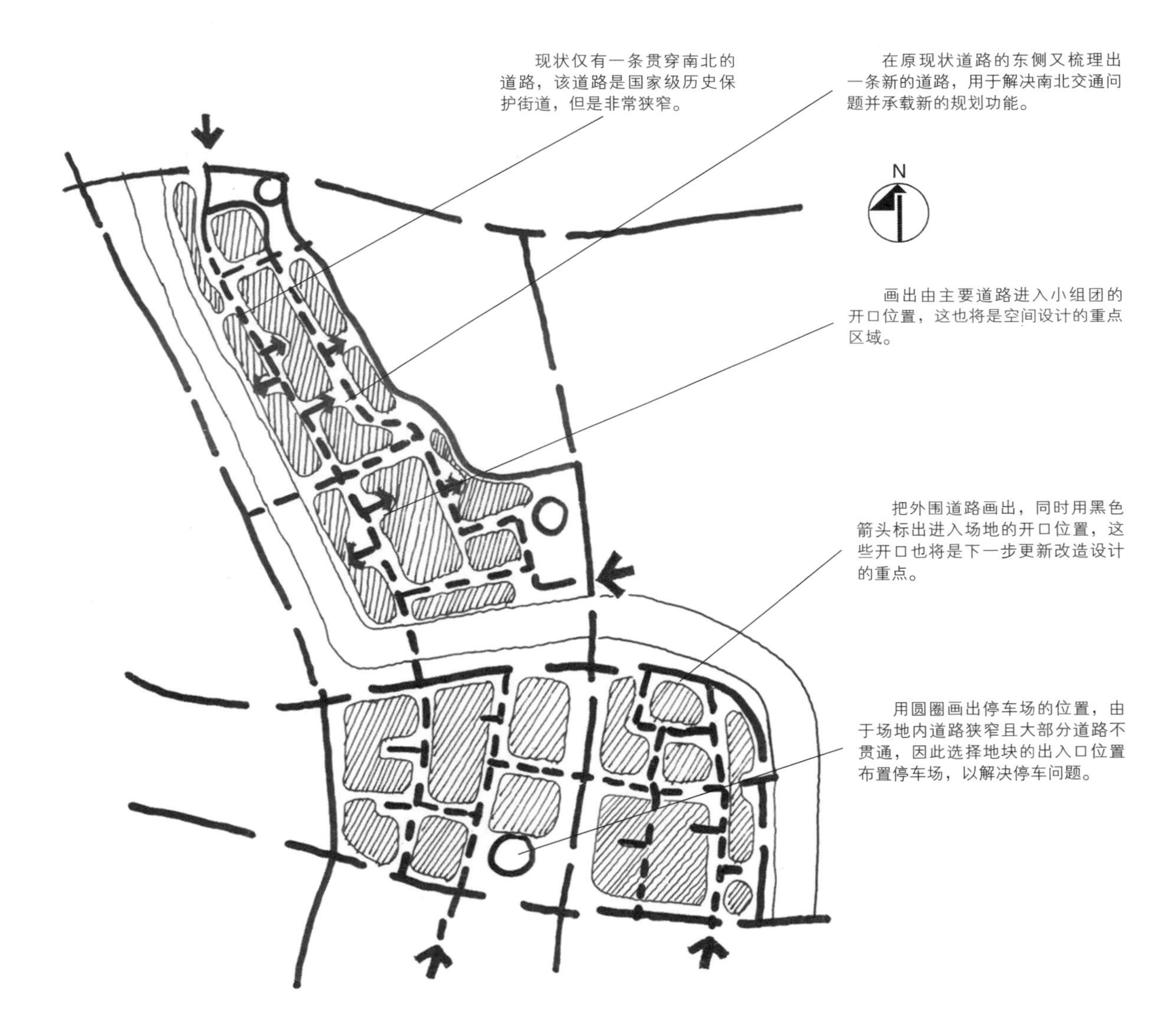

绘制目标

本次草图的目的是对场地道路系统进行梳理和规划，同时考虑各个小组团出入口的位置以及停车场的布局。

功能分区规划草图

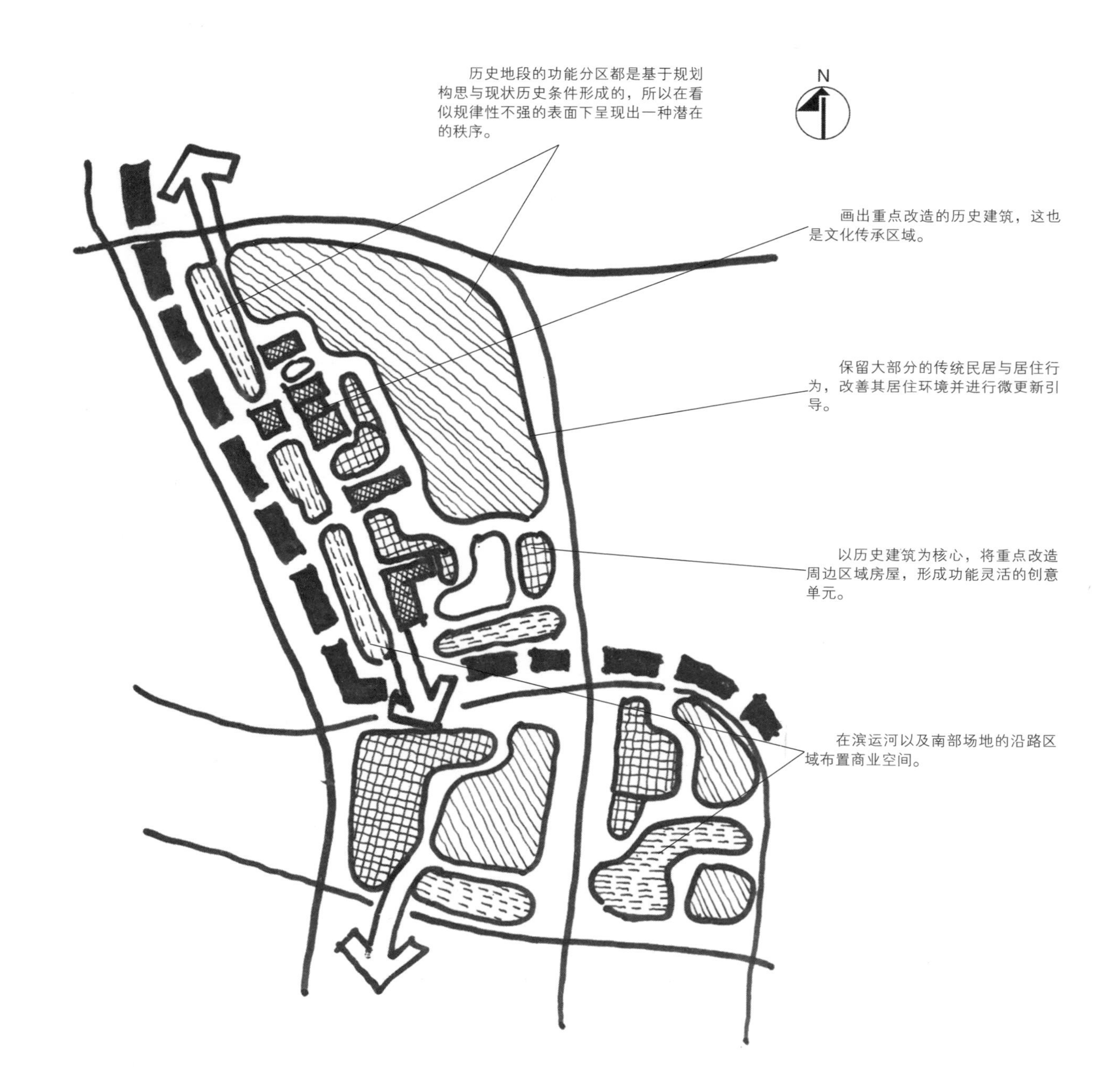

绘制目标

本次草图的目的是在现状改造的基础上进行功能区的划分。

规划结构构思草图

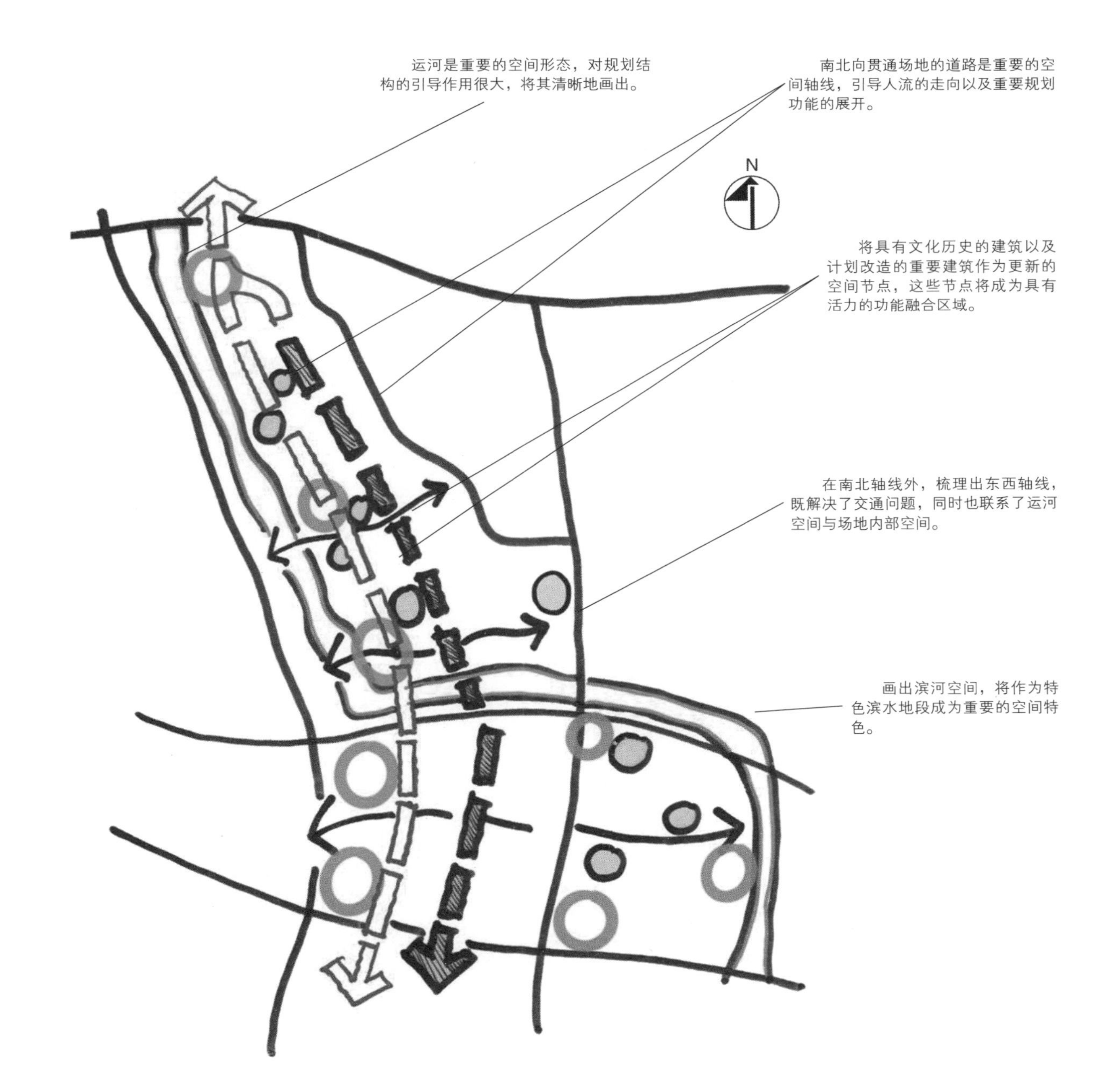

绘制目标

本次草图的目的是对规划结构进行构思，考虑重要的规划轴线与规划节点。

规划总平面草图

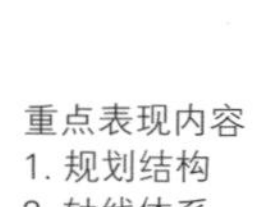

重点表现内容

1. 规划结构
2. 轴线体系
3. 重要功能区布局
4. 建筑改造后形态
5. 新规划开放空间

规划总平面上色草图

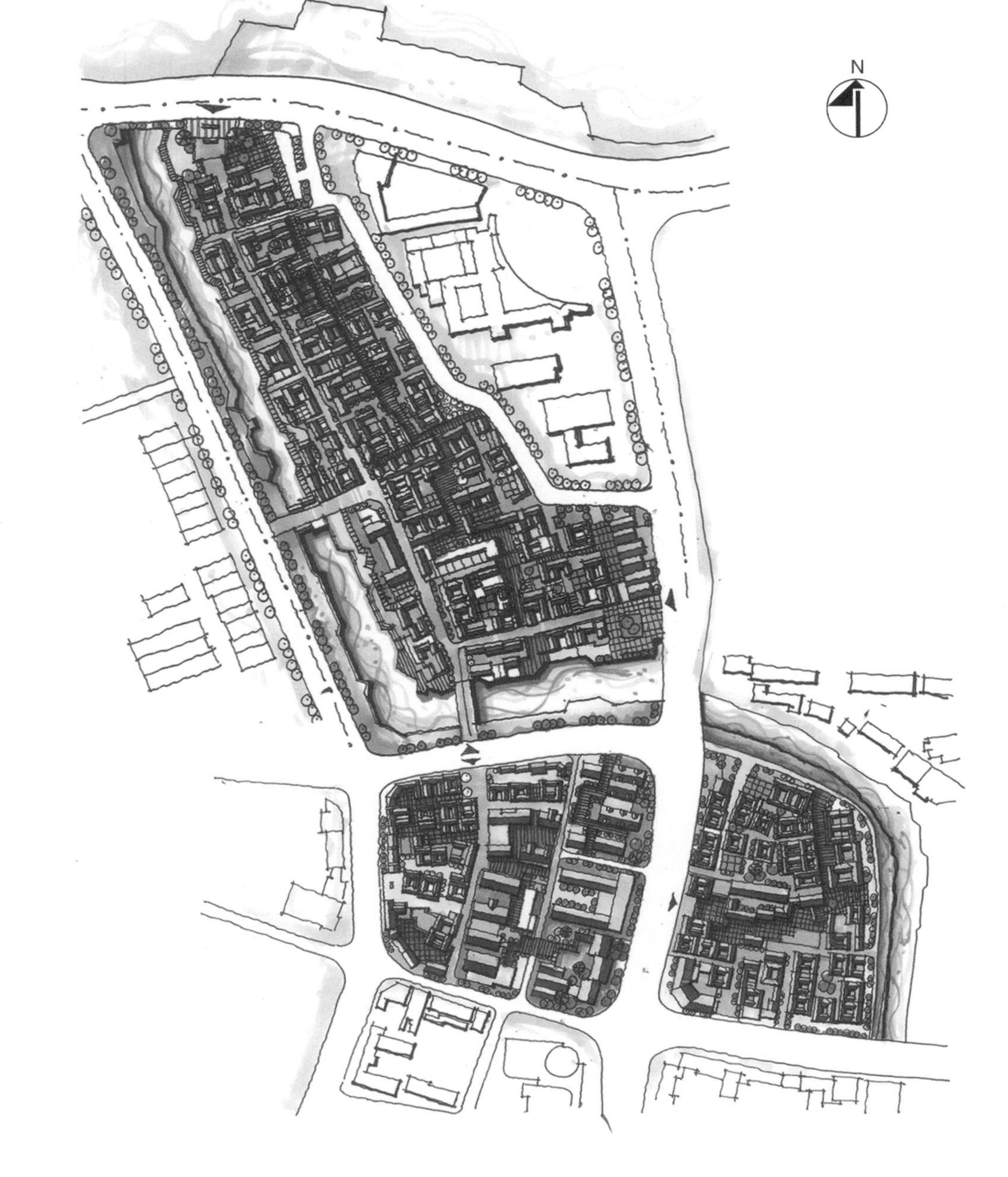

重点表现内容
1. 用颜色强调轴线空间
2. 用颜色区分外部空间与建筑空间
3. 用颜色强化图底关系
4. 生动表达规划设计内容

局部规划总平面上色草图

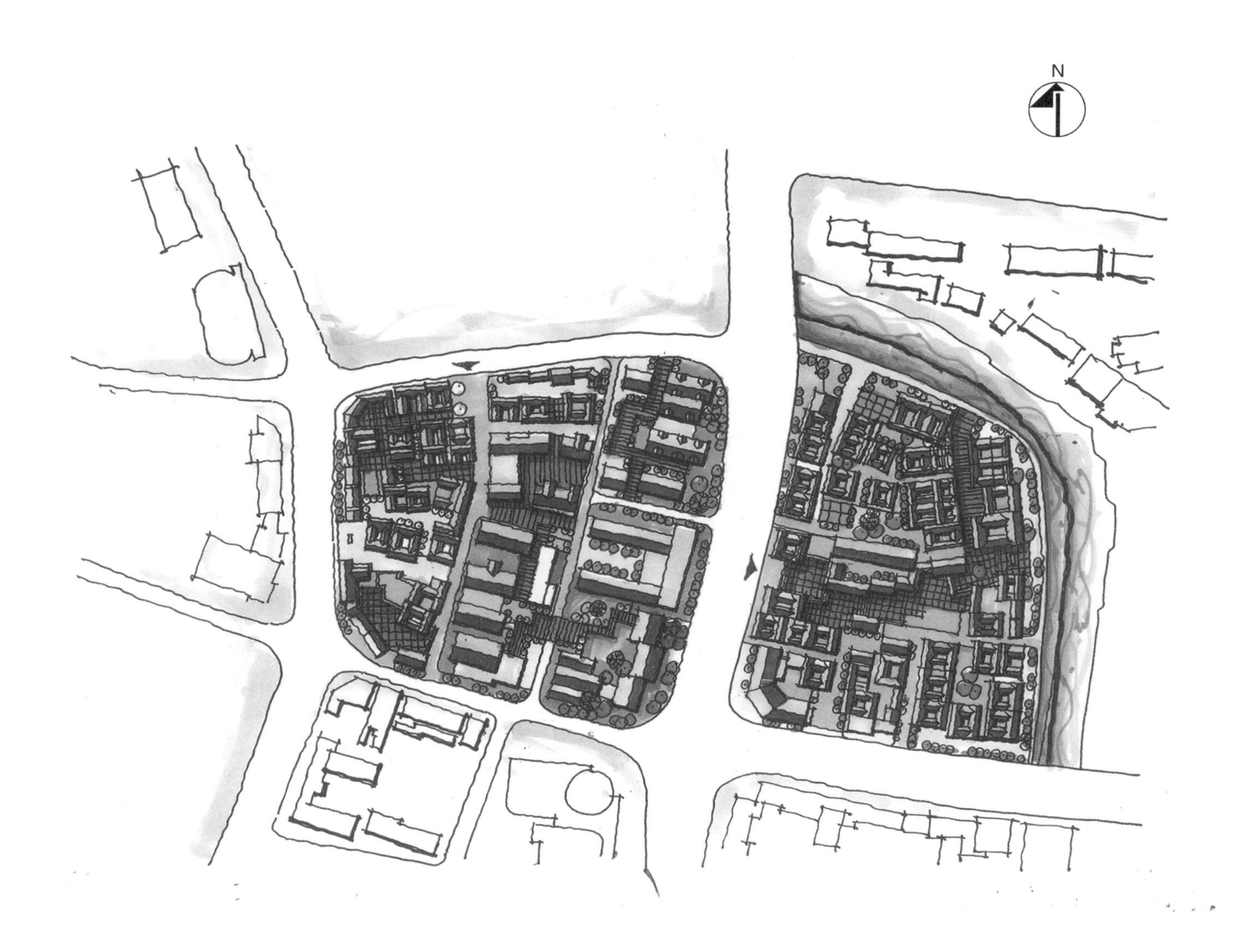

重点表现内容
1. 街巷空间
2. 建筑改造构思
3. 外部空间设计
4. 生动表达规划设计内容

快速构思案例草图

某商业地块规划构思

表达内容

1. 商业建筑布局
2. 交通解决方式
3. 外部空间构思
4. 整体区域建筑形态

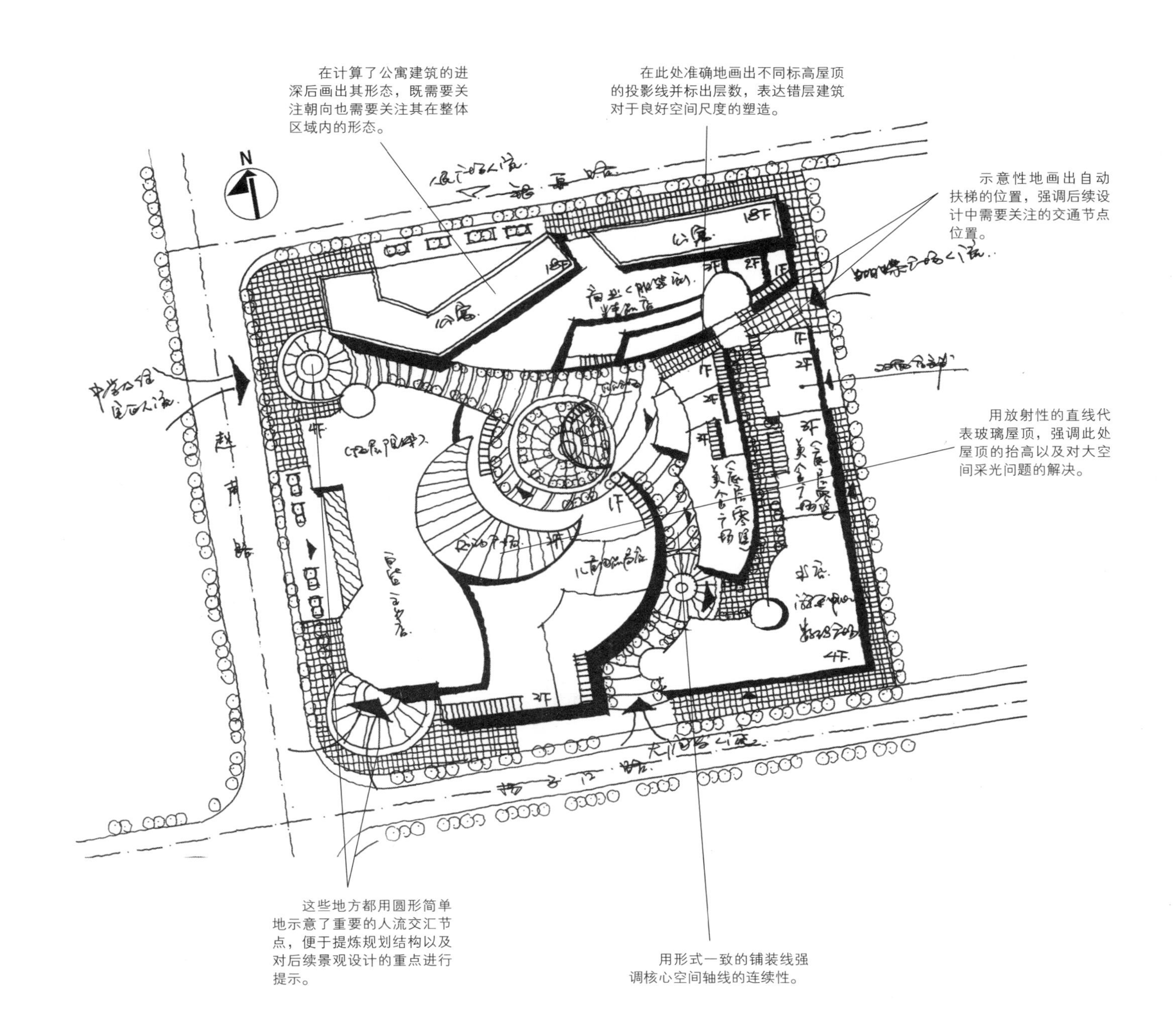

某游船码头规划构思

表达内容
1. 用地划分
2. 各功能用地形态
3. 服务建筑形态
4. 重要景观构思

轻松地画出水面的岸线，柔软的曲线勾勒出图纸放松的情绪以及水岸场地的特质。

画出大型停车场的位置并分隔车位以核算是否满足任务书要求，但是停车场和道路的交接关系表达得并不清晰。

示意性地画出台阶以表达由城市道路经过跌落的广场进入游艇码头的概念。由台阶分隔的广场序列形成了引导性很强的空间。

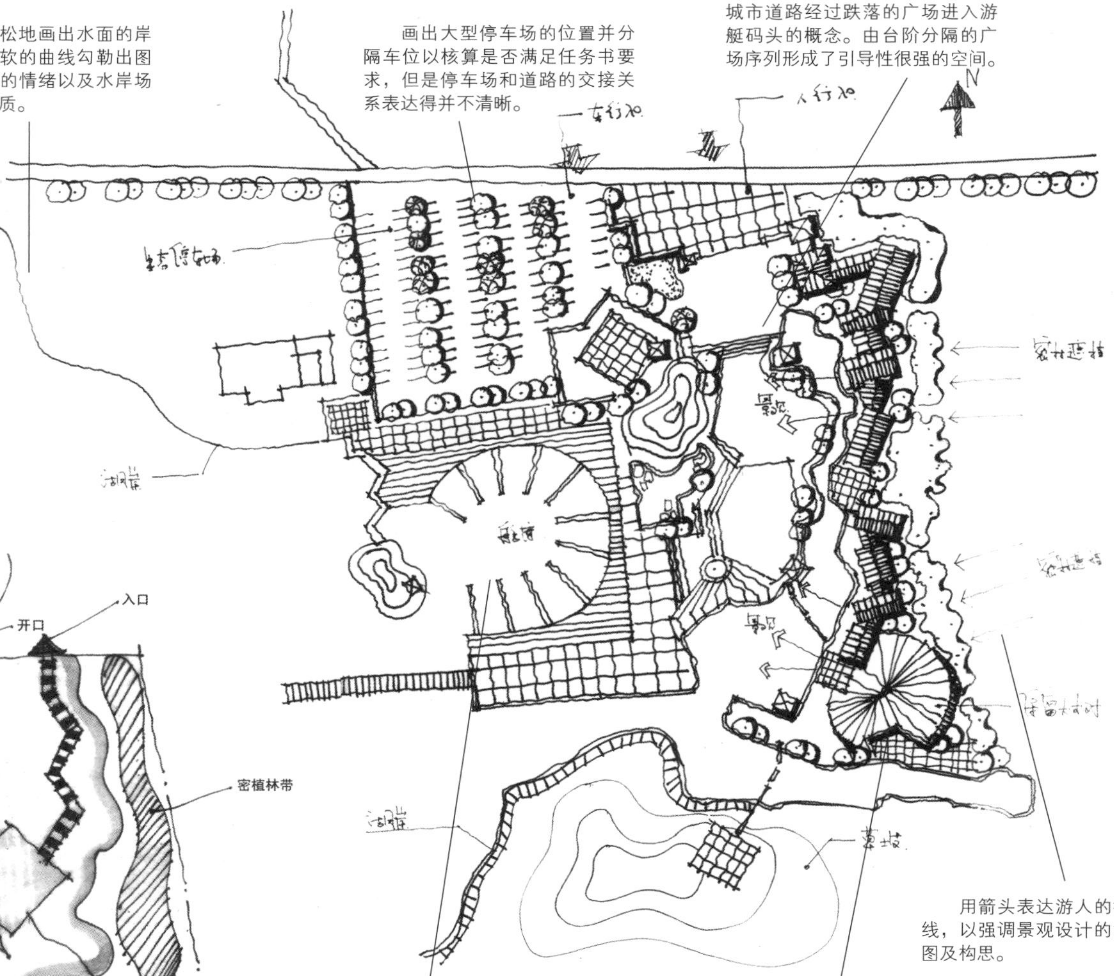

用箭头表达游人的视线，以强调景观设计的意图及构思。

服务及商业建筑沿人行轴线展开，灵活的转折形成了丰富的界面，更加符合风景区的空间特征。

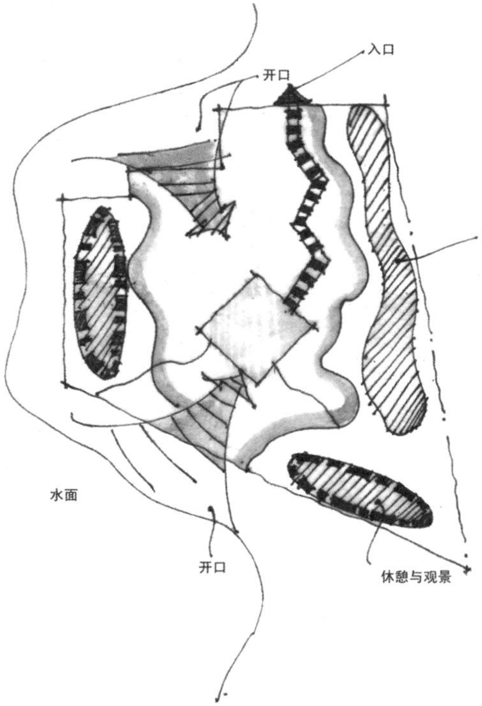

用不一样的线条表达不同的屋顶以及铺装，直线或者方格的填充形成了图纸细腻的黑白灰关系，也让设计构思表达得更清晰。

画出游艇码头的形态，圆形放射状的游艇停放区也形成了形式感很强的空间。

某交通枢纽规划构思

表达内容
1. 规划退线
2. 功能分区
3. 建筑群体形态
4. 人流、车流组织
5. 消防与疏散

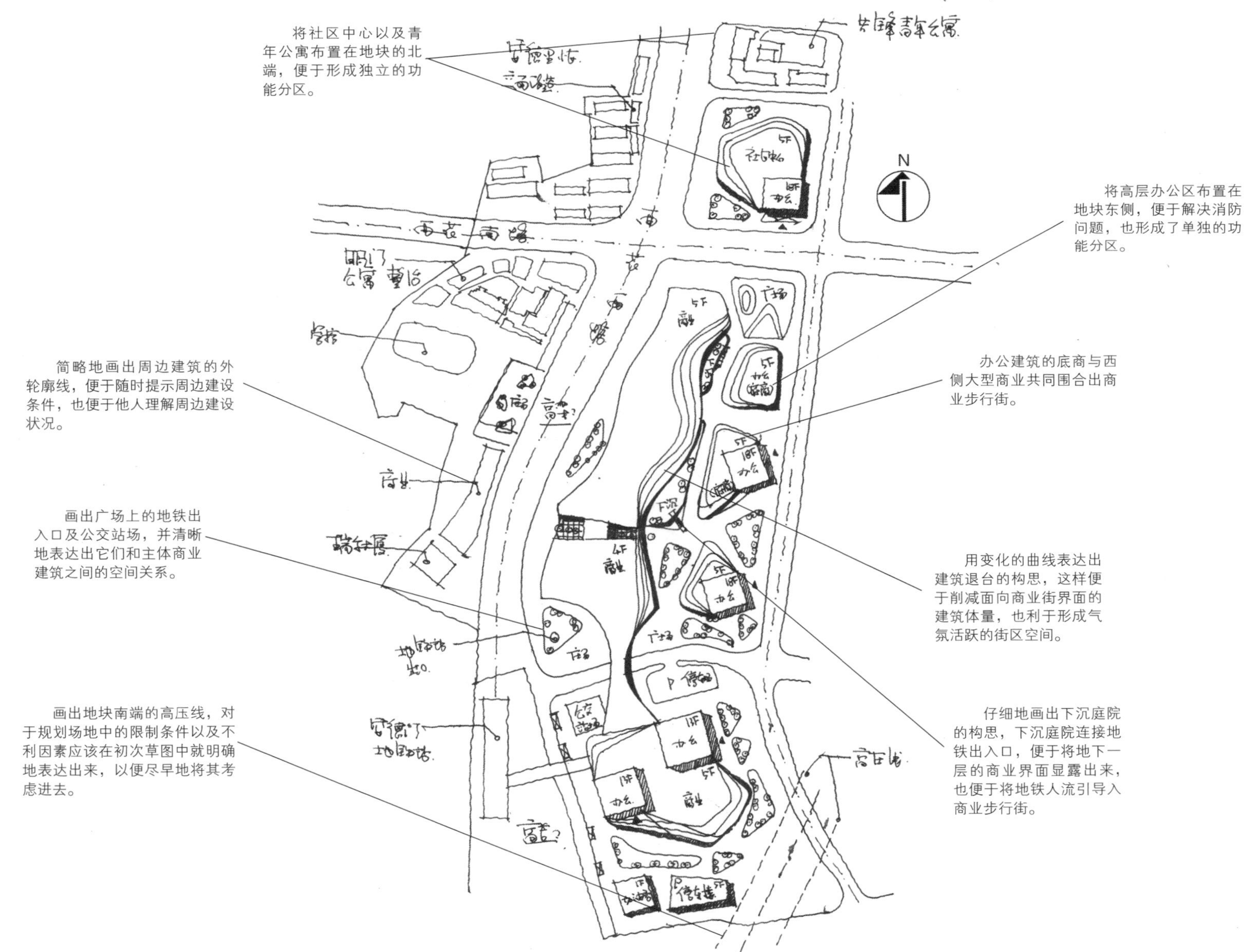

某主题公园规划构思

表达内容
1. 功能分区
2. 规划轴线
3. 开放空间
4. 道路系统
5. 各主题游乐区形态
6. 服务建筑区形态

此构思草图是概念规划设计阶段快速勾画的草图，对于细节的考虑并不完善，目的是对已经形成的规划概念的空间形态做出示意性的表达，便于同甲方及相关人员沟通。

用铺装区分出建筑服务区与游乐区，这样有利于表达功能分区，也便于看图者快速获取关键设计信息。

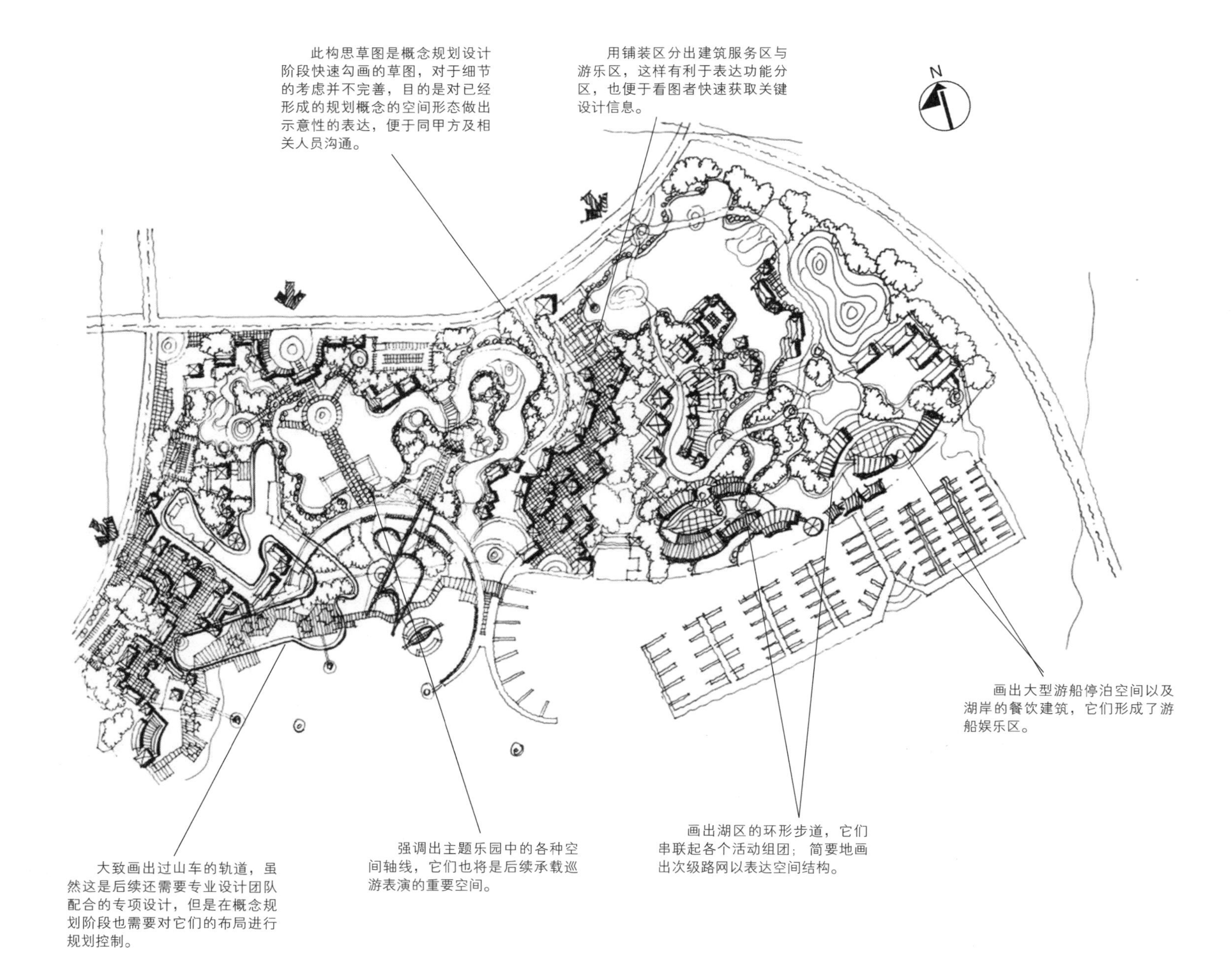

画出大型游船停泊空间以及湖岸的餐饮建筑，它们形成了游船娱乐区。

大致画出过山车的轨道，虽然这是后续还需要专业设计团队配合的专项设计，但是在概念规划阶段也需要对它们的布局进行规划控制。

强调出主题乐园中的各种空间轴线，它们也将是后续承载巡游表演的重要空间。

画出湖区的环形步道，它们串联起各个活动组团；简要地画出次级路网以表达空间结构。

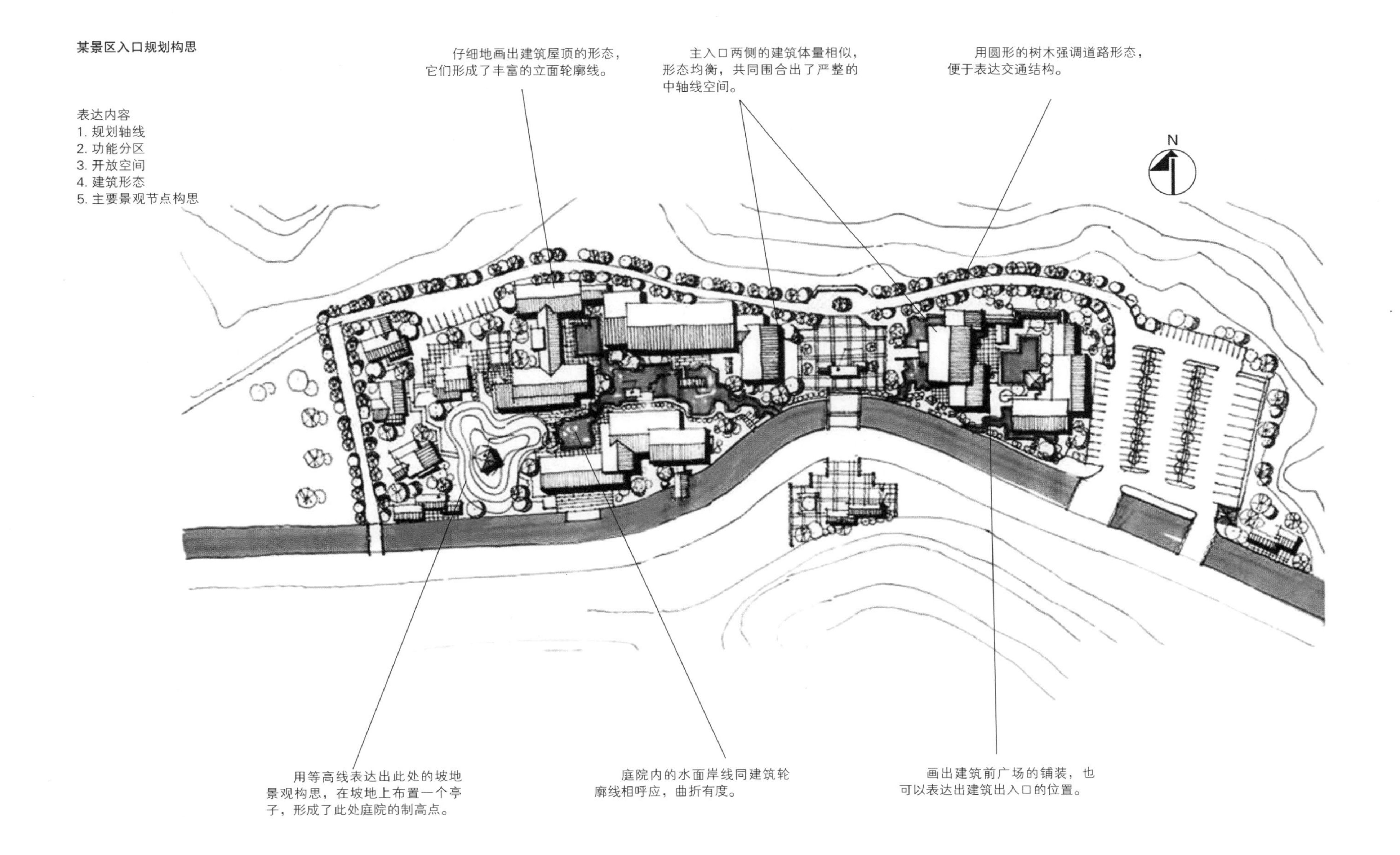
某景区入口规划构思
表达内容
1. 规划轴线
2. 功能分区
3. 开放空间
4. 建筑形态
5. 主要景观节点构思
仔细地画出建筑屋顶的形态，它们形成了丰富的立面轮廓线。
主入口两侧的建筑体量相似，形态均衡，共同围合出了严整的中轴线空间。
用圆形的树木强调道路形态，便于表达交通结构。
N
用等高线表达出此处的坡地景观构思，在坡地上布置一个亭子，形成了此处庭院的制高点。
庭院内的水面岸线同建筑轮廓线相呼应，曲折有度。
画出建筑前广场的铺装，也可以表达出建筑出入口的位置。

某商住用地规划构思

表达内容
1. 建筑布局
2. 出入口组织
3. 日照间距
4. 景观构思

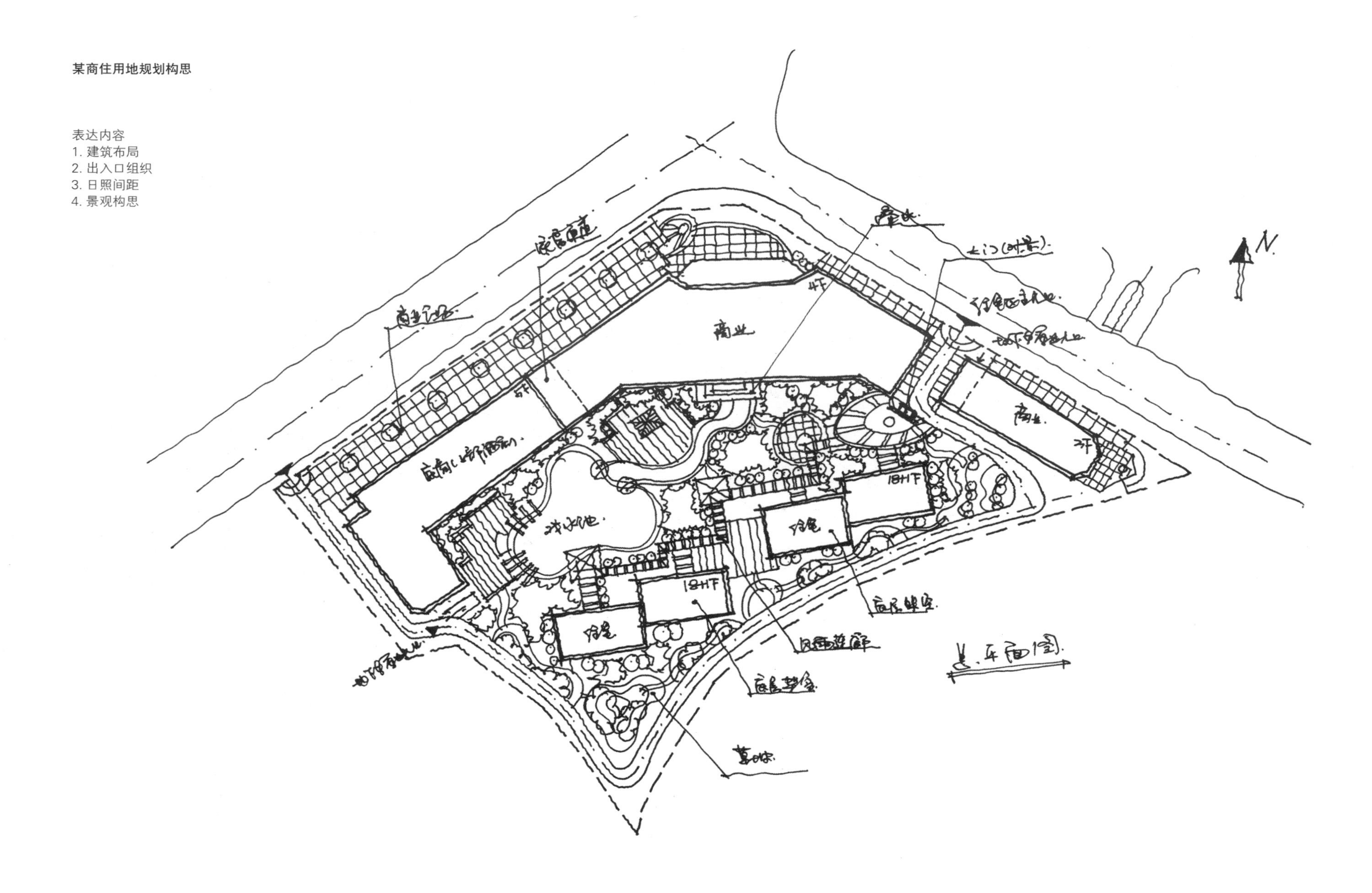

某合院住宅规划构思

表达内容
1. 规划结构
2. 合院建筑
3. 道路体系
4. 间距控制

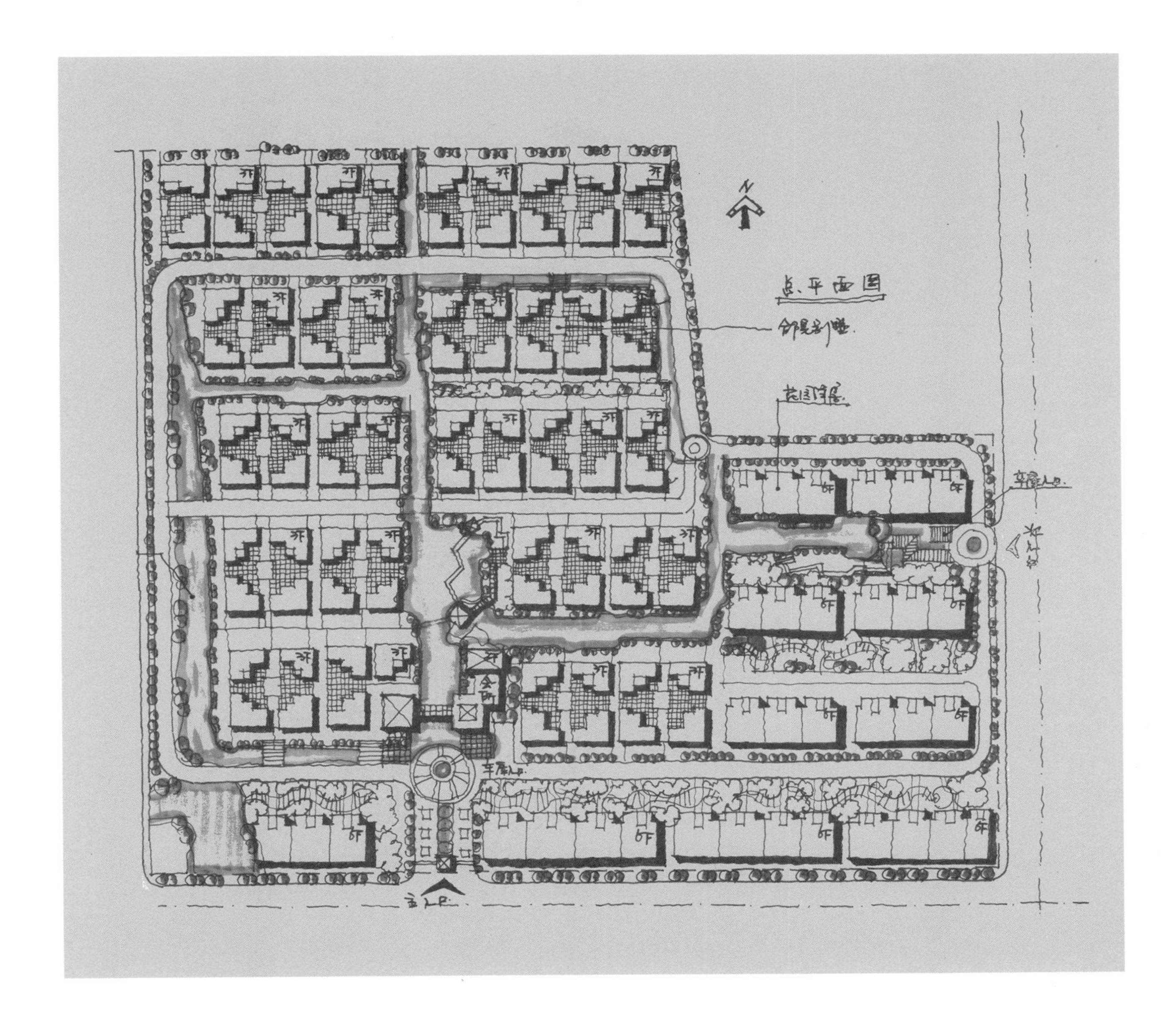

某高层住宅区规划构思

表达内容
1. 建筑布局
2. 日照间距
3. 道路体系
4. 消防解决
5. 城市道路节点

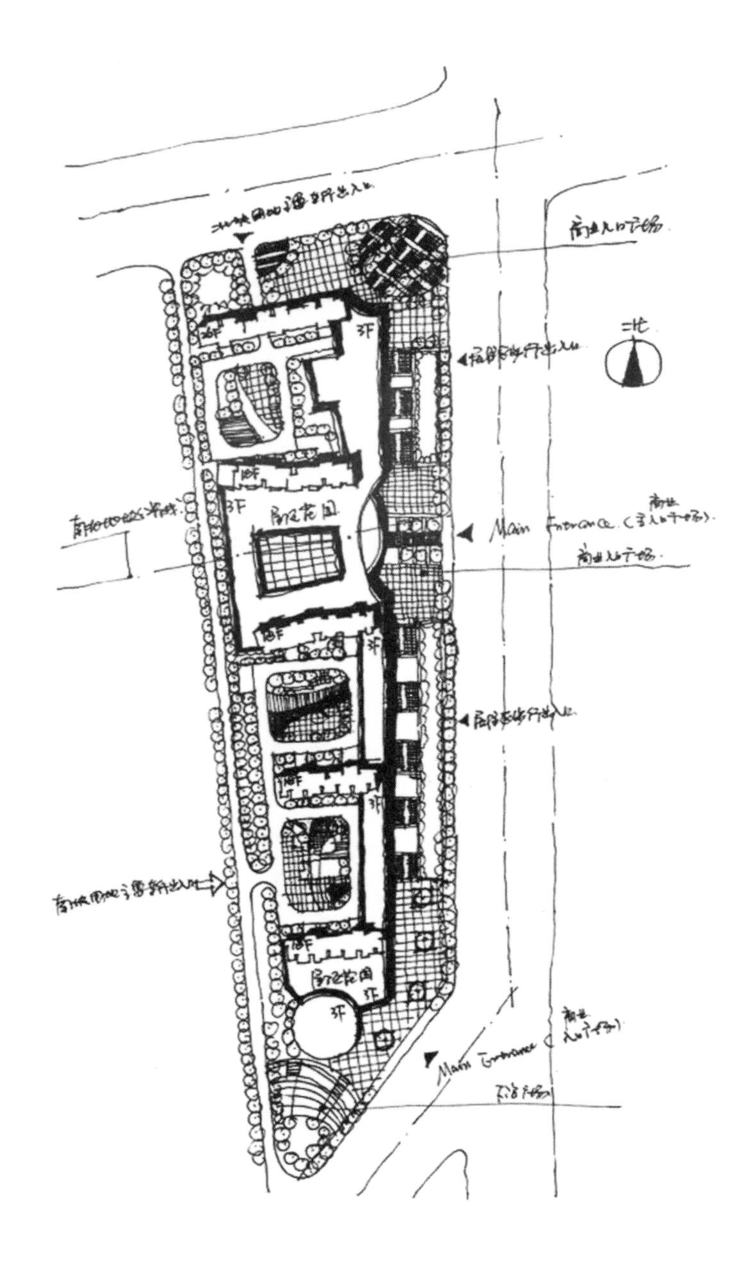

某高层住宅区规划构思

表达内容
1. 整体意向
2. 道路体系
3. 建筑韵律
4. 天际线控制

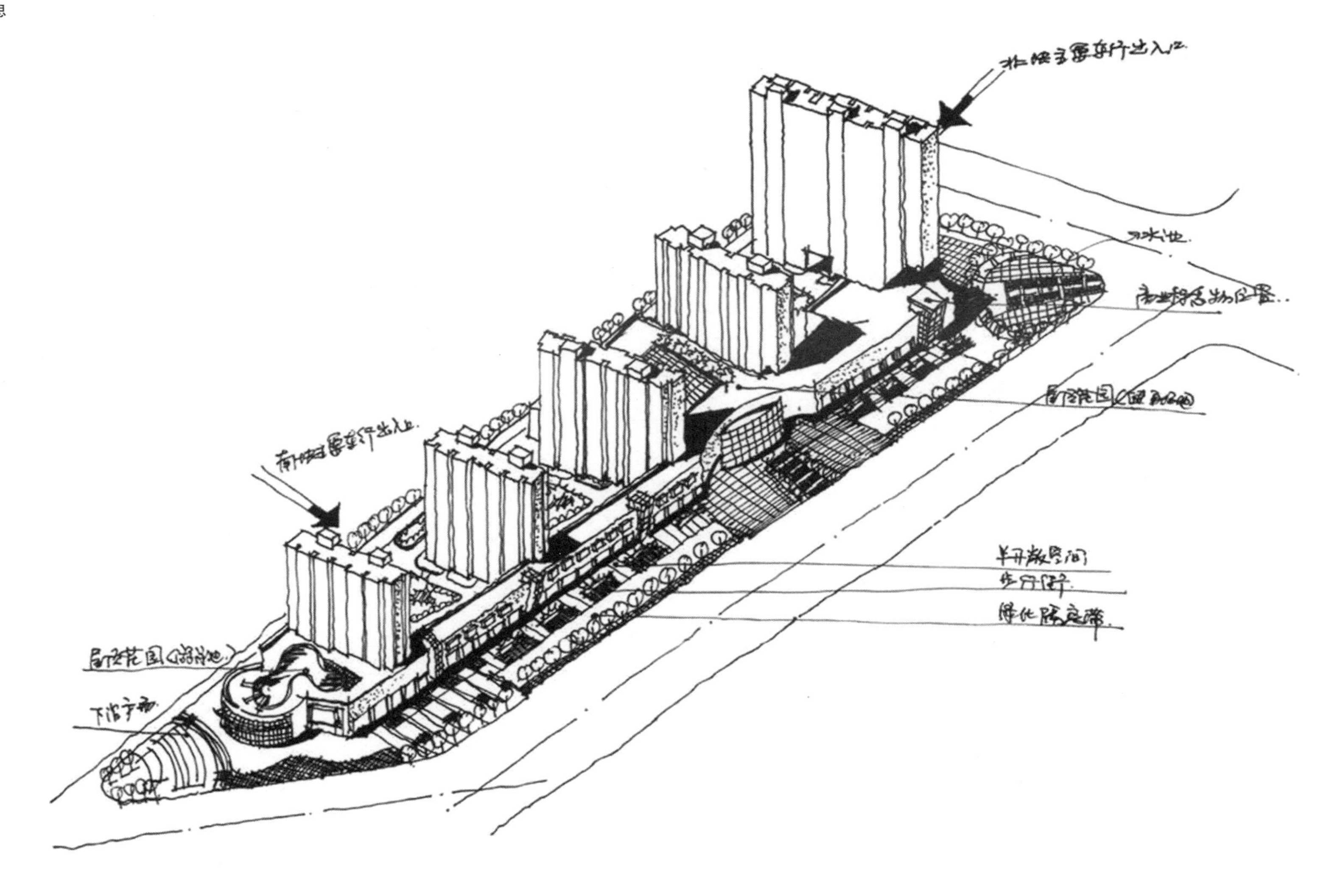

某社区中心规划构思

表达内容

1. 规划结构
2. 空间轴线
3. 道路体系
4. 建筑布局
5. 线性景观空间

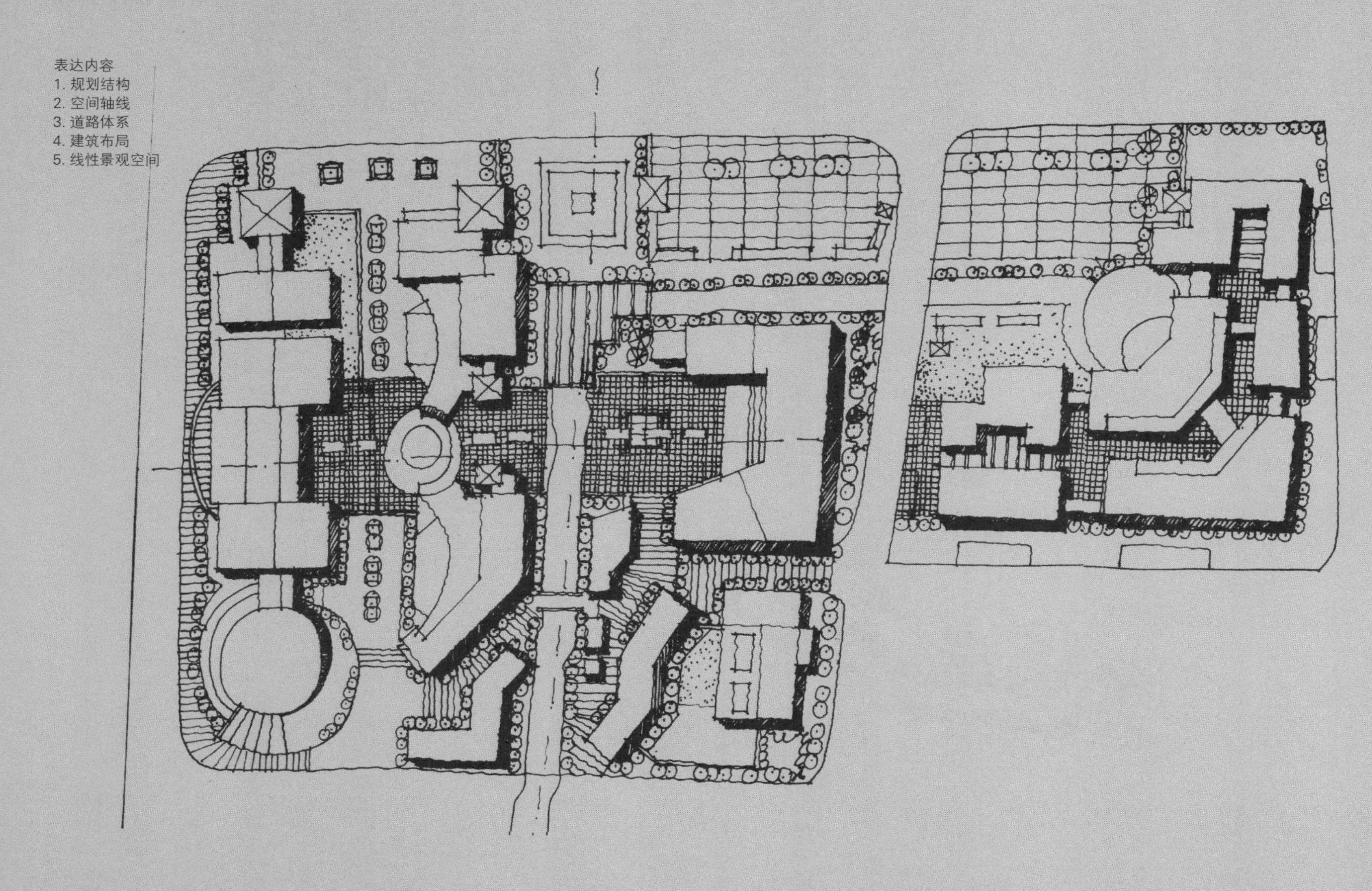

某社区中心规划构思

表达内容

1. 空间组织
2. 轴线空间
3. 节点空间
4. 建筑体块
5. 沿街立面控制
6. 地块空间特色营造

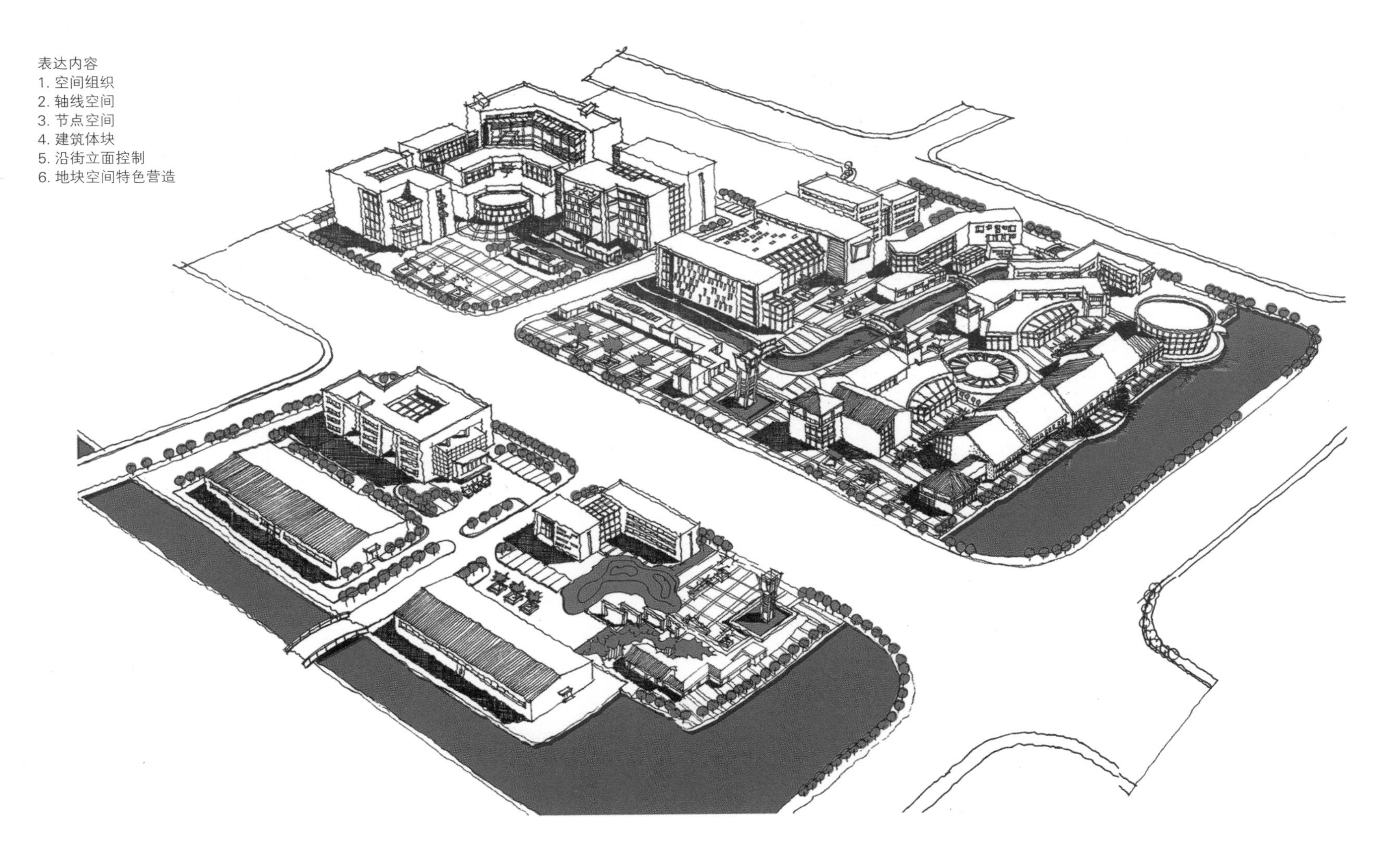

参考文献

[1] 埃比尼泽 • 霍华德 . 明日的田园城市 [M]. 金经元，译 . 北京：商务印书馆，2017
[2] 东尼 • 博赞，巴利 • 博赞 . 思维导图 [M]. 卜煜婷，译 . 北京：化学工业出版社，2016
[3] 方程，张少峰 . 建筑设计过程中的草图表达 [M]. 北京：机械工业出版社，2014
[4] 迈克尔 • 索斯沃斯，伊万 • 本 – 约瑟夫 . 街道与城镇的形成 [M]. 李凌虹，译 . 北京：中国建筑工业出版社，2006
[5] 深圳市城市规划设计研究院 . 城乡规划编制技术手册 [M]. 北京：中国建筑工业出版社，2015
[6] 王建国 . 从理性规划的视角看城市设计发展的四代范型 [J]. 城市规划，2018，42（1）：9-19,73
[7] 杨俊宴 , 曹俊 . 动 • 静 • 显 • 隐 : 大数据在城市设计中的四种应用模式 [J]. 城市规划学刊，2017，4（9）：39-46
[8] 赵亮 . 城市规划设计分析的方法与表达 [M]. 南京：江苏人民出版社，2013

致　　谢

感谢蒋汉阳、隋国玉、吴晔、魏中冕、阮皕等同学为本书部分插图所做的贡献！